Arduino
FOR DUMMIES
达人迷

电子达人
我的第一本
Arduino 入门手册

◎［英］John Nussey 著
◎ 沈金鑫 方可 顾洪 译

U0314060

人民邮电出版社
北 京

图书在版编目（CIP）数据

电子达人. 我的第一本Arduino入门手册 / （英）纳西（Nussey,J.）著；沈金鑫，方可，顾洪译. — 北京：人民邮电出版社，2016.4
（达人迷）
ISBN 978-7-115-41563-9

Ⅰ. ①电… Ⅱ. ①纳… ②沈… ③方… ④顾… Ⅲ. ①电子技术-技术手册②单片微型计算机-技术手册 Ⅳ. ①TN-62②TP368.1-62

中国版本图书馆CIP数据核字(2016)第020594号

内 容 提 要

本书是一本Arduino入门指导书，主要内容包括介绍什么是Arduino，了解Arduino的物理特性、电路特性，用Arduino建立基本的电子电路，开发Arduino智能应用，发现Arduino的相关软件，用Arduino制作各种电子项目。从入门到应用，一应俱全，即使你没有任何Arduino基础，也能读懂本书。本书适合所有对Arduino感兴趣的人。

◆ 著　　　[英] John Nussey
　　译　　　沈金鑫　方　可　顾　洪
　　审　　　李海波
　　责任编辑　紫　镜
　　执行编辑　魏勇俊
　　责任印制　周昇亮

◆ 人民邮电出版社出版发行　　北京市丰台区成寿寺路 11 号
　　邮编　100164　电子邮件　315@ptpress.com.cn
　　网址　http://www.ptpress.com.cn
　　三河市海波印务有限公司印刷

◆ 开本：800×1000　1/16
　　印张：25.75　　　　　　　2016 年 4 月第 1 版
　　字数：419 千字　　　　　2016 年 4 月河北第 1 次印刷
　　著作权合同登记号　图字：01-2014-2009 号

定价：69.00 元
读者服务热线：(010)81055339　印装质量热线：(010)81055316
反盗版热线：(010)81055315
广告经营许可证：京东工商广字第 8052 号

作者简介

　　John Nussey 是伦敦一位非常具有创造性的技术人才。他的工作主要是在多领域内使用更加新颖有趣的方式进行科技创作，这些领域包括了物理计算机、创造性的编程、交互设计和科技产品原型设计。

　　在他的职业生涯中，曾参与过许多客户的项目，如奥雅纳工程顾问公司、英国广播电视公司、科学和工业博物馆、国家航海博物馆、诺基亚、南方银行中心等。

　　他是一名自豪的 Arduino 平台使用者，并且他还将这种简单易用的技术教授给所有年龄段的、不论能力高低的人们，他授课的大学包括戈德史密斯大学、巴特利特建筑学院、皇家艺术学院和 OneDotZero。

译者简介

沈金鑫，工程师，南京创客空间联合创始人，硕士学位，毕业于南京理工大学武器系统与运用工程专业，从事固体火箭发动机的测试系统与电子控制系统的研究，编著有《Arduino 与 LabVIEW 开发实战》。

方可（新浪微博 Coor_Fang），资深电子硬件迷，DIY 爱好者。Raspberry Pi 最大中文资讯站"树莓派实验室"发起人，开源硬件团队 NXEX 创始人兼电子硬件工程师。其团队自主设计研发的 Raspberry Pi B+/A+/B2 扩展板 SAKS（树莓派瑞士军刀扩展板）产品一经上市立即受到国内外 Raspberry Pi 玩家的一致好评。

顾洪，2003 年毕业于南京大学物理系光电子专业，曾任国家知识产权局专利局审查员（主任科员），现任国家知识产权局专利局审协江苏中心部主任助理兼室主任，一直从事国家发明专利的审查工作。

译者序

2015 年，创客之风席卷祖国的大江南北，从中小学的创客教育到大中专院校的创新教育，炙手可热。我们看到了很多非常好的创客创意作品，其中不乏使用 Arduino 制作的作品，例如四轴飞行器、桌面级机械臂、3D 打印机。

科创论坛的火箭爱好者曾使用 Arduino 控制器、高精度采集模块和电阻应变式传感器制作了低成本的发动机推力采集装置，这极大地改善了民间火箭爱好者的测试水平，促进了民间火箭的设计水平。某医院的基因工程方向的科研人员使用 Arduino 控制器和无线模块以及相关传感器搭建了实验室无线监测装置，可监测实验室内的温湿度、重要试剂的储存温度等一些数据。

Arduino 是一个开源硬件的平台，不仅提供开源的硬件和软件，还拥有一批开源网络社区（国内推荐极客工坊和 Arduino 中文社区），这使得很多设计类、艺术类、生物等非电子专业的都可以使用一些传感器、电机驱动、显示等一些模块来实现自己的想法，分享自己的作品和代码。

这本 Arduino 入门书由 Massimo Banzi 作序推荐，具有以下特点：

1. 以 Arduino IDE 自带的示例为主进行讲解，循序渐进，示例虽然简单，但却是入门学习的最好素材，充分理解之后便可以举一反三；

2. 示例部分一般以接线图、示例程序和代码解读组成，适合初学者进行学习，先按照接线图接好电路，下载示例代码，观察实验现象，再逐行理解代码，最后再进行适当的修改，以更好地理解程序的功能；

3. 对常用的工具、万用表的使用、电子电路基础知识、焊接进行了较为详尽的介绍，为初学者更加专业的学习电子知识做一个铺垫；

4. 对 Processing 软件做了详尽的介绍，把 Arduino 和 Processing 结合起来做一些有趣的互动作品，适合互动媒体等专业方向。

本书由沈金鑫、方可、顾洪翻译。第 1 章至第 10 章由沈金鑫翻译，第 13 章至第 17 章由方可翻译，第 11、12 章及第 18 章至第 20 章由顾洪翻译。本书在翻译和出版的过程中，得到了很多的朋友和老师的帮助，在此表示感谢！

由于译者水平有限，加之时间仓促，译文中难免有不妥乃至错误之处，敬请广大读者不吝指正。

献词

　　Avril，你是我生命中的挚爱（也是我唯一信得过的使用电烙铁的人），在我写作和分散注意力时给了我鼓励。Roanne 和 Oliver，与我进行有趣的书面交谈；Craig，为我搭起横跨大西洋的桥梁。可爱的孩子们，在我开始写作 6 个月后还在问此书的进展，Alexandra，你的指导和帮助让我有了一个更加愉快、激动人心的职业生涯。

鸣谢

　　John 想要感谢在 Wiley 工作的人们，尤其是 Craig Smith 的友好提示和 Susan Christophersen 自始至终的努力工作。

　　也非常感谢 Andy Huntington，感谢他精彩的编辑和偶尔的玩笑评论，这让我熬过漫漫长夜。

　　最大的感谢还是要献给我的朋友们、家人们和我深爱的人，感谢你们的鼓励和热忱。我喜欢创作，所以我也希望这本书能够教会你如何创作属于你的东西，并且在这个过程中能够和我一样感受到愉悦。

序言

《电子达人——我的第一本 Arduino 入门手册》一经出版，就注定将是一本具有里程碑意义的 Arduino 出版物。

对计算机嵌入式系统进行编程在过去是一件难度极大的事情，只有那些经验丰富的工程师们才能征服晦涩的汇编语言。但是，近些年来越来越多的嵌入式平台开始考虑降低开发的难度，让它们更容易被大众所接受。Arduino 就是其中之一，它在试图降低开发难度的同时又具有非凡的创造性。

从 John 的这本书中，我们看到有越来越多的设计师和艺术家开始接受并使用这个工具进行创作，出现了很多令人难以忘怀的作品。现在 Arduino 已经慢慢走出设计师和艺术家的实验室，蔓延到社会的各个角落，成为那些有创造力的普通人的得力工具。

我很高兴 John 能够写这本书，因为他是 Arduino 平台的元老级用户，那时候 Arduino 平台还处于试验阶段。其后他又做过多年的 Arduino 教师，在 Arduino 讲授方面可谓经验十足。

任何一个 Arduino 的初学者都不应该错过这本书，你可以通过书中的合适工具和正确指引来发现自己的创造天分。

Massimo Banzi

介　　绍

Arduino 是一个工具，一个社区和一种探求科技、思考问题的方式。它让很多人重新燃起了对电子知识的热情，这其中也包括毕业以后就极少问及电子知识的我自己。

Arduino 是一块小小的电路板，却拥有极大的开发潜力。这取决于学习程度的不同，它可以用一个 LED 来显示摩尔斯码，也可以用于控制建筑中的所有电灯。对于 Arduino，没有你做不到的，只有你想不到的。

Arduino 还为科技教育提供了一种全新的、实践性的方法。它努力为那些想要创作电子作品的人们降低了门槛，这些都会鼓励你在 Arduino 的学习中取得更大的进步。

一个强大的并且正在持续增长的 Arduino 使用者社区形成了，在这里用户们互相学习，分享他们的作品细节，贡献开源代码。他们这种善于分享的态度也正是 Arduino 广受欢迎的原因之一。

Arduino 并不只是一些套件，它是一个工具，它源于科技，又能让你快速地理解科技、使用科技。

如果你对理解无尽的科技没有兴趣，那么请丢掉这本书。

否则，现在开始阅读吧!

关于这本书

这本书是一本科技类图书，但是并不只针对科技人群。不论你是技术型、创造型或巧手型，甚至你仅仅是好奇，Arduino 都是一个便于使用的工具。你只需要用开放的思维和善于发现问题的眼睛来面对它，不久你就会发现它能够改变你的生活。

Arduino 不仅让我重新燃起了对电子知识的兴趣，它还为我的职业生涯提供了更多的可能。写这本书的目的之一也是来分享我的这些经历和经验。当我第一次走进 Arduino 实验室的时候，我没有任何编程经验，只能含含糊糊地记住电烙铁的持握方式（别担心，我在本书中也对电烙铁的使用进行了介绍）。现在我的工作主要包括创作一些交互装置、设计验证产品原型，并且尝试发现一些 Arduino 的新玩法。

我认为 Arduino 是一个非常了不起的硬件平台，它降低了用户对电子知识和编程知识的门槛，让那些曾经在学校里没有努力学习电子知识和没有兴趣学习电子知识的人可以快速入门，从而完成他们满意的作品。

愚蠢的假设

在编写这本书的时候，我假设所有的读者都是完全没有科技知识的人。对于喜欢电子知识和编程知识的人来说，Arduino 是一个非常易用和易学的硬件平台。Arduino 适用于各行各业的人群，不论你是一名艺术家、设计师或仅仅是一个爱好者。

Arduino 硬件平台同样可以针对那些有一定科技知识的人们。也许你是一个有一定软件编程经验的人，想探索如何将软件和真实的世界联系在一起；抑或你是一个电子工作者，想看看 Arduino 能够为你的书桌带来怎样的惊喜。

但是不论你是谁，你都会发现 Arduino 本身蕴藏着巨大的潜力。想要制作什么样的东西则完全取决于你的主观意愿。

这本书从最基本的知识开始介绍，让你先大概了解如何使用并初步理解 Arduino。在阅读这本书期间，我会提到许多科技性非常强的事情，它们可以是任何方面，你需要花些时间来理解这些知识点。介绍完这些基本的知识点之后，我会带你学习更加深入的内容。

这本书中的大部分内容基于我所学习的内容和这些年来的教学经验。我在学习这些所有 Arduino 的时候遇到过很多困难，但是我一样发现最好的学习方式就是动手练习，通过创作自己的小作品不断探索新的知识。学习这本书的关键是当你看完了那些关于基础知识的介绍后，能够思考如何用这些知识来解决实际应用中的问题，比如如何创作作品，抑或仅仅是自娱自乐。

本书的组织形式

本书的组织形式允许你可以在不同的章节间跳跃学习。如果你曾经对 Arduino 有所涉猎，那么你可以跳过接下来的章节，或者由于已经忘记了基础知识，而从最基础的部分开始学习。

第一篇：认识 Arduino

在这一部分中，首先我会大致介绍一下 Arduino，Arduino 到底是什么，它又如何应运而生，以及它可以用来做什么；然后我会进一步谈到关于 Arduino 硬件平台的实体开发板和软件开发环境，教会你如何上传你的第一段代码文件。

第二篇：从物理层认识 Arduino

这一篇中，你会发现并学习如何使用面包板和其他的元器件进行 Arduino 物理层的构建。只需要一些简单的元器件就可以创作出种类繁多的 Arduino 作品。本部分还涵盖了输入输出功能的介绍，如电灯、动作、声音这些你可以在自己作品中运用的元素。

第三篇：从基础走向进阶

学习了基础知识后，这部分内容可供你更加深入地学习 Arduino。在第三篇中，我将向你介绍一些现实世界中的事物以及它们是如何工作的。你会学习到如何焊接电路，让你的作品也能和它们一样。你还可以学到如何选择正确的传感器，如何使用代码来修改作品以及如何改变电路的用途。

第四篇：释放 Arduino 的潜能

这一篇将会最大限度地发掘 Arduino 的潜能。你将学到如何使用 Arduino 种类繁多的扩展板，通过功能丰富的硬件，可以为你的作品添砖加瓦。你还可以学习到如何使用 Processing 与 Arduino 协同工作，将开源硬件和软件联系在一起。

第五篇：探索软件世界

如果你已经坚持学习到了这一篇，应该已经很好地理解了如何将电子知识和硬件应用到你的作品中去。在这里，你将会学习到如何将物理层面的应用和软件的数字世界结合在一起。我会介绍给你一系列开源的编程环境，然后着重讲解 Processing，它丰富的功能适用于种类繁多的 Arduino 应用。

第六篇：关于 Arduino 的附加内容

在这一篇中，我把很多有用的信息进行了分类整理。它们包括在哪里可以更加深入地学习 Arduino，在哪里可以买到 Arduino 相关的元器件，在哪里可以买到一般的电子元器件。

本书中的标识说明

本书中使用了下面一系列的标识来对重要信息进行说明，请时刻留意这些图标。

这个标识表明这里有一些有用的信息。这类信息可能是能够让你更快捷地完成作品的小贴士，也有可能是一些常见问题的解答。

Arduino 本身并不危险；换句话说 Arduino 本身非常地安全并且易于使用。但是如果将它们应用在不合适的电路中，或者是在组装过程中没有足够仔细，那么它可能会损坏你的电路、计算机甚至是伤害到你。当你看到这个图标的时候请务必仔细阅读。

这个图标会标示出来一些在开始动手做之前需要牢记的知识点。

有一些信息的专业性会非常强而且不便于记忆。Arduino 的一大乐趣就是你不需要立刻理解全部知识就能够开始使用它。如果这个图标标注的内容让你难以理解可以跳过，当你对所学的知识有了更深入的理解以后再回来阅读它们也为时不晚。

如何开始学习

如果你不确定从哪里开始学习，我建议你从头开始。到第 2 章的结尾你就能够对 Arduino 有一些基本的理解，也将知道从何处购买套件以继续学习。

如果你曾经对 Arduino 有所涉猎，则可以直接跳转到第 4 章温习基本的应用，或是直接翻到你所感兴趣的主题开始阅读。

供我们使用的参考书！

畅销书系列：

你是否觉得传统的参考书里包含了太多的技术细节和根本用不上的建议？你是否因为嫌麻烦而没有将生活中的一些重要决定付诸实施？如果确实如此，那么专业知识和普通内容相结合的"达人迷系列"就正好适合你。

很多人工作努力却总有挫败感，他们知道自己并不愚笨，但种种个人和工作原因以及相关的恐怖传言使他们深感无助，这套"达人迷系列"就是为他们所写的。"达人迷系列"的讲解方法轻松活泼、风格切合实际，还采用了漫画和有趣的图标，可以驱散人们的恐惧感，使他们重建信心。该系列书轻松但不轻率，提供的完美生存指南，能够帮你解决每天碰到的个人问题和工作难题。

> ""达人迷系列"不仅是一套出版物，更是当今时代的标志。"
> ——《纽约时报》

> "里面包括大量详尽而权威的信息……"
> ——《美国新闻与世界报道》

> "购买这套书绝对是明智的选择。"
> ——《华尔街日报》评论员
> 沃尔特·莫斯伯格对"达人迷系列"的评价

成千上万的读者对"达人迷系列"感到满意，完全同意上述评价。在他们的支持下，该系列图书在初级计算机书系列排名中名列第一，也被评为最畅销的商业图书系列。读者已经多次来信要求购买更多的"达人迷系列"图书。因此，如果你想以最好、最快捷的方式学习商业或其他领域的基本知识，就翻看"达人迷系列"吧！它会助你一臂之力的！

内 容 一 览

目 录

第一篇

认识 Arduino

"我想，你忘了告诉我，在打孔之前应该先把器件卸下来。"

内容概要

那么，Arduino 到底是什么呢？在接下来的章节里，你将学习这个小块蓝色电路板的所有知识，它如何应运而生以及它可以用来做什么。经过简短的介绍，我将告知你所需要的知识，包括如何上手 Arduino 和在哪里买到它们。接下来，你将学习如何赋予 LED 魔力，使其在几行简单的代码命令下闪烁。

第1章
Arduino 是什么，来自哪里

Arduino 由硬件和软件组成

Arduino 控制板是一块由微控制器芯片及其他输入输出组成的设计独特的印制电路板（PCB）。除此之外，它还包含微控制器和功能扩展所需的许多其他电子元器件。

微控制器是一些小的计算机，它们被包含在一个单一的集成电路或计算机芯片里，它们是编程和控制电子产品的一个很好的方式。像微控制器板一样的许多设备，都具有一个微控制器芯片和其他有用的连接器，并允许用户连接输入和输出的组件。Wiring 板、PIC 和 Basic Stamp 就是微控制器的典型代表。

你在 Arduino 软件中编写代码，将会告知微控制器将要做什么。例如，通过编写一行代码，你可以告诉微控制器闪烁一个 LED。你如果连接一个按钮，并添加另一行代码，即可告诉微控制器只有当按钮按下时才点亮 LED。接下来，你可能要告诉微控制器只有当按钮被按下时，LED 才会闪烁。通过这种方式，你就可以为一个系统快速地构建行为动作，如果没有微控制器就将难以实现。

类似于传统的计算机，Arduino 可以执行多种功能，但是仅仅依靠它自身并没有太多的用途。它需要其他输入或输出设备来使其变得更加有用。这些输入和输出设备使得计算机可以感测世界和影响世界。

在你继续往下阅读的时候，它可以帮助你了解一点关于 Arduino 的历史。

Arduino 来自哪里

Arduino 诞生于意大利的一所交互设计学院 Ivera（IDII）交互设计专业的研究生院。这是一所设计教育的专业学校，侧重于人与数码产品、系统和环境之间的交互，以及它们如何反过来影响我们的研究。

"交互设计"这一专业术语是由 Bill Verplank 和 Bill Moggridge 于 20 世纪 80 年代中期提出的。图 1-1 中 Verplank 所作的草图，表明了交互设计的基本前提。它是交互处理实现过程的一个很好的例证：如果你做一些事情，你察觉了一些变化，你可能就会有新的发现。

这只是一个通用原则，交互设计更常见的是指我们如何通过使用如鼠标、键盘、触摸屏等外设与传统的计算机互动，去引导以图形方式显示在屏幕上的数字环境。

图 1-1

交互设计原理（Bill
Verplank 绘制）

还有另一种途径，被称为物理计算，这一概念扩展了计算机编程、软件和系统的范围。通过电子设备、计算机能够更多地感知世界，并且对世界本身产生一个物理影响。

交互设计和物理计算这两个领域都需要原型，以更充分地了解和探索交互，但是却给非技术类的设计专业学生设置了一个很大的障碍。

在 2001 年，Casey Reas 和 Benjamin Fry 发起了一个叫作 Processing 的项目，

意在通过快捷和简便地在屏幕上实现可视化和图形化，从而使得非程序员能够快速进行编程。这个项目给用户提供了一个数字速写本，可以用非常小的投资和很短的时间来尝试想法并进行实验。该项目又激发了一个类似的、在物理世界中进行实验的项目。

在 Processing 的同一原则之上，Hernando Barragán 于 2003 年开发了一个被称为 Wiring 的微控制器板。这个板子是 Arduino 的前身。

与 Processing 项目相同，Wiring 项目也旨在帮助艺术家、设计师以及其他非技术人员，但是 Wiring 的目的是带领人们进入电子而不是编程。虽然 Wiring 板（ 如图 1-2 所示）比 PIC、Basic Stamp 等其他一些微控制器要便宜，但是制作它对于学生来说仍然是一个相当大的投资。

图 1-2

早期的 Wiring 板

2005 年，Arduino 项目开始响应交互设计学生对经济实惠和易于使用设备的需求，从而将其运用于他们的项目中。据说，Massimo Banzi 和 David Cuartielles 以意大利国王 Arduin of Ivera 的名字来命名项目，但也有另外一种说法，这也恰好是在大学附近的一家当地酒吧的名字，这可能对项目有着更深刻的意义。

Arduino 项目从 Wiring 和 Processing 中汲取了很多经验。例如，Processing 明显影响了 Arduino 编程软件的图形用户界面（ GUI ）。这个图形用户界面（ GUI ）最初是从 Processing"借来的"，即使它仍然看起来类似，但是 Arduino 已经将它细化得更具体。

在第 4 章中，我将会更深入地介绍 Arduino 的接口。

Arduino 仍然保持着 Processing 的命名约定，命名其为 *sketches*。Processing 提供 sketchbook 以快速创建和测试程序，Arduino 同样给出了一种勾勒他们硬件想法 的方式。在这本书中，我将展示很多的 sketch，让你的 Arduino 实现各种各样的任务。 通过使用和编辑本书的 *sketches*，你可以快速理解它们是如何工作的，并且可以在任 何时间编写自己的程序。每一个 sketch 都有一行行有关如何工作的解释，以保证你能 够完全理解。

如图 1-3 所示的 Arduino 板，比 Wiring 或其他更早的微控制器更加稳健和宽容。对 于有着设计或艺术背景的那些学生和专业人士，仅仅因为连线错误而损坏控制器并不罕 见。这种脆弱性是一个巨大的问题，它不仅是经济上的问题，而且在技术上可能也会有 问题。

图 1-3

早期的 Arduino
Serial 板

Arduino 上面的微控制器芯片可以更换，当它被损坏时，你只需更换芯片而不是更换 整个板子。

Arduino 与其他微控制器电路板之间的另一个重要区别就是成本。在 2006 年，另一 种流行的微控制器——BASIC Stamp，比 Arduino 的价格要贵近四倍多（http://blog. makezine.com/2006/09/25/arduino-the-basic-stamp-k/）。即使在今天，一个

Wiring 板的价格仍然是 Arduino 的几乎两倍。

在我建立第一个 Arduino 工作坊的时候，我知道这个价格的用意是让学生也能够负担得起。在当时，吃一顿不错的饭和喝一杯葡萄酒的价格约为 30 欧元，所以如果你有一个项目即将到了最后的期限，你可以选择那个星期跳过一顿大餐，来完成你的项目。

目前 Arduino 的市场范围比 2006 年时大了很多，在第 2 章中，你将会了解一些非常有用的 Arduino 和 Arduino 兼容板及它们之间的区别，这为你的项目提供了多种解决方案。除此之外，你将会在第 13 章学习到一种被称为扩展板的特殊电路板，它非常有用，在某些情况下可以扩展 Arduino 的功能，例如把它变成一个 GPS 接收器，一个盖革计数器，甚至变成一个手机。

做中学

人们可以通过很多途径来实现自己的目标，而无需钻研电子产品的技术细节。下面将会介绍把玩电子的基本学术思路。

改造

改造（Patching）不只是 West Sussex 的一个城镇，同时也是一门系统实验技术。最典型的改造例子是电话交换机。运营商为了使你通过另一条线路，则不得不物理连接电缆。这也是一种流行的技术，可以用于合成音乐，例如穆格合成器。

当电子仪器发出声音时，它真实地产生电压。仪器中的不同元件处理电压信号，使其输出可听的声音。穆格合成器的工作原理是使用计算机的强大功能，对代表着各种音乐事件的数字信号进行记录和编辑，然后发送给电子合成器并使之演奏出音乐。对于这一套创作和演奏计算机音乐的系统，我们应该称之为：计算机音乐系统。

因为存在着太多可能的组合，所以音乐家的经验主要是基于试验和错误而来的。但是简单的接口意味着非常快的过程和要求非常少的准备。

黑客（Hacking）

黑客是流行的术语，通常用来指在擅长 IT 技术的人群。更一般地，它指的是探索系统，并充分利用或再利用它们来满足你的需求。

黑客在这个意义上，可以指硬件和软件。硬件黑客的一个很好的例子是键盘黑客。比如说，你想用一个大红色按钮来移动幻灯片。大多数软件都有快捷键，大多数 PDF 阅读器当用户按下空格键的时候就切换到下一个页面。如果你知道这一点，那么你最好要有一个带有空格键的键盘。

键盘已经很完善了，标准的键盘里面是一个信用卡大小的小电路板（见图 1-4）。在它的上面有很多的连接端口，当你按下不同键的时候，它们将会被连接在一起。如果找到了正确的组合，你可以使用一对导线连接到连接端口，导线的另一端连接一个按钮。现在，你只需要敲击那个按钮，就会向你的计算机发送一个空格。

图 1-4

键盘的内部电路

这种技术可以非常好地避开复杂的硬件，最终获得你想要的结果。在附送的章节里面（www.dummies.com/go/ arduinofd），你可以了解更多关于黑客的喜悦以及如何在你的 Arduino 项目中改造硬件，从而更方便地控制远程设备、照相机，甚至计算机。

电路改造

电路改造是所有关于自然的实验，而不是传统教育的内容。儿童玩具是电路改造的主要来源，但是事实上任何电子设备都有增加实验的可能性。

打开玩具或设备露出其中的电路，然后你可以改变电流流向来控制其行为。这种技术有点类似于修补，它有很多不可预知性。在找到相应的组合后，你也可以添加或更换元件，如电阻器或开关，以便更好地控制仪器。

最常见的是有关声音的电路改造，改造之后的乐器一般是简易合成器或者电子鼓。两个最流行的设备是 Speak&Spell[1]（见图 1-5）和任天堂游戏机。音乐家如 Modified Toy Orchestra（modifiedtoyorchestra.com），用他们自己的话说，"探索冗余技术内部隐藏的潜力和潜伏的剩余价值"。所以，在你把旧玩具放在 eBay 上出卖之前，请三思而后行！

图 1-5

经过改造的 Speak&Spell

电子

虽然有很多方法可以解决技术问题，但最终你会想要更多的东西：更精确、更复杂和更多的控制。

如果你在学校学习了电子课程，那么你很有可能已经学会了如何使用特定的组件来构建电路。这些具有化学特性的器件需要进行详细计算，以确保电流的正确值被发送到正确

1　Speak&Spell 是 TI（德州仪器）公司于 1978 年推出的首次搭载 DSP 技术的儿童玩具，通过合成语音来进行启蒙教育——译者注。

的组件。

你可以在 Radio Shack[1]（或英国的 Maplin）购买电路套件，例如一个煮蛋计时器或当你打开饼干罐就响的安全蜂鸣器。这些都是很好的具体工作，但它们的功能也仅限于此。

这就是微控制器可以大展身手之处。微控制器是微小的计算机，它们如果与模拟电路相结合，就可以给该电路赋予一个更高级的功能。它们也可以被重新编程，以根据需要来执行不同的功能。你的 Arduino 实际上也是这些微控制器之一，并帮助你获得最大的收益。在第2章中，你会仔细观察一个 Arduino Uno，看到它究竟是如何被设计的，可以胜任什么任务。

微控制器是一个系统的大脑，但它需要感知环境或输出控制信号。这是通过输入和输出来实现的。

输入

输入是 Arduino 的感官。它们告知 Arduino 现实世界发生的事情。最基本的输入可以是一个开关，例如你家中的电灯开关。另外一种是传感器，它可以是一个陀螺仪，告诉 Arduino 三个维度的精确方向。你将在第 7 章学习基本输入和各种传感器，在第 12 章中将会学习如何使用它们。

输出

输出使得 Arduino 可以通过某种方式影响现实世界。输出可以是非常微妙和谨慎的，如手机的振动，同样它也可以是在建筑物的侧面上，巨大的、可以在周围数千米内看到的视觉显示。本书的第一个 sketch 将引导你完成"闪烁"的 LED（参见第 4 章）。继而你可以控制电机（ 第 8 章），甚至控制很多的输出口（ 第 14 章和第 15 章）来为你的 Arduino 项目探索其他的输出方式。

开源

开源软件，特别是 Processing，对 Arduino 的发展产生了巨大的影响。在计算机软

---

1 Radio Shack 公司是美国信誉最佳的消费类电子产品专业零售商——译者注。

件界，开源是一种哲学，它共享程序的细节并鼓励他人使用，同时人们可以按照自己的想法去修改和发布新程序。

正如 Processing 软件是开源的，Arduino 的软件和硬件同样也是开源的。这意味着，Arduino 的软件和硬件均可根据需要进行修改并自由地发布。或许正是因为 Arduino 团队的这种开放性，所以你会在 Arduino 的论坛发现同样的开源社区精神。

在官方的 Arduino 论坛（www.arduino.cc/forum/）和许多世界各地的其他论坛，人们共享他们的代码、项目，并提出非正式的同行评审的问题。这种共享可以让包括经验丰富的工程师、优秀的开发者、熟练的设计师和创新的艺术家在内的各种各样的人，借助他们的专业知识来帮助解决新手在某些领域的部分或全部的问题。它还提供了衡量人感兴趣的领域的一种方法，有时也会影响官方发布 Arduino 软件以及电路板设计改进版或增强版。在 Arduino 的网站上有一个区域被称为游乐场（www.playground.arduino.cc），人们可以自由地上传他们的代码，为社区使用、共享和编辑。

这种哲学鼓励了相对较小的社区在论坛、博客和网站上汇集知识，从而为新的 Arduino 爱好者创造了庞大的资源。

还有一个奇怪的悖论，尽管 Arduino 是开源性质，但是 Arduino 仍然作为一个品牌存在，这就带来一个品牌效应：以致形成了在板及配件加上 duino 或 ino 的 Arduino 命名约定（多到 Arduino 团队的意大利成员都感到厌烦的程度）！

第 2 章
找到适合自己的 Arduino 开发板

本章内容

◆ 零距离接触 Arduino Uno R3

◆ 探索其他的 Arduino 板

◆ 了解去哪里购买 Arduino

◆ 寻找合适的 Arduino 套件来入门

◆ 建立一个工作区

在第 1 章中，我只是简略地介绍了 Arduino，现在是时候更进一步地认识它了。Arduino 这个名字包涵一系列概念。它可以指一个 Arduino 板、物理硬件、Arduino 的环境——也就是一个在你的计算机上运行的软件，最后，Arduino 自身就是一个主题，在这本书中也是如此：软硬件如何与相关的工艺和电子知识相结合，从而创建一个适合任何情况的工具包。

本章相对比较简短，概要性地描述了入门 Arduino 所需要的准备工作。你可能会急于深入学习，所以想快速掠过本章内容，如果你以后遇到不确定的东西，则请停下来返回本章仔细阅读。

在本章中，你将了解 Arduino Uno R3 板上的元器件，它对于大多数 Arduino 学习者来说是一个起点。除此之外，你还将了解到其他的 Arduino 板，它们之间的区别以及如何使用它们。本章列出了可以提供所需器件的部分供应商，并探讨了一些适用于初学者和与本书配套的入门套件。当你有了工具包以后，所需要的就是一个工作区了，现在你就可以开始学习了。

开始了解 Arduino Uno R3

其实，并不存在一个明确的 Arduino 板，因为 Arduino 有许多类型的板卡可供选择，而且每个板卡都有自己独特的设计，以满足各种应用的需求。决定选用什么型号的板卡可能是一个艰难的决定，因为 Arduino 板的数量在不断增加，每个都有新的和令人兴奋的特点。然而，有一个板被认为是 Arduino 硬件的主力军，几乎所有人都从这个板开始，它能够适用于大多数的应用。这就是 Arduino Uno。

时间上最新的主板是 Arduino Uno R3（2011 年发布）。你可以把它作为纯正的 Arduino 板。这是一个稳定且可靠的主力，适用于各种项目。如果你仅仅想要入门，这正是你所需要的 Arduino 板（见图 2-1 和图 2-2）。

Uno 在意大利语中是数字 1 的意思，以 Arduino 软件 1.0 版本来命名。此前的板卡有着很多种的名称，如 Serial、NG、Diecimila（已出售了 10 000 块板子）和 Duemilanove（板子的发布日期为 2009 年），所以 Uno 急需某种电路板的命名规则。R3 与电路板的功能与修改有关，包括更新、改进和修复。也就是说，这是第 3 个版本。

图 2-1

Arduino Uno R3 前面

图 2-2

Arduino Uno R3 背面

Arduino 板上有很多细小的元器件，将在本章中进行介绍。

大脑：ATmega328 微控制器

你可以把微控制器芯片看成 Arduino 控制板上的"大脑"。Arduino Uno 上使用的是 Atmel 公司制造的 ATmega328 芯片。在板子中央那个大的黑色的器件就是它。这就是众所周知的集成电路或 IC。它安插在插座上，而不是独立的。如果你将它取下来，那么它就与图 2-3 所示的芯片一样。

同样的芯片有很多不同的外形（也就是封装）。普通的 Arduino Uno R3 上的芯片采用金属过孔封装（PTH），这是根据它与板子之间的连接方式来命名的。你可以找到的另外一版本是 Arduino Uno R3 SMD，SMD 表示表面贴装器件，即安装在板子的表面而不是穿过电路板。这是非常小的芯片，但却不能像 PTH（金属过孔封装）封装的芯片那样易于更换。除此之外，只要芯片的名称一样，它们的功能就是一样的，仅仅是外形有所区别。在第 14 章的 Arduino Mega 2560 中，你将会学习这种封装的另外一个芯片。

图 2-3

ATmega328 微控制器
芯片

接头插座

单片机插座将 ATmega328 单片机芯片的所有引脚与芯片插座连接在一起，这些芯片插座被排列在板子的两边，以便于使用。这些在 Arduino 板子边缘的黑色插座被分成 3 个部分，分别是：数字引脚、模拟输入引脚和电源引脚。

所有的引脚都可以传输电压，作为输出而发送电压或作为输入而接收电压。为什么这些引脚如此重要呢？因为在使用面包板制作原型的时候，可以通过它们快速而容易地将额外的电路连接至 Arduino 板（第 7 章将会讲解）和连接专门设计的可以完美放置在你的 Arduino 板上的扩展板（第 13 章将会涉及更多的扩展板）。

电子信号收发是在现代计算机内部实现的，但是与低级的 Arduino 相比较，它们过于先进和精确，因此将处理数字信号（0 或 1）的计算机与处理一定范围的模拟电压（在 ATmega328 中是 0~5 V）电路相连接非常的困难。

Arduino 是如此的特殊，因为它可以处理电子信号并将其转换为计算机可以识别的数字信号，反之亦然。你可以在传统的计算机上使用软件编写程序并使用 Arduino IDE 将其编译成电路可以理解的电子信号。

为了弥补这一缺陷，我们可以充分利用传统计算机的优点——易于使用、友好的人机接口、易于被人们所理解的代码——去控制应用范围广泛的电子线路，甚至相对容易地赋予它们复杂的行为。

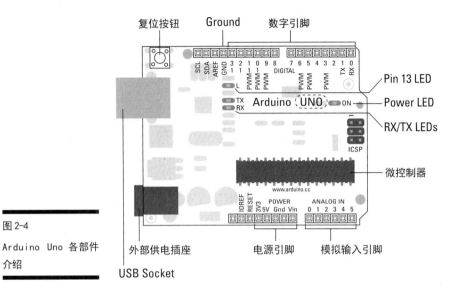

图 2-4

Arduino Uno 各部件
介绍

数字引脚

Arduino 的数字引脚位于如图 2-1 所示板子的上面一排，可以用于发送和接收数字信号。数字意味着它们只有两种状态:关或开。在电路中即为 0 V 或 5 V 而不是中间值。

模拟输入引脚

位于如图 2-1 所示板子左下方的是 Arduino 模拟输入引脚，可以用于接收模拟数值。模拟数值也就是一定范围的电压值。在这种情况下，虽然它和数字引脚的电压范围同样均为 0~5 V，但是其数值可以是任意一点——0.1、0.2、0.3 等。

关于模拟输出

明眼人可能已经注意到，Arduino 控制板似乎没有模拟输出引脚。事实上，存在模拟输出引脚，只是它们被隐藏在数字引脚中，并使用 "～" 的符号标记为 PWM。PWM 也就是脉冲宽度调制，这是一种可以使用数字引脚来实现模拟输出的技术。在本书的第 7 章中我将解释 PWM 是如何工作的。数字引脚 3、5、6、9、10 和 11 旁边标有"～"符号，这表明有 6 个具有 PWM 功能的引脚。

电源引脚

电源引脚为任何的输入输出提供电源。

Vin，输入电压，用于为 Arduino 提供工作电源，可以通过外部电源插座（例如 12 V）供电。你还可以使用这个引脚为 Arduino 供电。

GND，接地引脚，这是完整的电路中必不可少的一部分。第 3 个地在数字引脚 13 的旁边。所有这些被连接的引脚，都共享相同（共用）的地。

你可以使用 5 V 为外部的元器件和电路提供 5 V 电源。

最后，你可以使用 3.3 V 为外部的元件或电路提供 3.3 V 的电源。

USB 接口

想要告诉 Arduino 板的微控制器做什么，你需要给它发送一个程序。对于 Uno 而言，主要是通过 USB 接口来发送程序。这个大的金属接口是用于连接 USB A-B 电缆的 USB 端口。该电缆类似于家用打印机或扫描仪中使用的电缆，所以你可能会在家里找到，将其很方便地作为备用件。可以通过 USB 接口为 Arduino 提供电源和传输数据。低功耗的应用和与计算机交换数据的时候，非常适合使用 USB 电缆来连接。

外部供电插座

在 USB 接口旁边的是另一个接口，这是用来提供电源的。这个插座可让你通过外部电源来为 Arduino 供电。此处的电源可以是交流 - 直流适配器（ 类似于其他消费电子产品中所使用的 ）、电池，甚至是一个太阳能电池板。

你需要一个 2.1 毫米中心为正极的插头。中心为正极也就意味着该插头具有适合接口的外侧和内侧，在这种情况下，插头的内部必须为正极。在大部分的标准电源连接器中，你可以找到这种插头；另外，你还可以自己购买，并将其连接到裸露的电线。

如果连接的是相反的（中心为负极）电源，也就是"极性反接"，那么 Arduino Uno R3 上的元器件将会阻止电源反接，但这些元器件能否保护你的板子，则取决于你施加的电压值和你闻到焦味所花费的时间！如果你在使用 Vin、5 V 或 3.3 V 引脚时将极性反接，则会绕过保护电路，瞬间损坏主板上的某些部分和 ATmega328 芯片。

Uno R3 板的推荐电压为 7~12 V。如果提供的电压过低，Arduino 板可能无法正常工作。如果提供的电压过高，则将会导致 Arduino 板过热并可能会损坏。

LED

本部分描述的元器件是非常微小的。Uno 板有 4 个发光二极管（LED），分别被标记为 L、RX、TX 和 ON。LED 是一种电流流过时能够发光的元器件。

LED 有各种形状和大小，并运用在每一个现代消费电子产品中，从你的自行车灯到电视再到你的洗衣机。它们几乎是不可避免的。它们是电子元器件的未来，并且你将在本书中多次看到它们。

板上的这 4 个指示灯都用来表示不同状态，如下所示。

- ON 为绿色的电源指示灯，用于表示 Arduino 是否通电。
- RX 和 TX 是通信指示灯，分别表示是否正在接收或发送数据。
- L 是一个非常特殊的 LED，正极连接在 Arduino 控制器的数字引脚 D13 上。这对于判断 Arduino 板是否按照你设定的功能运行非常有利。

如果你的 Arduino 已经接上电源，但却看不到任何灯光，那么你应该仔细检查以下内容。

- USB 连接线是否已经连接。
- USB 端口是否工作——通过该端口连接其他设备。
- USB 电缆是否是好的——如果可能，更换另一条电缆。

如果以上这些步骤都不能使得 LED 点亮，那么可能是你的 Arduino 损坏了。你最好的选择就是 Arduino 疑难解答网页 http://arduino.cc/en/Guide/troubleshooting。如果它仍然不能正常工作，那么要求从你购买它的地方更换 Arduino。

复位按钮

Uno 板的 USB 接口旁边还有一个按钮。这是复位按钮。它可以复位 Arduino 的程序，如果一直按住它，则将会使程序完全停止。使用杜邦线连接 GND 和 3.3 V 旁边的复位引脚，也可以达到相同的效果。

Arduino 板上还有许多其他的元器件，所有这些元器件都有着重要的作用，但在本节中所述的内容是你现在最需要知道的。

探索其他的 Arduino 板

上一节介绍了标准的 USB 接口的 Arduino 板，但你应该知道，还存在着很多其他的 Arduino 板，所有的板子都是针对不同的需求来设计的。有些板子可以提供更多的功能，有些板子则被设计得比较小巧，但它们一般保持和 Arduino Uno R3 类似的设计。出于这个原因，这本书中所有的例子都是基于 Uno R3（第 14 章中简要提及了 Arduino Mega 2560）的。Uno 的前两个版本不需要任何改变，但如果你使用的是更早以前的板卡或定制的板卡，则一定要按照它的说明书使用。本节为你提供了其他可用的板卡一个简短的介绍。

官方板

Arduino 虽然是开源的，但它也是一个商标品牌，因此为保证其产品的质量和一致性，新的电路板必须得到 Arduino 团队的专门审核，才能被正式承认并被命名为 Arduino。你可以通过名字来识别官方板，例如 Arduino Pro、Fio 或 LilyPad。其他非官方板的名字里通常包括"Arduino 兼容"或" 适用于 Arduino"。Arduino 团队设计的识别官方 Arduino 的另一种方法是品牌化（在最近的版本中）：它们是蓝绿色的，而且板子上有无穷大的符号以及 Arduino.cc 的链接。一些其他公司也有自己的被认证的官方板卡，所以你可能会发现板子上印刷有其他公司的名字，如 Adafruit Industries 和 Sparkfun。

你可以在 http://arduino.cc/en/Main/FAQ#naming 找到详细的命名原则。

因为 Arduino 板的原理图都是开源的，所以存在很多各种各样的非官方 Arduino 板，都是针对自己的需求而制作的。这些非官方 Arduino 板通常基于官方 Arduino 的微控制器芯片，并且与 Arduino 的软件保持兼容，但是它们需要考虑更多的问题和阅读更多的资料，以确保它们符合预期的设计。例如 Seeeduino（由 Seeed Studio 设计）基于 Arduino Duemilanove，而且 100%兼容 Arduino Duemilanove，但是增加了各种额外的连接器、开关、插座，在某些情况下它们可能比官方的 Arduino 板更符合你的需要。

对于初学者而言，官方板卡是最靠谱的选择，因为网上大部分的例子基于这些 Arduino 板。由于官方板应用广泛，因此电路板上的任何错误或"bug"都可能在下一个版本中纠正或至少有据可查。

Arduino Leonardo

Leonardo 是 Arduino 官方板中最新的主板。它拥有相同的封装（电路板的形状），但是却用了不同的微控制器，使其能够模拟计算机的键盘或鼠标。我将会在 www.dummies.com/go/ arduinofd 的额外章节中更加详细地介绍这块板子与 Uno 的区别，以及如何使用它。

Arduino Mega 2560 R3

名副其实，Mega 2560 是一个比 Uno 更大的电路板。这是为需要更多功能的人设计的：更多输入、更多输出、更强的处理能力！与 Uno 少得可怜的 14 个数字引脚和 6 个模拟引脚相比，Mega 拥有 54 个数字引脚和 16 个模拟输入引脚。第 14 章会将进一步介绍这块板子。

Arduino Mega ADK

Arduino Mega ADK 在本质上是与 Mega 2560 相同的，但它设计与 Android 手机连接的接口。这就意味着，你可以在 Android 手机或平板电脑上与 Arduino 共享数据，拓宽了它们的使用范围。

Arduino Nano 3.0

Arduino Nano 是一个浓缩的 Arduino 板，尺寸仅为 0.70" × 1.70"。这个尺寸非常适合将项目微小型化。Nano 具有 Arduino Uno 的所有功能，使用相同的 ATmega328 微控制器，但是尺寸只有 Uno 的一小半。它同样可以方便地用在面包板上，能够完美地实现系统原型。

Arduino Mini R5

顾名思义，Arduino Mini 比 Nano 还要微小。这个板子也使用相同的 ATmega328 微控制器芯片，但被进一步缩小了，去除了 Nano 上所有的针脚和 Mini-USB 接口。此板非常适合空间有限的应用，但在连接时需要非常小心，因为不正确的连接就可能损坏板子。

Arduino Ethernet

虽然与 Uno 拥有相同的封装，但 Ethernet 是专门针对互联网通信而设计的。你可以让 Arduino Ethernet 去直接访问数据，而不是通过访问一台计算机来存取数据。计算机上的 Web 浏览器其实只是对将要在屏幕上显示的文本进行解释：例如对齐、格式化和显示图像。如果知道正确的命令，Arduino Ethernet 也可以直接访问该文本并将其用于其他目的。一个最受欢迎的目的是访问 Twitter，当你被 @ 的时候，它可以在 LCD 显示器上提示或者播放铃声。Arduino 的软件里包含有一些基本的示例，此外，使用此板你将需要更多的 Web 开发知识。

Arduino BT

Arduino BT 可以让 Arduino 与周围的蓝牙设备进行数据交换。对于手机、平板电脑等蓝牙设备，这是最好的接口！

新增（得到认可）的 Arduino 板卡

这些年来，大多数 Arduino 板都是由 Arduino 团队设计的标准化板，但有些板是由 Adafruit Industries 和 Sparkfun 等其他公司开发出来的，并被官方授权为官方板。下面列出了一些最好的板子。

Arduino LilyPad

Arduino LilyPad 是为了将技术与纺织品结合的项目而制造的，旨在开发电子织物或可穿戴电子项目。LilyPad 和与之配套的接口板（可以不需要制作你自己的电路板而很容易地集成各种元器件的印制电路板）可以使用导电丝代替传统的线将其缝合在一起。该电路板是由麻省理工学院的 Leah Buechley（http://web.media.mit.edu/~leah/）和 SparkFun 电子一同设计和开发的。如果对电子织品或穿戴式电子产品感兴趣，你可以在 Sparkfun 的网站上 http://www.sparkfun.com/tutorials/308 找到介绍最新版本电路板的优秀教程和 ProtoSnap 套件。

Arduino Fio

Fio（全称为 Arduino Funnel I/O）是由 Shigeru Kobayashi 为无线应用而设计的。它是基于 LilyPad 设计的，但却包含了 Mini USB 端口、锂电池接口，以及 XBee 无线模块的空间。

Arduino Pro

Arduino Pro 是一个最小的，超级修长的由 SparkFun 电子设计的基于 Uno R3 相同的单片机的 Arduino 板。它没有任何普通的接头或插座，但是却具有 Uno 所有的功能。它适用于高度不够且具有电池接口的应用场合，还可以让你的项目更加便携。

Arduino Pro Mini

Pro mini 是 SparkFun 公司的另一个产品，它使得 Arduino Pro 的极简主义表现到了极致。在 Arduino 的系列控制器中，Pro mini 的大小介于 Pro 和 Mini 之间。它不拥有 Nano 上的引脚或 Mini-USB 端口，并且比 Mini 稍微展开了一点。同时，它也不具备 Uno R3 的保护特性，所以连线时要异常小心，因为一个错误的连接就可能损坏板子。

Arduino 的购买

最初，Arduino 只能从少数散布在世界各地的爱好商店内购买到。现在，无论你是否在如下文描述的那些地方，都可以很容易买到 Arduino。

官方 Arduino 店铺

一个比较好的选择就是 Arduino Store（store.arduino.cc）。这里包括所有最新的 Arduino 板、套件以及少数的元器件。

英国的分销商

在 Arduino 出现的很久以前，英国就有非常多的爱好电子商店。现在，为了迎合各种远程控制、机器人、电子等需求，这些店铺也库存了大量的 Arduino 特定的元器件和设备。下面是其中的几个。

- Active Robots: www.active-robots.com
- Cool Components: www.coolcomponents.co.uk
- Oomlout: www.oomlout.co.uk
- ProtoPic: www.proto-pic.co.uk
- RoboSavvy: http://robosavvy.com/store
- SK Pang: www.skpang.co.uk
- Technobots: www.technobotsonline.com

美国的分销商

Arduino 兼容板最大的两个销售和制造厂商的总部都设在美国。他们愉快地将产品销往世界各地，但你也可以在当地的经销商处发现他们的产品。

- SparkFun: www.sparkfun.com
- Adafruit: www.adafruit.com

亚马逊

Arduino 这么受欢迎，亚马逊（www.amazon.com）上也是有很多囤货的。虽然比爱好者网站要困难一点，但在这里也可以找到大多数的 Arduino 板以及各种元器件和套件。

电子产品分销商

许多老牌的全球电子分销公司可以送货到世界的各个角落。最近，他们已经开始备货 Arduino 板，这在你知道需要什么，并且准备批量购买元器件的时候特别有用。

警告：通过元器件宽泛的目录进行搜索，可能会浪费很多时间，所以在开始之前应该先确定你要找的东西的名字！下面是销售 Arduino 板和元器件的一些全球经销商。

- RS Components: http://rs-online.com
- Farnell: www.farnell.com
- Rapid: www.rapidonline.com

寻找套件：从入门套件开始

Arduino 的板卡不是孤立的，你需要配合很多其他的东西才能使用它。同样的，一台没有鼠标和键盘的计算机是没有用的，一个没有元器件的 Arduino 也是没有用的，至少没有太多的乐趣。

每一个 Arduino 新手都应该通过基本的示例来学习 Arduino 的基本原理（本书的第 4 章至第 8 章）。这些都是通过一些基本元件就可以实现的。为了节省你寻找这些元器件而花费的时间和精力，一些精明的个人和公司将这些东西放在一起组成套件，让你在任何时间都可以进行实验！

不同的个人和公司根据他们的偏好设计了很多套件。你还可以找到很多别的元器件，基于它们的应用程序实现同样的功能，但可能具有不同的外观。

对于不同的人，特别是对于初学者，"入门套件"的意义是不同的，当建立你的项目时，它可能还会增加你的困惑。

一个好的 Arduino 入门套件应该包含以下清单中的一些核心元器件。

● Arduino Uno：你所喜爱的板子。

● USB A-B 电缆：使用 Arduino 必不可少的。与打印机和扫描仪的电缆都是通用的。

● LED 灯：各种颜色的发光二极管非常适合用于视觉反馈的项目以及为小规模测试亮化工程。

● 电阻：也被称为固定电阻器，是基本电子元件，常用于限制电路中电流的大小。这对于大多数电路的稳定运行至关重要。它们的阻值是固定的，通过电阻上的色环来表示。

● 可变电阻器：又被称为电位器，和电阻一样，可变电阻器可以限制电流，但是可以改变阻值。它通常用于收音机和高保真音响设备的调谐和音量控制，除此之外还可以被用于力和表面变形的测量。

● 二极管：也称为整流二极管，和发光二极管类似，但是不发光。它们一个方向具有非常高的阻值，另外一个方向具有非常低的阻值（几乎为零）。这也是 LED 只能单向工作的原因，但是二极管用于控制电路中电流的方向而不是用于发光。

● 按键：通常用于游戏机控制器和立体声音响等一些消费电子产品中。它们用于控制电路中的连接或断开，从而使得 Arduino 能够获取人机交互输入。

● 光电二极管：和光敏电阻类似，当有光照射的时候，它们的电阻就会改变。与光源相对位置的不同，使它们可以用于多种不同的用途。

● 温度传感器：无论被放置在什么地方，它都可以测量环境温度，非常适合于观测环境温度变化。

● 压电蜂鸣器：这些是专门用来描述声音的设备。可以给它通电，产生简单的音符或音乐。它们也可以被粘附在到物体表面，用于测量振动。

● 继电器：通常用于使低电压的 Arduino 可以控制高电压的电路。继电器的一半是电磁铁，另一半是磁开关。Arduino 的 5 V 可以激活电磁铁，而使开关闭合。这对于大功率照明和电机的项目非常有用。

● 晶体管：这些是所有现代计算机的基础。和继电器类似，它也是电控开关，不过是由化学引起的而不是物理。也就是说，它的开关频率非常快，使其非常适合如动画 LED 照明或电机速度控制等高频操作的应用。

● 直流电机：这些是简单的电动机。当有电流流经电机时，它便会顺着一个方向旋转，当电流方向改变时，它便朝着另一方向旋转。电动机有很多种类，从手机中的振动电机到电钻中的驱动电机。

● 伺服电机：这些电机带有板载电路，用于检测旋转角度。它通常用于精密操作，如机器人关节的角度和移动。

下面是一些价格略高的知名套件。它们包括上述列表中的所有元器件，同时非常适合与本书的示例配套使用。

● Oomlout 出品的 Arduino 入门套件（ARDX）可从 http://www.adafruit.com/products/170（美国）上购买，价格为 $85.00/£59.00 。或者从 http://oomlout.co.uk/starter-kit-forarduino-ardx-p-183.html（英国）上购买。

● Sparkfun 出品的创新者套件（见图 2-5），可从 https://www.sparkfun.com/products/11227 上购买，价格为 $94.95/£60.93。

图 2-5
SparkFun 创新者套件

● Proto-PIC 推出的 Arduino Uno 研究员套件，可从 http://proto-pic.co.uk/proto-pic-boffin-kit-for-arduinouno/ 上购买，价格为 $101.07/£64.20。

● Arduino 官方推出的 Arduino 入门套件，可从 http://uk.rsonline.com/web/p/processor-microcontroller-developmentkits/7617355/ 上购买，价格为 $102.89/£65.35。

虽然上述套件中的元器件数目和类型略有差别，但均适用于本书中的所有基本示例。有时候，同一种类的元器件有不同的封装形式，所以在开始前一定要仔细阅读部分清单，保证能够识别每个元器件。套件不包含电机和各种传感器等元器件。

准备工作台

当制作 Arduino 项目时，你可以坐在沙发上来制作电路，或者在楼梯上进行安装。我以前也是这样的！但是，以这样的方式来工作，并不意味着它是明智的或可取的。在你潜心研究实验之前，拥有一个良好的工作台是更棒的，尤其是你刚开始钻研 Arduino。

电子设计是一个要求很高的工作。你需要处理大量的细小的、精密的、非常敏感的元器件，所以在组装电路时你需要非常精确并有耐心。如果你在一个昏暗的房间里，却试图使放在你大腿上的东西保持平衡，那你可能会损坏或丢失元器件。

对自己而言，将事情变得更容易本身就是一件好事。简而言之，理想的工作台如下。

- 大而整洁的办公桌或工作台
- 一个好的工作灯
- 舒适的椅子
- 一杯茶或咖啡（推荐）

第 3 章
下载并安装 Arduino 开发工具

本章内容

◆ 获取并安装 Arduino 软件

◆ 直观了解 Arduino 开发环境

在操作 Arduino 板之前，你需要为它安装软件。与你的家用计算机、笔记本、平板和手机类似，这是硬件所需要的。

Arduino 软件是一种集成开发环境（IDE）。和软件开发工具相同，你可以编写、测试和下载程序。Arduino 软件有适合于 Windows，Macintosh OS X 和 Linux 多个平台的软件版本。

在本章中，你将了解所用系统的 Arduino 软件的下载及安装步骤。同时，本章将对 Arduino 程序的开发环境做简要介绍。

安装 Arduino 软件

本节将介绍如何将 Arduino 软件安装到你选择的系统中。此部分以 Arduino Uno R3 为例来讲解，但其同样适用于如 Mega2560、Duemilanove、Mega 或 Diecimila 等其他版本的板卡。唯一的区别是 Window 平台下的驱动程序不同。

Windows 平台下 Arduino 软件安装

本节中的说明文字和屏幕截图只描述了 Windows 7 平台下的 Arduino 软件和 Arduino Uno R3 驱动程序的安装，但是文字描述同样适用于 Windows Vista 和 Windows XP 系统。

目前，只有 Windows 8 平台下存在障碍，至少在驱动程序的安装上需要一些技巧。你可以在 Arduino 论坛上找到标题为"关于 Windows 8 驱动程序数字签名失踪"的讨论帖，里面有解决方法的详细介绍（http://arduino.cc/forum/index.php?topic=94651.15）。

有了 Arduino Uno 和 USB A-B 电缆（　见图 3-1），你可以按照以下步骤获取 Arduino 的最新版本并将其安装到你的 Windows 平台上。

图 3-1

A-B USB 电缆和 Arduino Uno

1. 打开 Arduino 软件下载页面 http://arduino.cc/en/Main/Software，并单击 Windows 的链接下载 .zip 文件，这个文件中包含 Windows 平台下的 Arduino 应用程序。

在本书写作的时候，压缩文件的大小是 90.7 MB。这个文件比较大，可能需要一段时间才能下载完成。下载完成后解压文件，然后将 Arduino 文件夹放在合适的位置，例如：

```
C:/Program Files/Arduino/
```

2. 将 USB 电缆的方形一端插入 Arduino，扁平的一端插入计算机上空闲的 USB 端口，从而将 Arduino 连接到你的计算机。

当 Arduino 板被连接时，标记 ON 的绿色 LED 就会亮，表明 Arduino 已接通电源。Windows 系统将会很努力地搜索驱动程序，但它很可能会出现如图 3-2 所示的失败提示。最好关闭该向导并按照以下步骤来安装驱动程序。

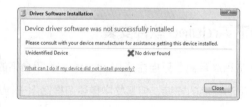

图 3-2

驱动安装失败

3．打开开始菜单，在"搜索程序和文件"框中输入"设备管理器"，然后按 Enter（回车）键。

打开设备管理器窗口。设备管理器里将显示你计算机上的各种硬件和连接的外围设备，比如你的 Arduino 板。

当你往下看的时候，就会发现 Arduino Uno 的旁边带有感叹号。感叹号表示它尚未被计算机系统所识别。

4．右键单击 Arduino Uno，并在出现的菜单中选择"更新驱动程序软件"，然后单击"浏览计算机以查找驱动程序软件"（见图 3-3）。

窗口自动转向下一个页面。

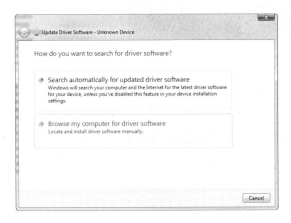

图 3-3
在设备管理中导入驱动程序

5．单击"浏览"以找到你的 Arduino 文件夹。

在第 1 步中保存的位置，找到这个文件夹。

6．在 Arduino 文件夹中点击驱动程序文件夹，并单击选中 Arduino Uno 文件。

请注意，如果你进入了 FTDI USB 驱动程序子文件夹，则说明你走过了。

7．单击下一步，Windows 完成驱动程序的安装。

如果你注意到软件的安装过程就会发现，启动该程序最简单的方法是根据你的喜好在桌面上或启动菜单中创建快捷方式。只要到你 Arduino 文件夹里，找到 Arduino.exe 文件，右击并选择创建快捷方式，就可以生成一个桌面快捷方式。当你想启动 Arduino 软件时，只需要双击该快捷方式图标即可。Arduino 软件将会打开一个新的草图窗口，如图 3-4 所示。

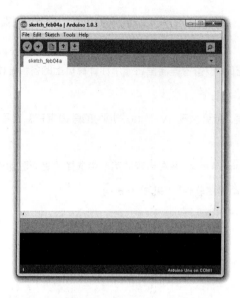

图 3-4

Window 7 上的 Arduino
窗口

Mac OS X 平台下 Arduino 软件安装

本节中的说明文字和屏幕截图只描述了 Mac OS X Lion 平台下的 Arduino 软件和 Arduino Uno R3 驱动程序的安装，但是文字描述同样适用于 Leopard、Snow Leopard 和 Mountain Lion。如果使用更早的系统，则需要你针对具体情况进行查找。

以下为在 Mac 上安装 Arduino 软件的步骤。

1. 打开 Arduino 的下载页面 http://arduino.cc/en/Main/Software，并单击 Mac OS X 中的链接下载 .zip 文件，这个文件中包含 Mac OS X 平台下的 Arduino 应用程序。

本书写作的时候，该文件的大小是 71.1 MB。由于文件较大，因此它可能需要一段时间才能下载完成。下载完成后，双击该文件找到 Arduino 应用程序，并将其放置在应用程序文件夹中，如图 3-5 所示。

2. 将 USB 电缆的方形一端插入 Arduino，扁平的一端插入 Mac 上空闲的 USB 端口，将 Arduino 连接到你的计算机。

当 Arduino 板被接入时，会弹出一个"已探测到新的网络接口"的对话框（见图 3-6）。

3. 单击网络选项，然后在出现的窗口中单击应用。

需要注意的是，虽然窗口左侧的列表中显示 Arduino 未配置，但是软件已安装成功且 Arduino 板可以正常工作。

图 3-5

放置 Arduino 应用程序至应用文件中

图 3-6

Mac 将 Arduino 识别为新的网络接口

4．关闭网络设置窗口。

要启动 Arduino 应用程序，可在应用程序文件夹中找到 Arduino 应用程序，将其拖曳到 Dock 中，然后单击 Arduino 图标，打开 Arduino 应用程序（窗口如图 3-7 所示）。如果你愿意，也可以将应用程序拖曳到桌面上，创建一个别名。

图 3-7

OS X 下的 Arduino 窗口

Linux 平台下 Arduino 软件安装

在 Linux 上安装 Arduino 软件是非常复杂的，且和你所使用的版本有关，所以本书不涉及这方面的内容。如果你使用 Linux 系统，可能有能力自己安装软件，并非常享受这个过程。可以在 Arduino Playground 上找到 Linux 系统上安装 Arduino 的详细信息：

`http://arduino.cc/playground/Learning/Linux`

Arduino 开发环境的使用

Arduino 编写的程序被称为草图。这是由 Processing 软件沿袭下来的命名约定，Processing 软件允许用户以在绘图本上绘制出想法的方式来快速编写程序。

在编制第一张草图之前，我劝你停下来先了解 Arduino 软件，因此，本节提供了一个简短的介绍。Arduino 的软件是一个集成开发环境或 IDE，并且这种环境以一个图形用户界面或 GUI（发音 goo-ey）呈现在你的面前。

GUI 为人与计算机之间的交互提供了一种可视化的方式。如果没有 GUI，你将需要读取并写入文本命令，类似你可能见过的 Windows 的 DOS 命令，Mac OS X 的终端，或者 Matrix 起始的 white rabbit。

蓝绿色的窗口就是 Arduino 的 GUI。它分为以下 4 个主要区域（见图 3-8）。

● 菜单栏：类似于你熟悉的其他程序中的菜单栏，Arduino 菜单栏的下拉菜单中包含所有工具、设置和相关程序信息。在 Mac OS 中，菜单栏位于屏幕的顶部；在 Windows 和 Linux 中，菜单栏在 Arduino 活动窗口的顶部。

● 工具栏：工具栏中包含了编写 Arduino 程序时所需要的几个按钮。这些按钮，也包含在菜单栏上，具有以下功能。

- 验证：检查你的代码是否符合 Arduino 软件编写规则。这也被称为编译，有点像拼写和语法检查。请注意，尽管编译器检查你的代码没有发现任何明显的错误，但是却不能保证你的程序能够正常工作。

- 下载：将你的程序下载到连接的 Arduino 板中。下载之前会自动编译你的程序。

- 新建：创建一个新的程序。

- 打开：打开一个现有的程序。

● 保存：保存当前程序。

● 串口监控：允许查看计算机与 Arduino 板之间发送或收到的数据。

　文本编辑器：该区域以文本形式显示你的程序。这几乎等同于普通的文本编辑器，但有几个附加功能。如果有些代码被 Arduino 软件所识别，那么它将显示为彩色。你也可以选择自动格式的文本，使其更易于阅读。

　信息区：即使拥有多年 Arduino 使用经验，但是你还是会犯错误（每个人都会），而这个消息区域是你找出哪里出错的第一个方法（注：第二种方法是塑料燃烧的气味）。

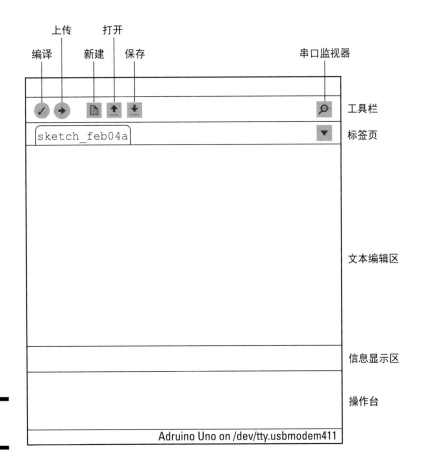

图 3-8

IDE 人机界面

第 4 章
点亮 LED

本章内容

振作起来！你将要第一次真正踏进 Arduino 的世界！你已经购买了一个 Arduino 板，也可能是一个 Arduino 入门套件（可能来自我推荐的供应商），你已做好了充分的准备。

首先，要保证有一个干净的工作台或办公桌可供使用。因为非常容易掉落或遗失一些你正在使用的元器件，所以一定要确保工作台是干净的，有充足的光线和一把舒适的椅子。

Arduino 本质上是用于执行实际任务的设备。那么，学习 Arduino 最好的方式就是实践——使用它制作一些东西。这正是我编写这整本书的方式。在本章中，我带你通过一些简单的步骤来让你用自己的方式去做事。

我还教会你下载你的第一个 Arduino 程序。此外，你将了解它的工作原理，看看如何修改使其按照你的命令去工作。

编写你的第一个 Arduino 程序

在你面前的应该是一个 Arduino Uno R3、USB 数据线和一台带有你所选择的操作系统（Windows，Mac OS 或 Linux）的计算机。下一节将会告诉你可以用这个小装置做些什么。

寻找 Blink 程序

为了确保 Arduino 的软件与硬件能够结合起来，你需要下载一个程序。你可能会问，什么是程序？ Arduino 被设计成这样的装置：可以让人们快速搭建原型，并使用简短的代码来验证这些想法，类似于在纸上描绘想法。为此，Arduino 编写的程序被称为草图。虽然它的出发点是快速原型设计，但是 Arduino 正在被用来实现越来越复杂的功能。所以，不要从草图这个名字，以任何方式推论出 Arduino 的程序是微不足道的。

在这里即将使用的草图被称为 Blink。这是你可以编写的最基础的草图，一个 Arduino 的"Hello，world！"。单击 Arduino 软件窗口，从菜单栏中依次选择 File ⇨ Examples ⇨ 01.Basics ⇨ Blink（见图 4-1）。

在空白的草图面前将会打开一个类似于图 4-2 的新窗口。

图 4-1

查找 Blink 程序

图 4-2

Arduino Blink 程序

识别你的 Arduino 板

在下载程序之前，你需要检查以下几件事情。首先，你应该确认你的 Arduino 板的型号，如我在第 2 章提到的，你可以从各种 Arduino 板和几个版本的 USB 板中进行挑选。最新一代的 USB 板是 Uno R3。如果你新近购买了板子，那么几乎就可以确定它是 Uno R3 型号。为了再次确认，你可以检查电路板的背面。仔细观察电路板，它看起来应该和图 4-3 类似。

还有一个值得检查的是 Arduino 上的 ATMEL 芯片。正如我在第 2 章提到的，ATMEL 芯片是 Arduino 的大脑，类似于你计算机上的处理器。因为 Uno 和更早的版本允许更换芯片，所以有可能你的 Arduino 板（特别是已使用的电路板）上的芯片已被替换成了不同的芯片。

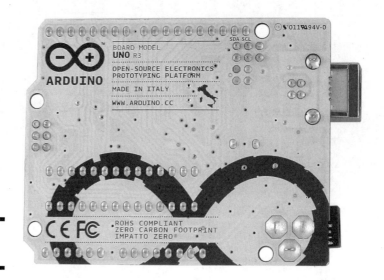

图 4-3

Arduino Uno 背面

虽然 Arduino 板上的 ATMEL 芯片看起来相当有特色，但如果你把它和旧版本的 Arduino 相比，仍然很难第一眼就区分出它们。芯片最显著的特征是雕刻在其表面上的型号。因此你需要寻找 ATMEGA328P-PU 字样。如图 4-4 所示为芯片的特写。

图 4-4

ATmega328P-PU 芯片的特写

配置软件

在确认所使用的 Arduino 板卡的类型之后，你必须把这些信息提供给软件。在 Arduino 软件的主菜单栏上（Windows 上是 Arduino 软件窗口的顶部，Mac OS X 上是屏幕的顶部），选择 Tools ⇨ Board。你可以看到 Arduino 软件支持的各种类型的板卡，然后从列表中选择你的电路板，如图 4-5 所示。

图4-5

从 Board 菜单中选择
Arduino Uno

下一步，我们需要选择 Arduino 板的串行端口。串口是计算机与 Arduino 通信的桥梁。串行也就意味着，同一时刻只能发送数据的一个位（0 或 1）。端口也就是物理接口，此处即为 USB 插座。第 7 章将会详细介绍串口通信。

通过选择 Tools ⇨ Serial Port 来确定 Arduino 连接的串口号。计算机所连接设备的列表如图 4-6 所示。这个列表包含具有串口通信功能的任何设备，此处也就是 Arduino。如果你刚刚安装 Arduino 驱动并插入它，它应该在列表的顶部。对于 OS X 用户，这显示为 / dev/ tty.usbmodemXXXXXX（其中 XXXXXX 是随机数）。在 Windows 中，同样如此，但串行端口被命名为 COM1、COM2、COM3，等等。COM 口数值最大的通常是最近刚使用过的设备的串口号。

图 4-6

Arduino 软件中串口列表

在你找到 Arduino 板的串口号之后，就在 Arduino 软件中选择它。Arduino 界面的右下方将会显示出串口号和板卡型号（见图 4-7）。

图 4-7

Arduino 软件上的板卡类型和端口号

下载程序

当你在 Arduino 软件中选择了 Arduino 板卡类型和所连接的串口号，就可以将本章前面所讲的 Blink 程序下载到 Arduino 中了。

首先，点击 Verify 按钮。编译将会对代码进行检查，确保代码对 Arduino 是有意义的。但是，这不意味着程序将会像你所期望的那样运行，编译仅仅是对代码进行语法检查。在编译的过程中，你会看到一个进度条和文字"Compiling Sketch"，紧接着显示为"Done compiling"，如图 4-8 所示。

图 4-8

进度条显示程序正在编译

如果程序编译成功了，你可以点击编译旁边的下载按钮。Arduino 软件上出现一个进度条，同时你会发现 Arduino 板上标有 RX 和 TX 的 LED 在快速闪烁。这表明，Arduino 正在收发数据。几秒钟之后，RX 和 TX 的 LED 停止闪烁，同时 Arduino 窗口上出现了一条信息"Done Uploading"（见图 4-9）。

图 4-9

Arduino 软件完成下载

祝贺你!

你可以看到标有 L 的 LED 在安静地闪烁着:亮一秒,灭一秒。如果是这样,那么就自我表扬一下。你已经下载了第一个 Arduino 代码,并且跨入了物理计算的大门! 如果 L 灯不闪烁,那么重复前面所有的步骤。确保你已正确安装了 Arduino 驱动,然后再试一次。如果仍然看不到 L 灯闪烁,可以在 Arduino 的官方网站上查找优秀的疑难解答页: http://arduino.cc/en/Guide/troubleshooting。

刚刚发生了什么

不费吹灰之力,你就将你的第一个程序下载到 Arduino 里面。

简要回顾一下，你现在已经：

● 将 Arduino 连接到计算机

● 打开 Arduino 软件

● 设置板卡的型号和串口号

● 从 Example 文件夹中打开 Blink 程序并将其上传到电路板中

下面，我将带你深入了解你刚刚下载的第一个程序的各个部分。

解析程序

在本节中，我将向你详细描述 Blink 程序，这样你就可以看到其中的奥秘。当 Arduino 的软件读取一个程序时，它很快速地一次一行地进行处理，井然有序。因此，理解代码的最佳方式是以同样的方式来阅读，不过需要放慢速度。

Arduino 使用 C 语言进行编程，这是有史以来使用最广泛的语言之一。这是一个非常强大而灵活的语言，但是需要一些时间来学会使用它。

如果你按照上一节来操作，你的屏幕应该已经打开了 Blink 程序。如果没有，你可以通过选择 File ⇨ Examples ⇨ 01.Basics ⇨ Blink（见图 4-1）来找到它。

当程序打开时，你应该看到这样的：

```
/*
  Blink

  Turns on an LED on for one second,
  then off for one second, repeatedly.

  This example code is in the public domain.
*/

// Pin 13 has an LED connected on most Arduino boards.
// give it a name:
int led = 13;

// the setup routine runs once when you press reset:
void setup() {
  // initialize the digital pin as an output.
  pinMode(led, OUTPUT);
}

// the loop routine runs over and over again forever:
void loop() {
  digitalWrite(led, HIGH); // turn the LED on (HIGH is the voltage level)
```

```
    delay(1000);          // wait for a second
    digitalWrite(led, LOW); // turn the LED off by making the voltage LOW
    delay(1000);          // wait for a second
}
```

程序是由很多行代码组成的。当把代码作为一个整体时,你可以找出 4 个不同的部分。

- 注释
- 声明
- void loop
- void setup

下面将涉及每一个部分中的更多细节。

注释

下面是你所看到的代码的第一部分。

```
/*
  Blink
  Turns on an LED on for one second, then off for one second, repeatedly.

  This example code is in the public domain.
*/
```

多行注释

请注意,代码行用符号 /* 和 */ 括起来。这些符号标志着多行注释或块注释的开头和结尾。注释都使用简单的英语来书写,正如其名,注释提供解释或代码注释。在软件编译并下载程序时,将会直接忽略掉注释。因此,注释可以包含代码的有用信息,而不会干扰代码的运行。

在这个例子中,注释只是简单地表明程序的名称和功能,并说明了这个例子的代码是通用的。注释通常还包括其他详细信息,如作者或编辑的名字、代码编写或编辑的日期、代码功能的简短说明、项目的 URL,有时甚至包括作者的联系方式。

单行注释

顺着程序往下看,在 setup 和 loop 函数里面出现了和上述注释一样带有灰色阴影的文字。这段文字同样是注释。符号 // 表示一个单行注释,而不是多行注释。这些行中 // 符号后写的任何代码都将被忽略。在这种情况下,注释用于描述之后的一段代码。

```
// Pin 13 has an LED connected on most Arduino boards.
// give it a name:
int led = 13;
```

这一行代码是在程序的声明部分，但是你会问我"什么是声明呢？"，请仔细阅读，在后面可以找到答案。

声明

声明是为后面程序中使用而存储的数值。这里，只声明了一个变量，但是你可以声明很多其他变量或程序函数库中的变量。现在需要记住的是在 setup 函数之前声明变量。

变量

变量是可以改变的数值，取决于在程序中对其如何处理。在 C 语言中，你可以在程序主体之前声明类型、名称和数值，就像菜谱前面所列出的食材。

```
int led = 13;
```

第一步设置了变量的类型为整型（int）。整型包括所有的数，正数和负数，但不包括小数。int 类型的数值上下限范围为 -32,768 ~ 32,767，这对 Arduino 是没有太多意义的。超出这个范围之外，就需要使用另一种数据类型，也就是 long（详见第 11 章）。但是此处，int 刚刚合适。变量的名称为 led，这仅仅是个代号；也可以使用其他有助于识别变量用途的名称。最后，变量的值被设为 13。这里也就是所使用的引脚。

当你反复更改一个数值时，变量就非常有用了。这里变量被定义为 led 是因为它表示了 LED 实际所连接的引脚。现在，你每次想表示引脚 13，都可以使用 led 来替代。虽然这个方法最初是一个额外的工作，但是当你决定将引脚更改为引脚 11 时，只需要更改开始部分的变量即可，后面每一个 led 将会自动更新。相对搜索代码去更新每个出现的 13，这就大大地节约了时间。

声明结束之后，程序进入了 setup 函数。

函数

下面两个部分是函数，都以单词 void 开头：void setup 和 void loop。函数就是执行一个特定任务的一小段程序，并且这个任务是经常重复的。你可以使用一个函数来再次执行这个任务，而不用去一次又一次地编写同样的程序。

考虑一下 IKEA（宜家家居）家具的通用组装过程。如果你将使用函数来编写这些通用指令时，它将类似于下面这个程序：

```
void buildFlatpackFurniture() {
buy a flatpack;
open the box;
        read the instructions;
        put the pieces together;
        admire your handiwork;
        vow never to do it again;
}
```

当你下一次使用这些同样的指令，你可以简单地调用 buildFlatpackFurniture() 这个函数，而不用去单独编写每一步。

虽然不是强制的，但是仍有函数或变量的名称需要包含多个单词这样的命名规则。因为这些名称中不包含空格，因此你需要去判别单词的起始位置，否则，你将花费很长的时间去搜索它们。这个规则是将第一个单词之后的单词首字母大写。这将极大地提高你的代码的可读性，所以我极力推荐你的所有代码都能遵守这个规则，这将会为你和阅读你代码的人带来益处！

单词 void 用于无返回值的函数，后面的单词即为函数的名称。在一些情况里，你可能传递数据到函数里面或从函数返回数据，例如传递多个数据进入计算，得到返回的总和。

每一个 Arduino 程序都必须包含 void setup 和 void loop，这是程序编写的最低要求。但是，你同样可以为你需要执行的任务而编写自己的用户函数。现在，你必须记住在你创建的每个 Arduino 程序中都应包含 void setup 和 void loop。如果没有这两个函数，程序将无法编译。

setup

setup 是所读 Arduino 程序中的第一个函数，而且它只运行一次。正如其名所述，它的目的是启动 Arduino 控制器，将运行中不改变的数值和属性固化到芯片中。

setup 函数如下所示：

```
// the setup routine runs once when you press reset:
void setup() {
  // initialize the digital pin as an output.
  pinMode(led, OUTPUT);
}
```

注意你屏幕上的 void setup 文本颜色是橙色的。这个颜色说明 Arduino 软件将其识别为核心函数，这与你自己编写的函数有所区别。如果你将其更改为 Void setup 的话，则可以看到它们变黑了，这说明 Arduino 程序是区分大小写的。这一点非常重要，需要记住，特别是晚上很晚但是代码却好像不能工作的时候。

　　函数 setup 中的内容是包含在大括号 { 和 } 之间的。每一个函数都需要一对匹配的大括号。如果你的程序中有太多的半括号，代码不能编译，则你将看到如图 4-10 所示的错误信息。

图 4-10

Arduino 软件提示缺少括号

pinMode

pinMode 函数将指定的引脚配置为输入或输出：去接收或发送数据。函数包含以下两个参数。

- pin: 所需要设置的引脚号
- mode: 输入或输出

在 Blink 程序中，在两行注释之后，你可以看到如下代码：

```
pinMode(led, OUTPUT);
```

单词 pinMode 被黄色高亮显示。正如本章前面所提到的，黄色表示 Arduino 将其识别为核心函数。OUTPUT 被显示为蓝色，则其被识别为 Arduino 语言中预定义的常量。此处，通过常量设置来设置引脚的模式。你将在第 7 章中学习到更多的常量。

这是你对 setup 所需要了解的全部。下一节将讲解 loop 部分。

loop

你在 Blink 程序中看到的第二个函数就是 void loop 函数。它同样被高亮显示为橙色，所以 Arduino 将其识别为核心库。loop 是函数，但是它不只执行一次，而是一直运行直到按下 Arduino 板上的复位按钮或移除电源。这是 loop 中的代码：

```
void loop() {
  digitalWrite(led, HIGH); // set the LED on
  delay(1000); // wait for a second
  digitalWrite(led, LOW); // set the LED off
  delay(1000); // wait for a second
}
```

DigitalWrite

在 loop 函数中，你再一次看到了大括号和两个不同的核心函数：digitalWrite 和 delay。

首先是 digitalWrite：

```
digitalWrite(led, HIGH); // set the LED on
```

注释的意思是点亮 LED，但是到底是什么意思呢？digitalWrite 函数向引脚输出数字量。正如第 2 章所言，数字引脚只有：开和关两种状态。用电子术语来讲，就是高电平和低电平，且与板卡的电压有关。

Arduino Uno 的工作电压是 5 V，通过 USB 接口或更高的外部电压降低到 5 V 来供电。也就是说，高电平相当于 5 V，低电平相当于 0 V。

函数包括两个参数。

- pin: 所设置的引脚号
- value: HIGH 或 LOW

所以，简单来说，digitalWrite（led,HIGH）就是"向 Arduino 板上的 13 号管脚发送 5 V 电压"，这足以点亮 LED。

Delay

在 loop 代码的中间，你可以看到这一行代码：

```
delay(1000); // wait for a second
```

这个函数的功能正如其名：以毫秒为单位来暂停程序。此处，设置的值为 1000，相当于 1 秒钟。在这个时间内，不会发生任何事情。Arduino 将会停下来等待 delay 的完成。

程序的下一行，digitalWrite 对相同引脚的另一个功能如下所示：

```
digitalWrite(led, LOW); // set the LED off
```

这个将会告诉 Arduino 在 13 管脚输出 0 V（地），从而关闭 LED。

下面是另一个 delay，用于程序暂停 1 秒：

```
delay(1000); // wait for a second
```

这个时候，程序将会返回 loop 的起始处并重复执行，永久地运行下去。

所以，loop 也就是这样的。

- 在 13 管脚输出 5 V，点亮 LED
- 等待 1 秒
- 在 13 管脚输出 0 V，关闭 LED
- 等待 1 秒

如你所见，这给你带来了 LED 的闪烁！

让闪烁更亮

在本章中，我已多次提及 13 引脚。为什么是这个引脚使得 Arduino 板上的 LED 闪烁呢？标有 L 的 LED 实际上连接在它前面的引脚 13 上。在更早的板子上，需要你自己提供 LED。因为提供的 LED 对调试和反馈信号非常有帮助，所以设置了一个固定的 LED 来帮助你调试。

下面，你需要拿出套件中的 LED。LED 有各种形状、颜色和尺寸，但是应该类似于如图 4-11 所示的 LED。

观察你的 LED 就会发现它的一个引脚比另一个引脚长。将 LED 的长引脚（阳极或 +）插入引脚 13 中，短引脚（阴极或 −）插入 GND（地）。你会看到同样的闪烁，希望它会更大、更亮，这取决于你所使用的 LED。插入的 LED 如图 4-12 所示。

图 4-11

可以使用的单个 LED

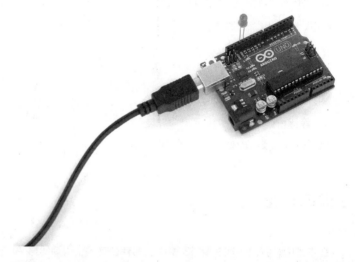

图 4-12

将 LED 插入 Arduino
引脚 13 上

　　由前面章节所描述的 digitalWrite 函数功能，可知 Arduino 当为 HIGH 时在引脚 13 上输出 5 V。对于大多数的 LED，这个电压太高。庆幸的是，引脚 13 还有内置下拉电阻这样的特性。这个电阻能够以合适的电压维持 LED 工作，确保其具有较长的寿命。

调整程序

　　我已经非常详细地讲解了程序，我希望你可以全部理解。然而，最好的方法就是进行实验。尝试更改延时时间，并观察你得到的结果。下面是一些你可以尝试的实验。

🔵 让 LED 闪烁成 SOS 信号。

🔵 在出现 LED 一直亮之前，找出你可以做到的 LED 最快闪烁频率。

第二篇

从物理层认识 Arduino

"我想，我修好了对讲机。当门铃响起时，请记得对着天花板上的风扇讲话。"

内容概要

　　准备好去干一场大事业了？本书第一部分仅仅是介绍，但是在这部分你将学习有关构建你项目所需要的原型工具的知识。在回到 Arduino 物理层之前，先简单地学习一些电子理论知识。从这点出发，通过一些基础示例，你可以很容易地学习 Arduino 并可以做新且有趣的东西。剩下的就是思考你可以使用 Arduino 做些什么项目了。

第 5 章
常用工具介绍

本章内容

◆ 介绍面包板

◆ 收集工具套件

◆ 成为一位使用万用表的电子超级侦探

在第 4 章，我介绍了最基本的 Arduino 应用之一：让 LED 闪烁。这个应用只需要一块 Arduino 板和几行代码。虽然让 LED 闪烁非常有趣，但你可以用 Arduino 来实现不计其数的其他事情，举几个例子来说，如制作交互装置、控制家庭应用和互联网应用。

在本章中，你将通过增加原型设计的理解来提升自我，以及学习如何使用一些基础原型设计工具来配合 Arduino 实现更多的事情。你可以使用原型设计工具来制作临时性的电路，从而尝试新的元器件、测试电路和构建简单的系统原型。在本章中，你将了解所有有关构建自己的电路板和实现你的想法所需要的装备和技术。

寻找正确的工具

原型设计是探索想法的全部，这也是 Arduino 项目的核心理念。虽然理论很重要，但是你可以通过实验学得更好、更快。

本节将介绍一些原型设计的工具和元器件，你可以用它们来构建电路。然后，你可以以这些电路为基础来实现自己的项目。

你可以使用很多的工具来帮助进行实验。这只是一个推荐的简短清单。大多数的套件中都会包含面包板和跳线，这二者是构建 Arduino 项目电路的必需品。尖嘴钳虽然不是必需品，但是我极力推荐。

面包板

面包板是原型设计套件中最必需的部分。它们是制作电路的基础。面包板可以让你暂时性使用元器件而不是将它们安装到电路板上并焊接起来（第 10 章讲解焊接）。

面包板由于在 19 世纪早期的使用而获得这个名字。那时候元器件是非常大的，人们想做原型电路都必须将其修改为现有面包板的大小——也就是，一个用来切面包的板子。通过在钉子上缠绕一定长度的电线，从而将元器件连接起来。你可以通过解开一个引脚上的导线并连接到另一个引脚上的方式来实现电路的快速更改。

现代的面包板是非常精确的。外部是带有行列孔的塑料盖，内部是一行行的铜线。这些线使得你可以快速、容易地实现元器件的电气连接。

面包板有各种各样的形状和尺寸，而且多数带有接头，可以用来拼接成你想要的合适的布局。

如图 5-1 所示为比较标准的面包板。如果你移去奶油色的塑料保护罩，就会发现铜线是沿着面包板的长边布置的，且在中间断开。这些长的导线通常用于提供电源的正极（PWR）和地（GND），有时候被标注为正极（+）和负极（-）符号、红黑线或红蓝线。红色总是正极（+），黑色或蓝色是负极（-）。

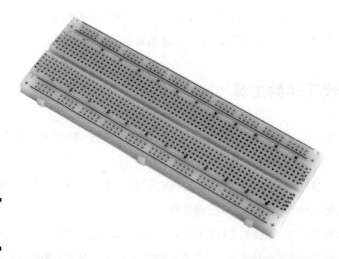

图 5-1

面包板

电源或地的"线槽"是电源或地的来源。电路经常需要电源或地来实现各种不同的功能,并且不止只需要一极。你可能会有需要去同一个地方的多个导线,这时你可以使用"线槽"。通过这个"线槽",可以使用跳线连接任何需要供电的器件,而无需担心占据太多的空间。

虽然这些线槽被标注了,但是你仍可以使用它们来做任何事。然而,遵守约定可以保证别人更加容易理解你的电路,所以我建议你也遵守这个约定。

面包板的中间区域是很多平行于短边的短导线,并被中间的沟槽分成了两部分。中间沟道的最初目的是安装集成电路(例如第 15 章中的 74HC595 移位寄存器),因为两边的引脚不是连接在一起的,而且提供了跳线连接的空间。很多的其他器件也可以充分利用这个间隙,包括按键(详见第 5 章)和光耦器件(详见 www.dummies.com/go/arduinofd 上的额外章节),这使得你布置电路更加容易。

当你放置跳线或者元器件到这些插孔里面的时候,将会感受到一点摩擦力。这是因为镊状物恰当地卡住了线或器件。它提供了足够的握紧力,当你在桌上做项目时可以恰当地维持器件,但是它也足够松,能够让你用手指很容易地将其移出。

我见过有些人在项目结束之后,将整个面包板放入盒中,但这是不推荐的。小器件或松的线材很容易松掉,并且在寻找原因时非常痛苦。如果你有一个可以工作的项目并且想将其做成实物,那么你应该直接跳到焊接(详见第 10 章),因为焊接可以使你的项目保存更长的时间,同时它也非常有趣!

跳线

跳线(见图 5-2)是充分利用面包板的必需品。它们是长度较短的绝缘设备线,用于连接你的器件与面包板上的线槽、其他元器件和 Arduino 板。在金属材料上,跳线与其他线材都是一样的,但它通常被截成对面包板有用的长度。

你在任何地方都可以发现绝缘导线。它可以是粗的主线,用于连接你家庭里面的应用,也可以非常细,像耳机线一样。绝缘导线是在普通金属导线外表覆盖了绝缘层而制成的,用于保护你以免触电,同时防止电信号受到外界干扰。

在本书中用的最多的线(并且对你的 Arduino 项目最有用的)是绝缘装备导线。这类线通常用于小规模、低电压的电子应用场合。

你使用的装备线是两种里的一种:单股和多股。单股线是单根线,就像挂衣钩一样只有一股。单股线可以非常好地保持形状,但当你过于弯曲它时,它将会变形。因此,你不需要移动它们，就可以使用这种线在面包板上非常灵活地布线。

多股线与单股线的直径相同，但是包含多个细线，而不是一股线。这些细线被扭曲在一起，使得多股线比单股线拥有更高的强度和抗弯能力。这个扭绞技术同样被用在悬索桥上。多股线特别适合经常更改的连接，而且可以保持更长的时间。

你可以自己制作跳线，但是也有各种颜色和长度的方便使用的跳线套件。每个选择都有其优点和缺点。

自己截取跳线是特别便宜的，因为你可以购买一大卷线材。另一方面，如果你想要多种颜色，就必须每种颜色各买一卷，这对于你的第一块电路来说是一笔相当大的投资。套件节约了最初的花费，而且提供了你需要的多种颜色。当你确定需要一大卷电线时，再去购买它们。

而且，当你考虑自己截取跳线时，需要能够忍受成品跳线与自制跳线间的差距。不管是你自己或其他人裁剪单股线时，弯曲都会加快它的损坏。多股线可以使用更久，但当你从一卷线上剪下来一段的时候需要在末端多留一些细线，因为它类似一段细绳或线的末端，这很容易磨损。你必须经常摆弄它们，用你的拇指和食指捋它们，使得细线尽可能地保持笔直。

预制的多股跳线套件具有末端焊接点或焊接引脚的优点。这种设计确保了它连接终端时和单股线一样可靠，同时具有较好的灵活性。

原则上，你应该具有一包预制的多股跳线套件。这些是原型套件最万能和最持久的选择。最后，你要有多种跳线，以便为任何情况下的搭建电路做好准备。

图 5-2

跳线

尖嘴钳

尖嘴钳，如图 5-3 所示，和你的普通钳子一样，但是具有非常适合夹取细小元器件的优点。电子是精度要求非常高的行业，当将元器件插入面包板中的时候，非常容易损坏元器件的引脚。这个专业的钳子不是必须的，但是在搭建电路时可以带来一点方便。

图 5-3

尖嘴钳：行家的选择

万用表

万用表是测量电压、电流和电阻的仪表。它可以告诉你不同元器件的值，电路上不同部分的情况。因为你无法看见电路或器件中的情况，所以需要万用表去了解其内部的工作情况。如果没有万用表，你只能依靠猜测，而这是电子中最坏的主意。

如图 5-4 所示为一个优质的中档数字万用表。以此为例，多数万用表都包含以下部分。

🔘　数字显示：这和你的数字闹钟是一样的，它显示了你可以阅读的数值。由于数字位数的限制，小数位的移动使得可以显示更大和更小的数值。带有自动量程功能的万用表将会自动获取数值，如果你的万用表不具有这种功能的话，你必须手动将模式调整到你所要求的范围。

🔘　模式旋钮：这个旋钮可以让你选择万用表的不同功能。功能包括电压、电流和电阻，同时包括每种量程，例如电阻有 100 Ω、1 kΩ、10 kΩ、100 kΩ 和 1 MΩ 量程。最好的万用表同时包含连接测试，可以通过声音告诉你所连接的两端是否相导通。具有这样的功能将会节约我们在项目中大量的追溯每一步的工作，所以我推荐购买一个具有此功能的优质中档万用表。

🔘　一套探针：这是用来测试电路的工具。多数万用表都有两个像针一样的探头，用于接入导线。你还会发现探头或被称为测试引线的末端带有鳄鱼夹，你也可以只购买鳄鱼夹，自己来连接它们。当需要夹住导线时，这个非常有用。

● 一套插座：取决于不同的用途，探针可以在不同的插座里面调换位置。此处，插座标有 A、mA、COM 和 VΩHz。标有 A 的插座用作测量大电流，上限为 20 A。同时警告说，只有 10 秒的时间去读取电流值。这些限制被标示在 A 插座与 COM 插座之间的线上，这也表明了，两个探针应该能被放置于 A（红探针）和 COM（黑探针）中。mA 插座（红探针）用于测量小于 500 mA 的小电流。COM 插座（黑探针）是公共端的简称，也是测量的参考点。大多数情况下，将这个连接到你电路中的地，且使用黑探针。标有 VΩHz 的插座（红探针）用于测量这个插座和 COM 端口（黑探针）之间的电压（V 或伏特）、电阻（Ω 或欧姆）和频率（Hz 或赫兹）。

图 5-4

优质数字万用表

使用万用表测量电压、电流和电阻

以下是所有 Arduino 爱好者应该知道的检查电路的一些基本技术。电压、电流和电阻可以被预先计算（详见第 6 章），但是在现实世界中将会有很多不能计算的因素。如果遇到一个损坏的器件或一个错误的连接，你会浪费数个小时去猜测哪里出了问题，所以万用表对于解决电路问题是非常必须的。在本小节中，你将会学习测量电压、电流和电阻以及检查连接的连续性。

测量电路中的电压（伏特）

测量电压是必要的。你也可以检查电池电压或检测元器件上的电压。如果灯不亮或蜂鸣器不响，那可能是连接头松动了或者你使用过高的电压而烧坏了元器件。这是最佳的场合去检测电路中的电压并确认其是正确的。

　　首先，你需要检查万用表的探针插在正确的插座里。标有 V 代表伏特的插座连接红色探针，标有 COM（common）代表地的插座连接黑色探针。下一步，设置万用表为直流电压，它标记为 V 后面带有方波数字信号，这正好与交流电压相反，交流电压标示为光滑的模拟波形。此处，我的万用表需要使用按钮来实现直流与交流之间的切换。

　　电压是并联测量的，也就说你必须将万用表跨接在所要测量电路的两端，而不能干涉电路工作。图 5-5 展示你该如何做。正极探针应该连接元器件的正极，负极探针连接另一极。探针接反了不会引起电路的损坏，但将会显示一个负读数而不是正读数。

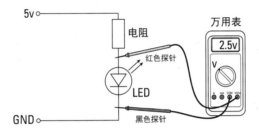

图 5-5

用万用表并联测量电压

　　测试万用表的最好方式是测量 Arduino 板上 5 V 引脚与 GND 之间的电压。确保 Arduino 已上电且在每个引脚上都连接跳线，这将更加方便连接万用表的探针。将红色探针放置在 5 V 跳线上，黑色共用探针放在 GND 跳线上。万用表的屏幕上将会显示出 5 V 的数值，证明 Arduino 如期输出了 5 V 电压。

测量电路中的电流（安培）

　　你可能已经得到了正确的电压，但有时候电流不够以驱动 LED 或马达。解决问题的最好的办法是检查电路中的电流大小，并与你使用的电源的输出电流进行比较。

　　检查万用表的探针是否连接在正确的插座上。有些万用表具有两个可选的插座，一个用于测量安培（A）级的大电流，另一个用于测量毫安（mA）级的小电流。多数情况下，Arduino 电路板只有毫安级的电流，但是当你使用了大功率电灯、马达或其他器件时，则必须设置为安培。然后，旋转表上的旋钮来选择合适的量程，A 或 mA，甚至 μA（微安）。

　　电流是串联测量的，也就是说万用表必须与电路中的其他器件串在一条线上，以使得流经万用表的电流和其他器件中的电流一样。如图 5-6 所示为实际的串联测量。

如果你在面包板上搭建了一个类似的电路，则可以使用两根跳线来隔断电路，从而使得万用表可以接入电路里。这将会显示电路中的电流值。

注意：如果输出闪烁或衰减的话，电流值将会变化，所以你要将量程设置为可以测量最大的连续电流值。

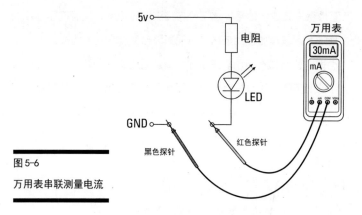

图 5-6

万用表串联测量电流

测量电阻的阻值（欧姆）

有时候读取电阻阻值是比较困难的，通过万用表来确定阻值是有必要且容易的。简单地将万用表设置为欧姆或 Ω 功能，然后将探针放置在电阻两端即可，如图 5-7 所示。

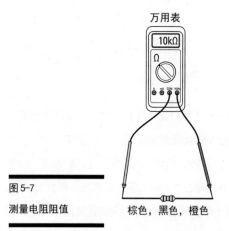

图 5-7

测量电阻阻值

测量电位器的阻值（欧姆）

电位器的阻值范围标注在标签上，比较容易知道。电位器类似于无源电阻，但是有 3

个引脚。当你把万用表的探针连接到两边的引脚上时，可以读取一个最大阻值，并且当你旋转电位器旋钮时读数不改变。当你连接中间引脚和边上引脚时，可以测量出电位器的实际阻值，并且当你旋转电位器的旋钮时读数也会改变，如图 5-8 所示。当你切换到中间引脚和另一边的引脚时，反向旋钮旋，读数也会同样的改变。

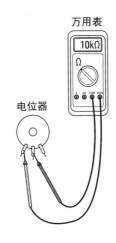

图 5-8

测量电位器的阻值

检查电路的连续性

如果你有一个优质万用表，那么其转盘上应该有一个扬声器或声音符号，它就是连续性测试功能。你可以用它来验证电路中的各个部分是否连接在一起，而且万用表将会发出哔哔声来告知你，如果连接是好的将会发出连续的鸣叫声。旋转旋钮至连续性测试标记，将两个探针触碰在一起来测试其是否工作。如果你能听到连续的声音，说明连接可以正常工作。将探针沿着任何长度的引线或连接移动，以测试连接的连续性，如图 5-9 所示。

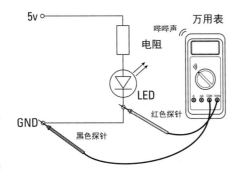

图 5-9

检查电路的连续性

第6章
电子电路基础知识

在本章中,你将学习电子基础知识。在后面的章节里,你将深入了解电子产品,因此对电路中的电子工作原理有一个基本的理解是很重要的。

Arduino 最大的优点是你不需要经过数年的电子学习就可以使用它。也就是说,知道一些理论知识可以帮助项目中的实际操作。在本章中,你将学习一些公式以帮助你构建一个均衡且有效的电路;你将学习电路图,它为你提供了电路的路线图;你将学习一些颜色编码的知识,以便更加容易地构建电路。

理解电

电是大多数人认为理所当然却发现很难定义的东西之一。简而言之,电是能量的一种形式,以带电粒子(如电子或质子)的形式存在,是静态的积累电荷或动态的电流。

这个电的定义是在原子层面上描述的,这比处理 Arduino 项目中的电路更加复杂。你的关注点很简单,只需要理解,电是能源且它产生电流。对于你们中的那些想深入学习电的人,可以查阅 Dickon Ross、Cathleen Shamieh 和 Gordon McComb 编写的《电子达人——我的第一本电子入门手册》一书。

为了阐述电流流动这一理念,下面来看一个简单的电灯开关电路(见图 6-1)。这个电路类似于那些你可能在学校物理或电子课上制作过的电路,没有用到 Arduino,只使用一个电池、一个开关、一个电阻和一个 LED。

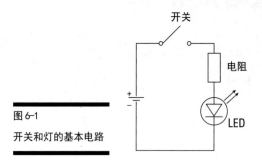

图 6-1
开关和灯的基本电路

这个电路中,有一个电池形式的电源。电以瓦特为单位,由电压(伏特)和电流(安培)组成。电压和电流通过电池尾部的正极(+)向电路提供电力。

你可以使用开关来控制电路的电源。开关可以断开电路并阻止电流流动,也可以闭合电路并允许其实现功能。

电源可以有很多种用途。此处,电路的功能是点亮 LED。电池为 LED 提供 4.5 V 的电压,远超过 LED 的点亮电压。如果 LED 被提供更高的电压,就可能损坏 LED,所以需要一个电阻来限制电压。而且,如果电压过低,则 LED 不会很亮。

为了形成回路,电源必须回到电池负极(-)的地。LED 上应流过所需的尽可能多的电流以达到最大亮度。

LED 吸引电流的同时也阻止电流流动,以确保只吸引所需的电流。如果电源没有被元器件使用或消耗(也就是说,如果正极被直接连接到负极上),则它将尽可能快的消耗可能的电流。这被称为短路。

你需要理解的基本原则如下。

● 正如其名,电路是一个环路系统。

● 电路在电源回去之前需要使用其能量。

● 如果电路不使用电源,则电源无路可去,且可能损坏电路。

● 与电路交互最简单的方法是断开它。通过控制何时何地供电,你可以即时控制输出。

使用公式来构建你的电路

你现在需要知道电的一些特性。

- 功率为瓦特（P），如 60 W
- 电压为伏特（V 或 E），如 12 V
- 电流为安培（I），如 3 A
- 电阻是欧姆（R），如 150 Ω

这些特征可以量化并代入公式，这使得你可以仔细设计你的电路，以确保一切都非常符合理论。存在各种公式可以确定各种属性，但在这一节中介绍的是两个最基本的也是 Arduino 使用的最多的公式：欧姆定律和焦耳定律。

欧姆定律

也许，对它最好的理解是：电压、电流和电阻之间最重要的关系。1827 年，Georg Simon Ohm 发现了电压和电流成正比，如果用一个简单的公式来表示就是（由前面的列表可知，"I"代表"安培"）：

V=I×R

这个公式被称为欧姆定律。利用代数公式，可以通过两个值计算出另外一个值：

I=V/R

或

R=V/I

你可以在一个实际的电路中验证这个公式是否正确。如图 6-2 所示为一个包含电源和电阻的简单电路。

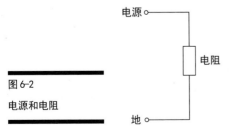

图 6-2

电源和电阻

多数情况下，你知道电源电压和电阻阻值，所以你首先计算当前的电流，如下所示：

I = V / R = 4.5 V / 150 Ω = 0.03 A

这个公式在任何输入值的条件下都会工作：

R = V / I = 4.5 V / 0.03 A = 150 Ω

V = I x R = 0.03 A x 150 Ω = 4.5 V

记住欧姆定律最简单的方法是通过一个金字塔（见图 6-3）。通过消除金字塔上的任何一个元素，运用公式就会得到结果。

图 6-3

欧姆定律金字塔

"但是我如何将这个计算应用在 Arduino 上呢？"下面是一个实际的例子，你可能会遇到的一个基本的 Arduino 电路。

Arduino 上的数字引脚可以提供 5 V 电压，这是你使用的最常见的电源。LED 是一种你能够控制的最基本的输出，一个比较标准的 LED 需要 2 V 的电压和大约 30 毫安或 30 mA（0.03 A）的电流。

如果你将 LED 直接连接到电源，则会立即看到一个强光，紧随其后的就是一缕烟雾和烧焦的气味。你不想这样！为了确保你可以一次又一次地安全使用 LED，你应该添加一个电阻。

由欧姆定律可知：

R = V / I

这里涵盖两个不同的电压值，电源的电压（提供电压）和驱动 LED 所需的电压（正向电压）。正向电压是一个术语，经常出现在数据表中，尤其是二极管，它用于指明电流流动方向上元器件可以承受的推荐电压。对于 LED 而言，这个方向是从阳极到阴极，阳极与阴极分别为正极和负极。当其为不发光的二极管（详见第 8 章）时，则可以用于阻止电流从阴极到阳极的反向流动。在这种情况下，你会寻找反向电压，这说明电路中的电压必须超过二极管中的电压值。

此处，电压分别被标注为 V_{SUPPLY} 和 $V_{FORWARD}$。欧姆定律公式要求电阻上的电压等于电源电压减去 LED 的正向电压，或

$$V_{SUPPLY} - V_{FORWARD}$$

新的公式如下所示：

R = (V~SUPPLY~ − V~FORWARD~) / I = (5 V − 2 V) / 0.03 A = 100 Ω

这就说明，需要一个 100 欧姆的电阻来为 LED 提供安全的电压；示例电路如图 6-4 所示。

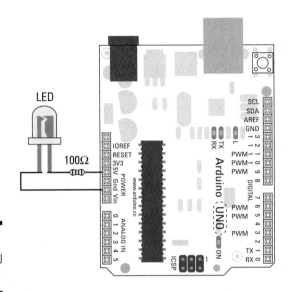

图 6-4

将欧姆定律应用到
Arduino 电路中

计算功率

你将电路中的电压乘以电流，来计算电路的功耗。公式为

P = V x I

如果你将这个公式应用到本章前面所讲的"欧姆定律"中的相同电路，你可以计算它的功率。

P = (V~SUPPLY~ − V~FORWARD~) × I = (5 V − 2 V) × 0.03 A = 0.09 W

这个公式与欧姆定律具有相同的作用，可以用来计算未知值：

V = P / I

I = P / V

这个计算是有用的，因为一些硬件，如电灯泡，只有功率和额定电压，需要你自己计算出额定电流。如果你正在尝试（或失败）使用 Arduino 来运行大功率设备，例如照明和汽车等，这特别有用。USB 供电的 Arduino 可以提供 500 mA 电流，但 Arudino Uno 每个引脚最多只能提供 40 mA 电流，所有引脚总共能够输出的电流只有 200 mA，这是非常小的电流（更多内容详见 http://playground.arduino.cc/Main/ArduinoPinCurrentLimitations）。

焦耳定律

另一个以名字命名公式的人是 James Prescott Joule。虽然他没有欧姆那样有名，但是他发现了一个电路中功率、电流和电阻之间互补的数学关系。

焦耳定律可以这样写：

$P = I^2R$

理解它的最好办法是看一下如何推导它。

如果，$V = I \times R$（欧姆定律）和 $P = I \times V$（功率计算公式）

那么 $P = I \times (I \times R)$

可以写成 $P = I^2 \times R$

如果将它应用于与以前相同的电路，则我们可以计算电路的功耗。

$P = I^2 \times R = (0.03 \text{ A} \times 0.03 \text{ A}) \times 100 \text{ }\Omega = 0.09 \text{ W}$

正如你所看到的，这符合我们之前的功率计算。这让我们在计算功率时只需知道电流和电阻，或任何值与任何其他值的组合。

$I = P / (I \times R)$

$R = P / I^2$

在只知道电压和电阻的情况下，我们也可以做同样的计算。

如果 $I = V / R$（欧姆定律）和 $P = I / V$（功率计算公式）

那么 $P = (V / R) * V$

这可以写成

$P = V^2 / R$

再次使用同样的电路来验证结果。

$P = V^2 / R = ((5 \text{ V} - 2 \text{ V}) * (5 \text{ V} - 2 \text{ V})) / 100 \text{ }\Omega = 0.09 \text{ W}$

取决于你知道的值，这也可以重新排列成任意组合。

$V = P / (V * R)$

$$R = V^2 / P$$

包括我自己在内的许多 Arduino 爱好者更注重实用而不是理论，在自己完全了解之前就试图基于示例和文档来构建电路。这是非常好的，并且符合 Arduino 精神！在大多数情况下，你的电路都会得到期望的结果，但是当你需要的时候能够知道你需要什么公式总是好的。这几个公式可以满足大多数电路的需要并确保一切正确，所以在需要的时候可以参考它们。

使用电路图

通过照片或插图来创建电路是很困难的，因此应使用标准化的符号来表示你的电路中可能要使用的各种组件和连接。这些电路图就像地下的地图：它们可以清晰地告诉你一切连接，但几乎和现实世界中事物看起来的样子或连接没有相似之处。以下部分将深入研究电路图。

一个简单的线路图

本节将会探讨一个基本的电灯开关电路（见图 6-5），它有 4 个组成部分：一个电池、一个按钮、一个电阻和一个 LED。

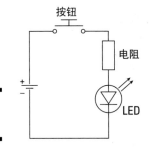

图 6-5

简单的开关灯电路图

表 6-1	每个组件的符号
名　　称	符　　号
电池	

续表

名　称	符　号
按钮	
电阻	
LED	

　　如图 6-6 所示为相同的布局在面包板上的电路。你可能会注意到的第一点，是这个例子中没有电池。因为你的 Arduino 板上有 5 V 和 GND 引脚，可以代替电池的正极（＋）和负极（－），所以允许你制作同样的电路。你可能会注意到的第二点，是实际电路使用一个按钮，而不是技术上一个灯的开关。这样会更加方便，因为大多数 Arduino 套件都会提供按钮，而且只要你想，按钮可以很容易地用作一个开关。

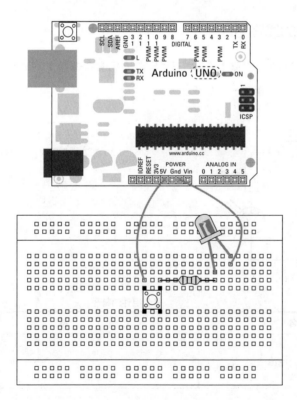

图6-6

布置在面包板上的简单开关灯电路

我发现比较线路图和实际电路的最好方法就是，按照从正极到负极的连接顺序依次进行比较。

如果你从 Arduino 板上的 +5 V 引脚开始，将它连接到按钮上。实际的按钮有 4 个引脚，而符号中只有 2 个。现实中的按钮实际上是镜像的，两边的两个引脚都是连接在一起的。因此，知道按钮的正确方向是非常重要的。现实开关的这些引脚由于这种方式而更加通用，但是对电路图而言，它只是一个一进一出的开关。

按钮的另一侧连接到一个电阻上。电路图中的电阻符号不是像实际电阻那样的球根状，但除此之外电路图和实际电阻比较吻合，均有一个进出线。电路图中的电阻阻值是写在器件旁边的，而不是实际电阻那样用彩色条纹来表示阻值。电阻没有极性（没有正极或负极），所以没有别的需要注意的地方。

相比之下，LED 具有极性。如果你的连接方式错误的话，它不会亮。电路图中，通过电流从 +（阳极）到 -（阴极）流动方向的箭头来表示极性并使用一条水平线表示另一个方向的屏障。实际 LED 的长腿表示阳极，在晶体上有扁平截面的是阴极（此处引脚被移除了，见图 6-7）。

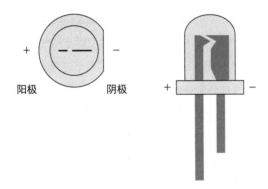

图 6-7

长引脚或扁平截面表示了 LED 的极性

然后，LED 的 -（阴极）连接到 Arduino 板上的负（-）GND，连接至电池的负端实现电路的闭环。

使用具有 Arduino 的电路图

虽然了解这个简单电路是有用的，但你很可能在电路中使用 Arduino，所以请再次查看 Arduino 供电时的同样电路（见图 6-8）。

这个电路比在前一节中描述的电路拥有更多的元器件。

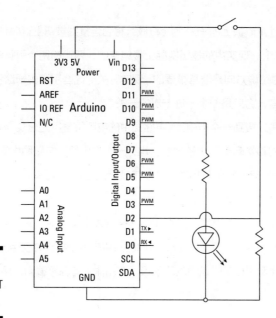

图 6-8

基于 Arduino 的开关灯
电路

电路图中大的毛毛虫形状的器件是 Arduino。这是集成电路的标准符号，并且类似于物理表示——一个伸出很多引脚的长方形。所有的引脚上都有标识，以便分辨它们。

图中显示了两个电路，而不是只有一个电路，每个电路都连接在 Arduino 上面。这也同时说明 Arduino 是如何配合传统电路的。只是此处不是切换电源开关，而是你发出一个信号给 Arduino，Arduino 接收、解释并输出电信号控制 LED 的亮灭。

当你有一个复杂的电路，这是一个很好的方法：将它分成各个元器件，而不是作为一个整体来处理。这个电路有一个输入和一个输出。我将在第 7 章更深入地讲解这个电路。

颜色编码

电子产品的一个重要技术是颜色编码，随着你的电路越来越复杂，它也变得更加重要。正确连接电路可以使电路足够结实，但是盯着一堆相同颜色的电线将使任务变得极其艰难。

即使你是一个电子新手，你也可能意识到这一点。例如交通灯，它通过颜色编码给司机一个明确的该做什么的信息。

- 绿灯代表前进

　　● 黄色代表即将停止

　　● 红色代表停止

　　颜色编码是一种快速而简单的信息可视化方法，而不使用大量的文字。

　　各种电子应用，例如你家中的 120 V 或 240 V 插头和插座，都用到了颜色编码。因为插头和插座广泛应用且具有潜在危险，所以互相连接的插头颜色需要一致，而且需要符合国家标准。这使得任何电工或 DIY 爱好者都能更容易地做出正确的连接。

　　虽然使用低压直流电而引起严重损害的可能性很小，但你仍然很有可能破坏电路中的精密元件。虽然不存在一个明确的电路组织规则，但这里有一些约定，可以帮助你和其他人知道如何去做。

　　● 红色为正（＋）

　　● 黑色为负（－）

　　● 不同的颜色用于不同的信号

　　对于大多数的面包板电路，同样如此。电源线和地线的颜色可以改变，例如，可以是白色的（＋）和黑色（－）或棕色（＋）和蓝色（－），这有时取决于可以使用的线材。只要你使用某种类型的颜色编码系统（它是一致的），阅读、复制和维修线路都会比较容易。

　　我已经修复过许多因为简单错误而损坏的电路，这些错误是由于导线连接到错误的地方而导致的。

　　如果导线的颜色编码是可疑的，那么建议你检查导通（使用万用表的连续性检查功能）或线上的电压（使用万用表的电压功能），以确保一切都如预期一样。

Datasheets

　　对现场进行拍照。你的朋友听说你知道一点电子知识，要求你帮忙看一个从网上复制的但不工作的电路。但是板子上有很多不伦不类的集成电路，这时你该怎么做？答案：Google！

　　全球拥有数百万种的不同元器件。你需要明白的信息通常出现在 datasheet 的图表中。每个元器件都有由生产厂商提供的 datasheet。Datasheet 中应该列出该元器件的每一个细节，往往提供的信息远远超过你的需要。

　　寻找 datasheet 最简单的方法就是使用 Google 查找。为了找到合适的 datasheet，你需要知道有关元器件尽可能多的信息。用来搜索的最重要的信息是该元器件的型号。图 6-9 显示了一个晶体管的型号。如果谷歌那个数字加上 datasheet，你应该可以找到大量包含该元器件详细信息的 PDF 文件。如果你不能找到一个型号或部分数字，那么尝试从你购买的地方获知它的型号。

图 6-9

三极管上的型号

电阻色环

电阻对 Arduino 项目是非常重要的，你可以找到很多种不同的电阻，以便对你的电路进行微调。电阻非常的小，也就是说与图 6-9 中所示的晶体管不同，它不存在一个固定的阻值。出于这个原因，需要一个色环系统来告诉你关于这些微小元器件的参数情况。如果你仔细观察一个电阻，就可以看到它周围围绕着很多条彩色条带（见图 6-10），这些色带表示了电阻的阻值。

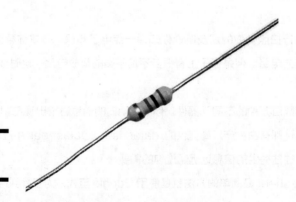

图 6-10

电阻上的色环

表 6-2 列出了各个颜色所代表的阻值，它们所代表的含义取决于电阻上面的色环。

表 6-2　　　　　　　　　　　　　　　电阻色环图表

颜　　色	数　　值	倍　　数	误　　差
黑	0	$\times 10^0$	—
棕	1	$\times 10^1$	±1%
红	2	$\times 10^2$	±2%
橙	3	$\times 10^3$	—
黄	4	$\times 10^4$	±5%
绿	5	$\times 10^5$	±0.5%
蓝	6	$\times 10^6$	±0.25%
紫	7	$\times 10^7$	±0.1%
灰	8	$\times 10^8$	±0.05%
白	9	$\times 10^9$	—
金	—	$\times 10^{-1}$	±5%
银	—	$\times 10^{-2}$	±10%
无	—	—	±20%

现在，你知道每个色环的意义和表示的数值了，你需要知道以什么样的顺序来阅读它们。一般情况下，前三个色环之间的间距是相等的，并且与第四个色环之间的间距较大。

例如，在你的套件中可能找到这样的阻值：

橙，橙，灰，金 = 33×10=330 Ω，±5% 精度

红，红，红，金 = 22×10×10=2.2 kΩ，±5% 精度

灰，黑，橙，金 = 10×10×10×10=10 kΩ，±5% 精度

查看电阻色环的颜色比较困难，有时甚至不能分辨从哪边开始读数。因此，在大多数情况下，建议使用万用表测量电阻的阻值。在万用表的表盘找到电阻欧姆符号（Ω），这个功能可以获取电阻的精确阻值。

相同阻值的电阻也经常以卷盘的形式供应，即将很多电阻放在一起。这样安排的目的是让机器可以轻松地以有序的方式获取卷盘中的电阻，并将它们放置在 PCB 上。而且，这个卷盘标注着这卷电阻的阻值，这将节省每次使用它们之前阅读或测量的时间。

第 7 章
基础程序：输入、输出和通信

本章内容

◆　成长为一名专业人士

◆　学习输入处理

◆　电位器的多个阻值

◆　利用串口监视窗口监控数据

在本章中，我将讨论一些基本的程序，以让你适应 Arduino。本章内容丰富，包含使用套件中传感器的输入和输出。如果你还没有一个套件，我建议你阅读第 2 章并从推荐的套件中购买一个。

Blink 程序（第 4 章中所讲）给了你 Arduino 程序的基础，但在这一章，你将通过向 Arduino 添加外围电路来扩展更多的程序。本章将引导你使用第 5 章中提到的面包板和套件中额外的元器件来搭建各种各样的电路。

我将详细讲述如何将适当的代码下载到你的 Arduino，并逐行讲解每一个程序，同时，我建议你自己调整代码以便更好地了解它。

下载程序

在本章和本书的大部分内容，你将学习各种电路，每个都有各自的程序。电路和程序的内容相差可能很大，但是本书中的每一个例子都作了详细讲解。在你开始之前，有一个下载 Arduino 程序的简单过程，以提供给你参考。

按照以下步骤下载你的程序。

1. **使用 USB 电缆连接你的 Arduino。**

将 USB 电缆的方口连接到 Arduino 上，扁平口连接到计算机的 USB 端口。

2. **在 Arduino 菜单中，选择 Tools ⇨ Board ⇨ Arduino Uno 找到你的板卡。**

本书的大多数例子中，板子都是 Arduino Uno，但是你通过这个菜单也可以找到许多其他板子，如 Arduino MEGA 2560 和 Arduino Leonardo。

3. **为你的板卡选择正确的串口。**

通过选择 Tools ⇨ Serial Port ⇨ comX or /dev/tty.usbmodemXXXXX，你可以找到一个所有可用串口的列表。X 表示顺序或随机分配的号码。在 Windows 系统中，如果你刚刚连接 Arduino，COM 端口通常是最大数，比如 COM 3 或 COM 15。COM 端口列表可以列出许多设备，如果你插入多个 Arduino，每个都将会分配一个新的号码。在 Mac OS X 上，/dev/tty.usbmodem 的数字是随机分配的且长度可以不同，比如 /dev/tty.usbmodem1421 或 /dev/tty.usbmodem262471。除非你还连接另一个 Arduino，不然只有一个可见的端口。

4. **点击下载按钮。**

如第 3 章所讲，这是一个在 Arduino 环境中指向右侧的按钮。你还可以使用快捷键 Ctrl + U（Windows 系统）或者 Cmd + U（Mac OS X）来下载程序。

现在，你知道了如何下载一个程序，对更多的 Arduino 程序有着强烈的渴望。为了帮助你理解本章中的第一个程序，我将首先告诉你一种称为脉冲宽度调制(PWM)的技术。下一部分将简要介绍 PWM，并为做一个渐变灯做好准备。

脉冲宽度调制（PWM）的使用

当在第 2 章中介绍 Arduino 板时，我提到可以使用所谓的脉冲宽度调制（PWM）来产生一个模拟量。这是一种技术，可以让你的 Arduino 数字设备像模拟设备一样输出模拟量。接下来的例子中，这可以改变 LED 的亮度而不仅仅是打开或关闭它。

工作原理：一个数字输出不是开就是关。但是由于存在硅片这样的奇迹，使得数字输出可以快速地打开和关闭。如果输出信号一半时间打开，一半时间关闭，则它被描述为 50% 占空比。占空比为输出打开的时间周期，它可以是任何比例——20%、

30%、40% 等。

　　当你使用 LED 作为输出时，占空比具有特殊的效果。因为它闪烁的速度大于人眼能感知的能力，所以当占空比为 50% 时，LED 看起来只有原来的一半亮。这和每秒 24 帧（或以上）的静态图像会被看成连续动作的效果是一样的。

　　当直流电机作为输出时，50% 的占空比使得电机只有一半的速度。所以此处，可以通过极快速度脉冲的 PWM 来控制电机的速度。

　　因此，尽管 PWM 是数字功能，但它对元器件产生的效果被称为 analogWrite。

LED Fade 程序

　　在这个程序中，你可以让 LED 变暗。与之相反，第 4 章的程序将会导致 LED 闪烁，你需要一些额外的硬件来使得 LED 变暗。

　　这个项目，你需要以下材料。

- 一块 Arduino Uno
- 一块面包板
- 一个 LED
- 一个电阻（大于 120 Ω）
- 跳线

　　当你对电路进行修改时，需要确保电路已断电，这是很重要的。因为你很容易连线错误，从而可能造成元器件损坏。所以在你动手之前，应确保 Arduino 没有连接在电脑或任何外部电源上。

　　按照图 7-1 来连接电路。这个电路类似于第 4 章中 Blink 程序中使用的电路，只是使用引脚 9 代替引脚 13。使用引脚 9 来替代引脚 13 的原因是引脚 9 具有调节 LED 亮度所需要的脉冲宽度调制（PWM）功能。然而，引脚 9 需要连接一个电阻来限制流经 LED 的电流。引脚 13 的电阻已经包含在 Arduino 电路板中，所以你不需要担心 LED 的电流过大。

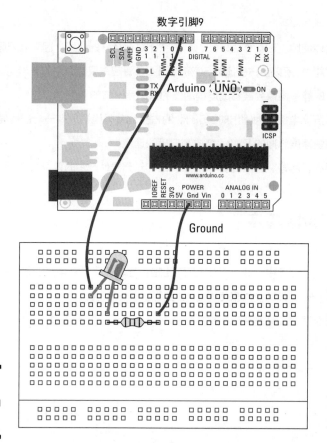

图 7-1

引脚 9 被连接到电阻和
LED，然后连接到地线

选择电阻

如你在第 6 章中所学，计算正确的电阻对于安全而持久地运行电路来说非常重要。在这种情况下，你可能会使用数字引脚输出的最大电压 5 V 来给 LED 供电。你套件中的典型 LED 具有一个近似的最大正向电压 2.1 V，因此需要一个电阻保护它。最大电压下，它吸引的电流大约为 25 mA（毫安）。使用这些数据，可以计算出电阻（欧姆）：

$$R = (V_S - V_L) / I$$

$$R = (5-2.1) / 0.025 = 116 \text{ 欧姆}$$

根据上面的计算，你可以购买的最接近的电阻是

120 欧姆（棕色、红色、棕色），所以如果你有一个的话，那是你的运气。如果没有，你可以使用高于这个值的最接近的电阻。它比最优的电阻分担了更大的电压，但你的 LED 是安全的，如果你想让你的项目更持久，那么你随时可以更换电阻。各种套件中合适的阻值有 220 Ω、330 Ω 和 560 Ω。

你可以参考第 6 章中的颜色图表来读取电阻阻值，或使用万用表测量电阻阻值。你的智能手机甚至有电阻颜色图表的应用（虽然这可能是朋友间最大的尴尬和笑料）。

电路原理如图 7-2 所示。这个原理图显示了简单的电路连接。数字引脚 9 连接至 LED 的长脚上，LED 的短脚连接电阻并最终连接到地端 GND 上。在这个电路上，电阻可以在 LED 的前面或后面，只要电阻连接在电路上。

使用颜色编码你的电路总是一个好主意——也就是说，使用不同的颜色来区分不同的电路。这样做非常有助于保持清晰，从而让你更容易解决问题。有一些好的标准可以遵守。颜色编码最重要的地方是电源线和地线。如第 6 章所讲，它们几乎总是红色和黑色，但你可能偶尔看到白色和黑色。

其他类型的连接线通常被称为信号线，用于 Arduino 和其他元器件之间发送或接收电信号。信号线可以是任何颜色，只要和电源线或地线的颜色不同即可。

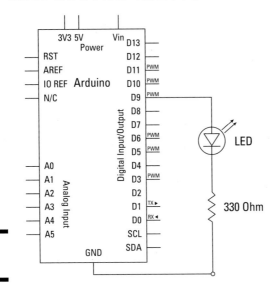

图 7-2

LED 亮度调节原理图

组装电路之后，你需要合适的软件来驱动它。从 Arduino 菜单，选择 File ⇨ Examples ⇨ 01.Basics ⇨ Fade。Fade 程序的完整代码如下。

```
/*
Fade

This example shows how to fade an LED on pin 9
using the analogWrite() function.

This example code is in the public domain.
*/

int led = 9; // the pin that the LED is attached to
int brightness = 0; // how bright the LED is
```

```
int fadeAmount = 5; // how many points to fade the LED by

// the setup routine runs once when you press reset:
void setup() {
  // declare pin 9 to be an output:
  pinMode(led, OUTPUT);
}

// the loop routine runs over and over again forever:
void loop() {
  // set the brightness of pin 9:
  analogWrite(led, brightness);

  // change the brightness for next time through the loop:
  brightness = brightness + fadeAmount;

  // reverse the direction of the fading at the ends of the fade:
  if (brightness == 0 || brightness == 255) {
    fadeAmount = -fadeAmount ;
  }
  // wait for 30 milliseconds to see the dimming effect
  delay(30);
}
```

按照本章的开头所描述的步骤，将这个程序下载到 Arduino 板子中。如果一切都下载成功，LED 的亮度将会从全灭逐渐增强亮度到最大亮度，然后再降低亮度至全灭。

如果你看不到任何变化，则仔细检查你的连接。

● 确保你使用正确的引脚。

● 检查 LED 的连接是否正确，LED 长脚连接至引脚 9，短脚通过电阻和导线连接地（GND）。

● 检查面包板上的连接。如果跳线或组件没有使用面包板上的行进行连接，那么它们将不会工作。

理解 fade 程序

借着 LED 的光，下面看看这个程序是如何工作的。

程序顶部的注释揭示了程序中到底发生了什么：使用引脚 9，一个叫作 analogWrite() 的新功能使 LED 的亮度发生变化。注释之后是 3 个声明：

```
int led = 9; // the pin that the LED is attached to
int brightness = 0; // how bright the LED is
int fadeAmount = 5; // how many points to fade the LED by
```

如第 4 章所述，声明在 setup 或 loop 函数之前。Fade 程序有三个变量：led、

brightness 和 fadeAmount。这些都是整型变量，有着相同的数值范围，但用于 LED
亮度调节过程中的不同部分。

　　声明之后，代码便进入 setup 函数。注释提醒 setup 只运行一次，而且只有一个引脚被
设置为输出。此处，你可以看到第一个使用的变量。使用语句是 pinMode(led,OUTPUT)，
而不是 pinMode(9,OUTPUT)。虽然两个语句的功能完全相同，但后者使用了变量 led。

```
// the setup routine runs once when you press reset:
void setup() {
  // declare pin 9 to be an output:
  pinMode(led, OUTPUT);
}
```

loop 函数开始变得更加复杂：

```
// the loop routine runs over and over again forever:
void loop() {
  // set the brightness of pin 9:
  analogWrite(led, brightness);

  // change the brightness for next time through the loop:
  brightness = brightness + fadeAmount;

  // reverse the direction of the fading at the ends of the fade:
  if (brightness == 0 || brightness == 255) {
    fadeAmount = -fadeAmount ;
  }
  // wait for 30 milliseconds to see the dimming effect
  delay(30);
}
```

　　fade 需要一定范围的值，而不仅仅是开关量。analogWrite 允许你向 Arduino 的
PWM 引脚发送一个 0 到 255 的值。0 等于 0 V，255 等于 5 V，中间的任何值都有一个
成比例的电压，如此就形成了 LED 的亮度调节。

　　loop 开始的时候，便将亮度值写入引脚 9。brightness 为 0 意味着 LED 完全熄灭。

```
// set the brightness of pin 9:
  analogWrite(led, brightness);
```

　　接下来，将亮度调节量加到 brightness，使其等于 5。直到下一个循环，这个值才
会被写入引脚 9。

```
// change the brightness for next time through the loop:
  brightness = brightness + fadeAmount;
```

　　brightness 必须保持在 LED 可以识别的范围之内。这是使用 if 语句来实现的，它实
质上是判断变量然后确定下一步要做什么。

语句以 if 开始。条件包含在后面的括号中，所以此处有两个条件：第一个，亮度等于 0，第二个，亮度等于 255，在这种情况下，使用＝＝而不是＝。双等号表示比较两个值（如果 a 等于 b），而不是赋值（a 等于 b）。两个条件语句之间是符号 ||，这是或运算的符号。

```
if (brightness == 0 || brightness == 255) {
  fadeAmount = -fadeAmount ;
}
```

所以，完整的语句是"如果变量 brightness 等于 0 或等于 255，那么执行花括号里面的任务"。当这条件为真的时候，将会执行花括号内的代码。这是一个基本的数学语句，将变量 fadeAmount 取负数。在完全熄灭到最高亮度之间，每个 loop 循环都将 brightness 增加 5。当 brightness 达到 255 时，if 语句为真，fadeAmount 将由 5 变为 -5。然后每个循环执行"增加 -5"直到亮度达到 0，此时 if 语句再次为真。这将 fadeAmount 由 -5 返回到 5，一切从头开始。

```
fadeAmount = -fadeAmount ;
```

这些条件产生一个可以向上计数和向下计数的数字，Arduino 可以用它来使 LED 不断变亮，然后不断变暗。

修改 fade 程序

做某一件事的方法有很多，但本书中不能覆盖全部，然而我可以向你展示一个调整 LED 亮度的不同方法，并且使用前一节中制作的电路。下面是以前版本的调整 LED 亮度的 Arduino 代码，在某种程度上我更喜欢这个例子。当你将它下载到 Arduino 之后，你会发现这个例子和前面的例子之间并不存在明显的差异。

代码中的一些地方在你的屏幕上显示为不同的颜色，最多的是橙色或蓝色。这表示它是 Arduino 开发环境所认可的的函数或语句（可以方便发现拼写错误）。彩色在黑白相间的书中很难重现，所以代码中的任何颜色都以粗体显示。

```
/*
 Fading

 This example shows how to fade an LED using the analogWrite() function.

 The circuit:
 * LED attached from digital pin 9 to ground.

 Created 1 Nov 2008
 By David A. Mellis
```

```
modified 30 Aug 2011
By Tom Igoe

http://arduino.cc/en/Tutorial/Fading

This example code is in the public domain.

*/


int ledPin = 9; // LED connected to digital pin 9

void setup() {
  // nothing happens in setup
}

void loop() {
  // fade in from min to max in increments of 5 points:
  for(int fadeValue = 0;fadeValue <= 255;fadeValue +=5) {
    // sets the value (range from 0 to 255):
    analogWrite(ledPin, fadeValue);
    // wait for 30 milliseconds to see the dimming effect
    delay(30);
  }

  // fade out from max to min in increments of 5 points:
  for(int fadeValue = 255 ; fadeValue >= 0; fadeValue -=5) {
    // sets the value (range from 0 to 255):
    analogWrite(ledPin, fadeValue);
    // wait for 30 milliseconds to see the dimming effect
    delay(30);
  }
}
```

默认的例子是非常有效的，用来做一个简单的亮度调整非常好，但是它依赖于 loop 函数来更新 LED 的亮度。而这个版本使用 for 循环，在 Arduino loop 函数中进行操作。

for 循环的使用

当程序进入 for 循环之后，它便设置了退出循环的条件，直到条件满足才退出循环。for 循环通常用于实现重复性的操作；此处，for 循环增加或减少一个设定的数，从而产生一个重复的渐变效果。

for 循环的第一行定义了初始值，最大值和增减量：

```
for(int fadeValue = 0;fadeValue <= 255;fadeValue +=5)
```

浅显地说，可以这样理解："让变量 fadeValue（即 for 循环内部变量）等于 0，查看当前值是否小于或等于 255；如果是的话，就将 fadeValue 设置为 fadeValue + 5。"只有当被创建的时候，fadeValue 才等于 0；此后，每次 for 循环它都增加 5。

在 for 循环内部，程序每次更新 analogWrite 的 LED 值，然后等待 30 毫秒（ms）进行下一次的循环。

```
for(int fadeValue = 0 ; fadeValue <= 255; fadeValue +=5) {
    // sets the value (range from 0 to 255):
    analogWrite(ledPin, fadeValue);
    // wait for 30 milliseconds to see the dimming effect
    delay(30);
}
```

这个 for 循环与默认 Fade 例子中的 loop 循环的行为是一样的，但是 for 循环的 fadeValue 包含在循环内部，并且分为逐渐增加和逐渐减小两个循环，可以非常容易地通过一种更可控的方式来试验衰减模式。例如，尝试将 + =5 和 − = 5 改为不同的值（能够被 255 整除），你可以获得一些有趣的不对称的亮度变化。

你也可以复制和粘贴相同的循环来创建更多的衰减动画。但是记住，在一个 for 循环内，你的 Arduino 不可以做其他事情。

按钮程序

这是 Arduino 项目的第一个也是最基本的输入：合适的按钮。

这个项目，你需要以下材料。

● 一个 Arduino Uno 控制器

● 一块面包板

● 一个 10 kΩ 电阻

● 一个按键

● 一个 LED

● 跳线

如图 7-3 所示为按钮电路在面包板的连线图。重点注意按钮所连接的引脚。大多数情况下，这些小按钮可以精确连接面包板中间的间隙。当它们连接间隙时，按钮的引脚通常与间隙呈 90 度（图中从左到右）。

如果你的万用表具有连续性测试功能的话，你可以测试按钮的引脚（如第 5 章所述）。

由如图 7-4 所示的原理图可知，接地的电阻应该连接到引脚 2，当按钮被按下时，它将被连接到 5 V 上。这种设置用于比较地端（0 V）和 5 V 之间的电压差，从而就可以知道开关是断开还是闭合。

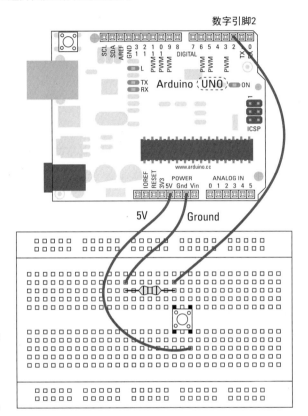

数字引脚2

5V　　　Ground

图 7-3

引脚 2 用于读取按钮
信号

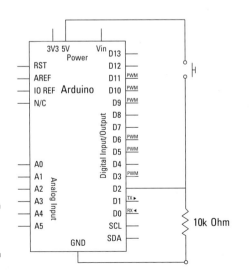

图 7-4

按键电路原理图

搭建电路，并选择 File ⇨ Examples ⇨ 02.Digital ⇨ Button 打开代码，下载到 Arduino 控制器中。

```
/*
 Button

 Turns on and off a light emitting diode(LED) connected to digital
 pin 13, when pressing a pushbutton attached to pin 2.


 The circuit:
 * LED attached from pin 13 to ground
 * pushbutton attached to pin 2 from +5V
 * 10K resistor attached to pin 2 from ground

 * Note: on most Arduinos there is already an LED on the board attached
to pin 13.


 created 2005 by DojoDave <http://www.0j0.org>
 modified 30 Aug 2011
 by Tom Igoe

 This example code is in the public domain.

 http://www.arduino.cc/en/Tutorial/Button
 */

// constants won't change. They're used here to
// set pin numbers:
const int buttonPin = 2; // the number of the pushbutton pin
const int ledPin = 13; // the number of the LED pin

// variables will change:
int buttonState = 0; // variable for reading the pushbutton status

void setup() {
  // initialize the LED pin as an output:
  pinMode(ledPin, OUTPUT);
  // initialize the pushbutton pin as an input:
  pinMode(buttonPin, INPUT);
}

void loop(){
  // read the state of the pushbutton value:
  buttonState = digitalRead(buttonPin);

  // check if the pushbutton is pressed.
  // if it is, the buttonState is HIGH:
  if (buttonState == HIGH) {
    // turn LED on:
    digitalWrite(ledPin, HIGH);
```

```
    }
    else {
      // turn LED off:
      digitalWrite(ledPin, LOW);
    }
}
```

下载程序之后，当按下按钮时，你应该看到引脚 13 上的 LED 亮起来。你可以在 Arduino 板上的引脚 13 与 GND 之间添加一个大的 LED，以便更容易看到。

如果没有看到任何亮光，你应该仔细检查你的连接。

◉　确保按钮已连接到正确引脚上。

◉　如果你使用了外接的 LED，检查一下连接是否正确，LED 长引脚连接 Arduino 引脚 13，短引脚连接 GND。你也可以移除外接的 LED，使用板子上的 LED（标有 L）来作为指示。

◉　检查面包板上的连接。如果跳线或元器件没有使用面包板上正确的行进行连接，那么它们将不会工作。

解析按钮程序

这是你的第一个 Arduino 互动项目。以前的程序都是关于输出的，但现在你可以通过提供自己的真实世界和人为输入来影响那些输出！

当按钮被按下时，将会打开灯。当按钮被释放时，指示灯熄灭。从头看一看程序，看看这是如何实现的。

如前所述，第一步是声明变量。此处，这里有一些差异。const 是 constant 的缩写，所以这两个值是不改变的，在程序执行期间它们是固定的。这种方法最适用于那些不需要被改变的值；这样一来，可以双重保证它们不会被改变。此处，引脚号被提前分配好，因为你不会改变引脚号。

变量 buttonState 被设置为 0，用来监视按钮的改变。

```
const int buttonPin = 2;  // the number of the pushbutton pin
const int ledPin = 13;    // the number of the LED pin

// variables will change:
int buttonState = 0;      // variable for reading the pushbutton status
```

setup 中通过 pinMode 确定了引脚模式，将 ledPin（引脚 13）设置为输出，将 buttonPin（引脚 2）设置为输入。

```
void setup() {
  // initialize the LED pin as an output:
  pinMode(ledPin, OUTPUT);
  // initialize the pushbutton pin as an input:
  pinMode(buttonPin, INPUT);
}
```

在主循环中，你可以很清楚地看到程序的顺序。首先，digitalRead 功能用于引脚 2。正如 digitalWrite 可以在一个引脚上输出 HIGH 或 LOW（1 或 0）的值，digitalRead 可以从引脚读取一个值。然后，该值被存储在变量 buttonState 中。

```
void loop(){
  // read the state of the pushbutton value:
  buttonState = digitalRead(buttonPin);
```

按钮状态被读取之后，一个使用 if 语句的判断将确定接下来会发生什么。语句的意思为："如果是 HIGH 值（电路连接电压），则发送一个高电平到 ledPin（引脚 13）以打开指示灯；如果是 LOW 值（引脚接地），则发送一个低电平到 ledPin 以关闭 LED；不断重复。"

```
  // check if the pushbutton is pressed.
  // if it is, the buttonState is HIGH:
  if (buttonState == HIGH) {
    // turn LED on:
    digitalWrite(ledPin, HIGH);
  }
  else {
    // turn LED off:
    digitalWrite(ledPin, LOW);
  }
}
```

调整按钮程序

你常常需要反转开关或传感器的输出，有两种方法可以做到这一点。最简单的方法是改变代码中的一个单词。

通过将上述程序中的一行代码

```
if (buttonState == HIGH)
```

改为

```
if (buttonState == LOW)
```

输出将会相反。

这意味着 LED 一直亮着，直到按钮被按下。如果你有一台计算机，这是最简单的选择，只需上传最新的代码即可。

然而，总有些情况下（　例如你的笔记本电脑电池没电了）你无法将编辑的代码上传。通常，反转逻辑最简单的方法是反转电路的极性。

将引脚 2 通过电阻连接到 5 V，然后将 GND 线移到按钮的另一边，替代引脚 2 连接电阻后接地，如图 7-5 所示。

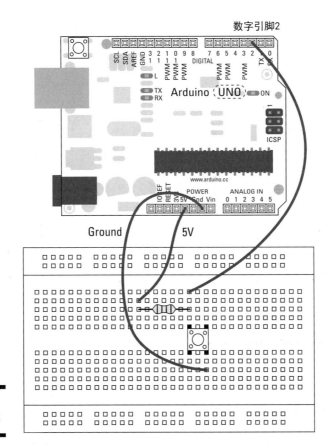

图 7-5

极性相反的按键电路

AnalogInput 程序

以前的程序展示了如何使用 digitalRead 读取开关量，但是如果你想处理模拟量，例如调光开关或音量控制旋钮时，该怎么做？

这个项目，你需要准备以下材料。

● 一个 Arduino Uno 控制器

● 一块面包板

● 一个 10 kΩ 可变电阻器

● 一个 LED

● 跳线

可变电阻器

　　和你使用的标准无源电阻一样，可变电阻器（也称为电位器）也可以限制电路中的电流。不同的是，它们不是一个固定的值，而是具有一定范围的电阻值。通常情况下，该范围的上限值被印刷在电阻器上。例如，一个 10 kΩ 可变电阻器的电阻范围为 0～10,000 Ω。这种变化可以被检测到，产生一个可变的模拟输入。

　　可变电阻器有不同的形状和大小，如下图所示。想想你家中的模拟装置，如恒温器、洗衣机上的表盘或烤面包机上设定时间的表盘，里面极有可能存在一个电位器。

　　在图 7-7 所示中可以看到该电路的布局。你需要一个 LED 和一个电阻作为输出，还需要一个可变电阻作为输入。如果你对可变电阻器不是很清楚，可以在网上检索"可变电阻器"。

　　由图 7-6 和图 7-7 可知，可变电阻器具有电源和地两个极性相反的引脚，中间引脚用作读取。你需要使用 Arduino 板上特殊的模拟输入引脚来读取模拟输入。

　　另外值得一提的是，如果你交换了电阻器的极性（交换正负极线），电位器的方向将会反转。

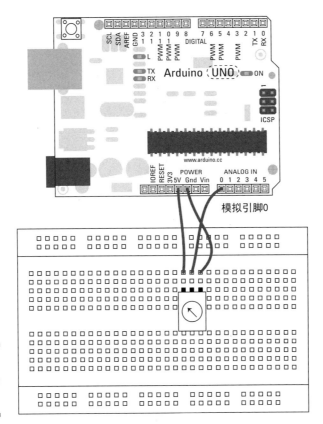

图 7-6

电位器连接到模拟输入 A0

模拟引脚0

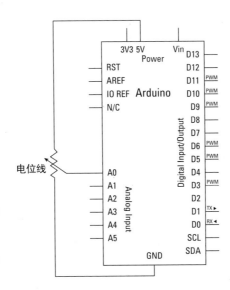

图 7-7

模拟输入电路原理图

搭建好电路，并打开 File ⇨ Examples ⇨ 03.Analog ⇨ AnalogInput，下载程序。

```
/*
  Analog Input
Demonstrates analog input by reading an analog sensor on analog pin 0 and
turning on and off a light emitting diode(LED) connected to digital pin 13.
The amount of time the LED will be on and off depends on
the value obtained by analogRead().

The circuit:
* Potentiometer attached to analog input 0
* center pin of the potentiometer to the analog pin
* one side pin (either one) to ground
* the other side pin to +5V
* LED anode (long leg) attached to digital output 13
* LED cathode (short leg) attached to ground

* Note: because most Arduinos have a built-in LED attached
to pin 13 on the board, the LED is optional.


Created by David Cuartielles
modified 30 Aug 2011
By Tom Igoe

This example code is in the public domain.

http://arduino.cc/en/Tutorial/AnalogInput

*/

int sensorPin = A0; // select the input pin for the potentiometer
int ledPin = 13; // select the pin for the LED
int sensorValue = 0; // variable to store the value coming from the sensor

void setup() {
  // declare the ledPin as an OUTPUT:
  pinMode(ledPin, OUTPUT);
}

void loop() {
  // read the value from the sensor:
  sensorValue = analogRead(sensorPin);
  // turn the ledPin on
  digitalWrite(ledPin, HIGH);
  // stop the program for <sensorValue> milliseconds:
  delay(sensorValue);
  // turn the ledPin off:
  digitalWrite(ledPin, LOW);
  // stop the program for for <sensorValue> milliseconds:
  delay(sensorValue);
}
```

上传程序之后，旋转电位器。看到的结果是：LED 闪烁的快慢取决于电位器的值。你还可以在 13 引脚与 GND 之间添加其他的 LED，以改善这种效果。

如果没有看到任何东西亮，请仔细检查你的接线。

◎ 确保可变电阻器使用了正确的引脚。

◎ 检查 LED 的连接方式是否正确，长腿连接引脚 13，短脚接地。

◎ 检查面包板上的连接。如果跳线或元器件没有使用面包板上正确的行进行连接，那么它们将不会工作。

解析 AnalogInput 程序

模拟传感器有很多种不同的形式，但是每种原理大致都是相同的。在本节中你将学习程序，以便更好地理解 Arduino 是如何读取这些传感器的。

声明表明了程序中使用的引脚。用于模拟输入的引脚写作 A0，这是模拟输入引脚 0 的缩写，表示 6 个模拟输入引脚（编号为 0~5）中的第一个。ledPin 和 sensorValue 被声明为标准变量。值得一提的是，ledPin 和 sensorValue 均可以被声明为整数常量（const），因为它们不改变。变量 sensorValue 存储了模拟值，因此它不能被改为整数常量，必须保持为变量。

```
int sensorPin = A0; // select the input pin for the potentiometer
int ledPin = 13; // select the pin for the LED
int sensorValue = 0; // variable to store the value coming from the sensor
```

在 setup 函数中，你只需要声明数字引脚 ledPin 的引脚模式。模拟输入引脚，顾名思义，只有输入模式。

你还可以将模拟输入引脚用作基本的数字输入或输出引脚。你可以将它们编号为数字引脚的编号 14~19，而不是模拟引脚的编号 A0~A5，作为现有的数字引脚的扩展。然后，与任何数字引脚一样，每个引脚都必须使用 pinMode 函数声明为输入或输出：

```
void setup() {
  // declare the ledPin as an OUTPUT:
  pinMode(ledPin, OUTPUT);
}
```

和按钮程序一样，AnalogInput 程序首先读取传感器。使用 analogRead 功能，它将读取模拟引脚的电压值。随着电阻阻值的变化，电压值也随着改变。电压改变的精度依赖于可变电阻器的精度。Arduino 使用了 ATmega328 芯片上的模拟 - 数字转换器来读取模拟电压。Arduino 模拟输入的返回值为 0~1023 内的整数，而不是 0 V、0.1 V、0.2 V 等电压。例如 2.5 V 的电压就将被转换为 511。

首先读取传感器数据，这通常是一个好主意。虽然循环运行的速度极快，但是最好先读取传感器的数值，以防止读取数值时产生延误。否则，这将给传感器的响应特性带来滞后效应。

当 sensorValue 被读取后，程序在本质上就和 Blink 程序一样了，但是可以改变延时时间。ledPin 被写入 HIGH，等待一段时间，被写入 LOW，等待相同的时间，然后更新该传感器数值，不断重复。

使用原始传感器值（0~1023）将产生 0 秒至 1.023 秒之间的延时。

```
void loop() {
  // read the value from the sensor:
  sensorValue = analogRead(sensorPin);
  // turn the ledPin on
  digitalWrite(ledPin, HIGH);
  // stop the program for <sensorValue> milliseconds:
  delay(sensorValue);
  // turn the ledPin off:
  digitalWrite(ledPin, LOW);
  // stop the program for for <sensorValue> milliseconds:
  delay(sensorValue);
}
```

这个程序将使得 LED 以不同速率闪烁，但请记住，随着闪烁变慢，循环中的延迟变长，因此传感器数据读取的频率将会变慢。当它一直为高值时，将使得传感器响应较慢，从而带来读数的不一致性。深入学习传感器以及如何平滑和校准传感器，请参考第 11 章。

调整 AnalogInput 程序

analogRead 函数提供一个整数数值，你可以在程序中将这个数字用于各种条件或计算。在这个例子中，我将向你展示如何判断传感器测量值是否超过一定的数量或阈值。

通过在循环中的 digitalWrite 部分放置一个 if 语句，你可以设定一个阈值。在这个例子中，只有当它超过传感器数值的一半 511 时，LED 才会闪烁。

```
void loop() {
  // read the value from the sensor:
  sensorValue = analogRead(sensorPin);
```

```
if (sensorValue > 511){
  // turn the ledPin on
  digitalWrite(ledPin, HIGH);
  // stop the program for <sensorValue> milliseconds:
  delay(sensorValue);
  // turn the ledPin off:
  digitalWrite(ledPin, LOW);
  // stop the program for for <sensorValue> milliseconds:
  delay(sensorValue);
 }
}
```

自己尝试添加一些条件，但要注意，如果有太多的延时，传感器的更新频率将会较慢。解决这个问题的程序，请参考第 11 章 BlinkWithoutDelay 程序。

串行通信

通过 LED 观察电路的效果是很好的，但除非你能看到实际的值，否则你很难发现电路是否正常工作。本节及下一节的项目将会使用串行监视器来显示输入值。

串口是串行外设与计算机之间通信的方式。此处，它是通过通用串行总线（USB）进行串行通信的。串口一次发送一个字节的数据，且按其写入顺序依次发送。当使用 Arduino 读取传感器时，其数值将通过串口进行发送，并可以在计算机上显示出来。

DigitalReadSerial 程序

在 DigitalReadSerial 项目中，你将通过串行监视器监视按钮的 HIGH 值和 LOW 值。这个项目，你需要以下材料。

- 一个 Arduino Uno 控制器
- 一块面包板
- 一个 10 kΩ 电阻
- 一个按钮
- 跳线

图 7-8 和图 7-9 使用与本章前面讲述的按钮程序相同的电路，但要注意，这个项目的代码有一些轻微的改动。

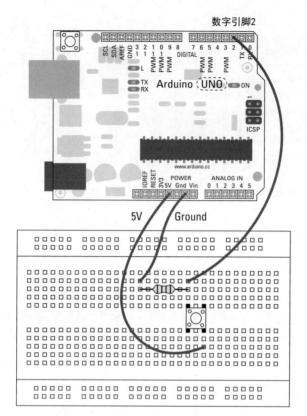

图 7-8

引脚 2 用于读取按钮
信号

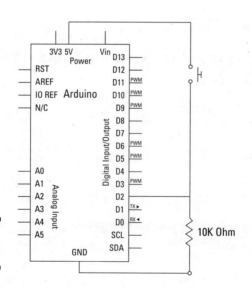

图 7-9

按键电路原理图

完成电路，并打开 File ⇨ Examples ⇨ 01.Basics ⇨ DigitalReadSerial，上传代码。

```
/*
  DigitalReadSerial
 Reads a digital input on pin 2, prints the result to the serial monitor

 This example code is in the public domain.
 */

// digital pin 2 has a pushbutton attached to it. Give it a name:
int pushButton = 2;

// the setup routine runs once when you press reset:
void setup() {
  // initialize serial communication at 9600 bits per second:
  Serial.begin(9600);
  // make the pushbutton's pin an input:
  pinMode(pushButton, INPUT);
}

// the loop routine runs over and over again forever:
void loop() {
  // read the input pin:
  int buttonState = digitalRead(pushButton);
  // print out the state of the button:
  Serial.println(buttonState);
  delay(1); // delay in between reads for stability
}
```

完成程序上传之后，点击 Arduino 窗口右上方的串口监视按钮。点击此按钮打开串口监视器窗口，如图 7-10 所示，窗口将显示正在发送到当前选定的串行端口的值（除非你另外选择，否则它和你刚才上传代码的串口是一样的）。

在该窗口中，你应该看到很多的数值 0。按压几次按钮，你将会看到出现了一些数值 1。

图 7-10

串口监控窗口非常适合监测 Arduino 的数据

如果你没有看到任何东西，或者你看到的数值不正确，请仔细检查你的接线。

● 确保按钮连接在正确的引脚上。

● 检查面包板上的连接。如果跳线或元器件没有使用面包板上正确的行进行连接，那么它们将不会工作。

● 如果你收到是奇怪的字符，而不是 0 和 1，那么检查串口监视的波特率；如果它没有被设置为 9600，那么使用下拉菜单选择这个波特率。

理解 DigitalReadSerial 程序

这个程序中声明的唯一变量是按钮所连接的引脚号：

```
int pushButton = 2;
```

在 setup 中，有一个称为 Serial.begin 的新函数。该函数用于初始化串行通信。括号中的数字代表了通信的速度。这被称为波特率，是每秒发送的比特数；此处，它每秒发送 9600 比特。当使用串口监控查看通信时，以与发送相同的速率读取数据是很重要的。如果你不这样做，数据将被拼凑，你将会看到一堆乱码。在窗口的右下角，你可以设置波特率，但默认情况下它应该被设置为 9600。

```
void setup() {
  // initialize serial communication at 9600 bits per second:
  Serial.begin(9600);
  // make the pushbutton's pin an input:
  pinMode(pushButton, INPUT);
}
```

在 loop 中，按钮被读取，并且将其值存储在变量 buttonState 中。

```
void loop() {
  // read the input pin:
  int buttonState = digitalRead(pushButton);
```

然后 ButtonState 数值通过函数 Serial.println 写入到串行端口。当使用 println 时，它表示在数值被输出后增加一个回车（新行）。当阅读数值时，回车是特别有用的，因为它们比一行的数值显示得更清楚。

```
// print out the state of the button:
Serial.println(buttonState);
```

循环的最后添加了 1 毫秒的延时，以减慢按钮被读取的速率。比它们更快的速度将会导致显示不稳定，所以最好保留这个延时。

```
delay(1); // delay in between reads for stability
}
```

AnalogInOutSerial 程序

在这个项目中，可以通过串行监视器监视由可变电阻器产生的模拟值。这些可变电阻器与立体声音响中的音量控制旋钮是相同的，但人们往往不知道它们是如何工作的。在这个例子中，可以监视 Arduino 检测到的数值并将其在屏幕上的串行监视器中显示出来，这会让你对数值范围和模拟传感器的性能有更深入的了解。

这个项目，你需要准备以下材料。

● 一个 Arduino Uno 控制器

● 一块面包板

● 一个 10 kΩ 可变电阻器

● 一个电阻（大于 120 欧姆）

● 一个 LED

● 跳线

电路图如图 7-11 和图 7-12 所示，类似于前面的例子 AnalogInput 电路，但是增加

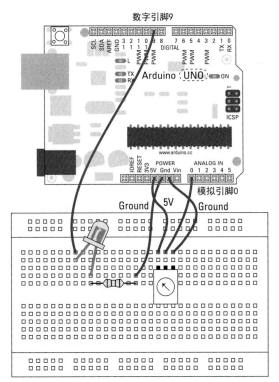

图 7-11

调光电路通过串口输出数据

了如 Fade 电路中连接到管脚 9 的 LED。代码根据电位器的转向来调节 LED 的亮度。由于输入和输出的范围不同，因此程序需要使用一个电位器来调节 LED 亮度的转换。这是一个非常好的使用串口监控调试的示例，最为清晰地显示了输入值和输出值。

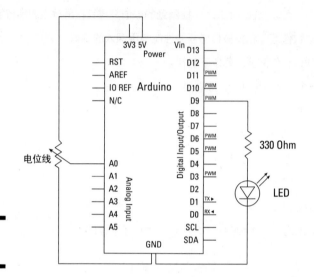

图 7-12

调光电路的原理图

完成电路搭建之后，选择 File ⇨ Examples ⇨ 03.Analog ⇨ AnalogInOutSerial 打开代码，并上传到 Arduino 中。

```
/*
   Analog input, analog output, serial output

   Reads an analog input pin, maps the result to a range from 0 to 255,
   and uses the result to set the pulsewidth modulation (PWM) of an output pin.
   Also prints the results to the serial monitor.

   The circuit:
   * potentiometer connected to analog pin 0.
     Center pin of the potentiometer goes to the analog pin.
     side pins of the potentiometer go to +5V and ground
   * LED connected from digital pin 9 to ground

   created 29 Dec. 2008
   modified 9 Apr 2012
   by Tom Igoe

   This example code is in the public domain.

*/
```

```
// These constants won't change. They're used to give names
// to the pins used:
const int analogInPin = A0; // Analog input pin that the
potentiometer is
                                  // attached to
const int analogOutPin = 9;       // Analog output pin that the LED
is attached to

int sensorValue = 0; // value read from the pot
int outputValue = 0; // value output to the PWM (analog out)

void setup() {
  // initialize serial communications at 9600 bps:
  Serial.begin(9600);
}

void loop() {
  // read the analog in value:
  sensorValue = analogRead(analogInPin);
  // map it to the range of the analog out:
  outputValue = map(sensorValue, 0, 1023, 0, 255);
  // change the analog out value:
  analogWrite(analogOutPin, outputValue);

  // print the results to the serial monitor:
  Serial.print("sensor = " );
  Serial.print(sensorValue);
  Serial.print("\t output = ");
  Serial.println(outputValue);

  // wait 2 milliseconds before the next loop
  // for the analog-to-digital converter to settle
  // after the last reading:
  delay(2);
}
```

上传程序之后，用你的手指旋转电位器。LED 变亮或变暗将取决于电位器的值。然后，点击 Arduino 窗口右上方的串口监控按钮，就可以看到接收的数值和发送给 LED 的数值。

如果没有看到任何改变，请仔细检查你的接线。

● 确保可变电阻器使用了正确的引脚。

● 检查 LED 的连接方式是否正确，长腿连接引脚 9，短脚通过一个电阻接地。

● 检查面包板上的连接。如果跳线或元器件没有使用面包板上正确的行进行连接，那么它们将不会工作。

● 如果你接收到的是奇怪的字符，而不是单词和数字，那么检查串口监控的波特率。

如果没有设置为 9600，那么使用下拉菜单选择这种波特率。

理解 AnalogInOutSerial 程序

程序的开始是相当简单的。它声明了所使用的模拟输入和 PWM 输出引脚。同时也有两个变量，一个是从传感器读取的原始数据（sensorValue），另一个是发送到 LED 的数值（outputValue）。

```
const int analogInPin = A0; // Analog input pin that the
potentiometer is attached to
const int analogOutPin = 9; // Analog output pin that the LED is
attached to

int sensorValue = 0; // value read from the pot
int outputValue = 0; // value output to the PWM (analog out)
```

在 setup 中，打开串行通信之前不需要做什么：

```
void setup() {
  // initialize serial communications at 9600 bps:
  Serial.begin(9600);
}
```

loop 是真正行动的地方。正如 Fade 程序，最好的开始的地方是读取输入。变量 sensorValue 存储 analogInPin 读取的数值，数值范围为 0～1024。

```
void loop() {
  // read the analog in value:
  sensorValue = analogRead(analogInPin);
```

由于采用 PWM 调节 LED 亮度需要 0～255 范围的数值，因此你需要对 sensorValue 进行缩放，使之适应范围较小的 outputValue。要实现这一点，你可以使用 map 函数。map 函数接收一个变量和它的最小值、最大值，以及新的最小值和最大值，然后实现相应范围的缩放。使用 map 函数创建一个与 sensorValue 呈正比关系的 outputValue，但使其范围变小。

```
// map it to the range of the analog out:
outputValue = map(sensorValue, 0, 1023, 0, 255);
```

这样的函数有时是有用的，但是其他时候它们可能会矫枉过正。此处，做一些简单的数学运算也是可行的，将传感器值除以 4，也可以实现相同的结果。

```
outputValue = sensorValue/4;
```

然后，通过 analogWrite 函数将 outputValue 输出到 LED 上。

```
// change the analog out value:
analogWrite(analogOutPin, outputValue);
```

以上程序已经足够实现电路的功能了，但如果你想知道发生了什么事，则需要将一些数值发送到串行端口。在 Serial.println 之前，程序有三行 Serial.print 语句，这意味着在程序每次完成一个循环后，都通过串口将这些内容发送出去。

引号内的文字的作用是标签或添加字符。你还可以使用特殊字符，如 \t，使用标签来增加间隔。

```
// print the results to the serial monitor:
Serial.print("sensor = " );
Serial.print(sensorValue);
Serial.print("\t output = ");
Serial.println(outputValue);
```

这行代码在串口监视器的显示为：

```
sensor = 1023   output = 511
```

循环结束之后有一个短暂的延时，以使得结果稳定，然后重复循环，更新输入、输出和串口监视器上的读数。

```
// wait 2 milliseconds before the next loop
// for the analog-to-digital converter to settle
// after the last reading:
delay(2);
}
```

这个延时时间在很大程度上是任意的，如前面的示例所述，可以使用 1 毫秒来替代 2 毫秒。你需要亲自去尝试改动这些小的延时。如果传感器的跳动特别大，你可能要将延时改到 10 毫秒，或者你可能会发现，读数非常的光滑，而且完全被滤除。所以不存在一个万能值。

第8章
更多基础程序：运动和声音

···

本章内容

◆ 驱动直流电机

◆ 使用三极管控制大负载

◆ 电机调速

◆ 使用步进电机实现精确控制

◆ 使用蜂鸣器制作电子音乐

···

第 7 章讲述了如何使用一些简单的 LED 作为各种电路的输出。虽然在 Arduino 领域没有什么比闪烁的 LED 更漂亮，但你仍然可以选择其他的各种各样的输出。在本章中，我将探讨其他两个领域：使用电机提供运动和蜂鸣器发出声音。

电动机的使用

电动机使你可以借助电磁的力量来移动物体。当电流通过线圈时，将会产生电磁场。这个过程和普通的永磁铁很类似，但是你可以控制磁场的存在与否，也就是说，你可以按照你的意愿打开或关闭磁场，甚至改变磁力的方向。正如你从学校中所学到的那样，磁铁有两种状态：吸引或排斥。在电磁场中，可以通过改变极性实现两种状态之间的切换，在实际中也就是交换导线的正负极。

电磁铁具有多种用途，例如电控锁、管道自动阀门，以及硬盘上的读写磁头。它们还可用于废铁的起吊。即使是欧洲核子研究中心的大型强子对撞机都使用了电磁铁。

在本章中，我们将重点关注其中一个重要的用途：电动马达。

电动马达由两个常规的永久磁铁之间的一个线圈（电磁铁）组成。通过更改线圈的极性来使它旋转，因为它被一个磁体吸引，然后推向下一个磁体。如果改变线圈极性的速度足够快，线圈就会旋转起来。

第一个需要理解的是线圈连接在电线上是如何实现旋转的。这是通过在轴上安装两个铜刷来实现的。这些电刷与两个半圆的铜皮保持接触，如图 8-1 所示。这意味着，不使用固定导线也可以保持连接。半圆则意味着这两个点不是一直接触的，不然则会导致短路。

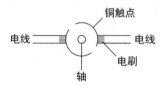

图 8-1

电机轴被连接，但依然可以自由旋转

在一根轴上有一个自由旋转的线圈，可以通过两个永磁铁靠近它来影响线圈的运动。如图 8-2 所示，磁体被放置在线圈的两侧，两边放置不同极性的磁体。如果电流流经线圈，则使它具有一个极性——N 极或 S 极，类似于传统的条形磁铁。如果线圈是 N 极，它将被条形磁铁的 N 极排斥，且被条形磁铁的 S 极吸引。

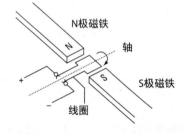

图 8-2

电机示意图

如果你再看一下电刷，就会意识到线圈旋转的同时，极性发生了翻转。当发生这种情况时，循环将会重新开始，N 极线圈将会变为 S 极，再次被 S 极推回到 N 极。线圈排斥会产生动量，由于存在足够的能量，所以这种运动将在相同的方向上继续下去。

这是电动马达最基本的形式，而且现代电机高度集成，具有多个线圈和磁体，可以产生更平滑的运动。其他电机也是基于这个原理，但有更先进的控制来实现转动，例如转动一个精确的角度或者旋转到某个特定的位置。在你的开发套件中，应该包含两个品种的电动马达：直流电动机和伺服电机。

探索二极管

二极管是电机控制电路的基本组成部分。正如本章前面所述，你可以施加电压来使电动马达旋转。但是，如果一个马达正在转动或接通，而不需要通电的时候，它将在相反方向上产生电压；这解释了发电机是如何通过运动产生电力的。

如果这种电压产生在电路上，那么其影响可能是灾难性的，将会造成元器件的损坏。因此，就需要使用一个二极管来控制这种反向电流。二极管只允许电流在一个方向上流动，而阻止其在另一个方向上流动。电流可以从二极管的阳极流向阴极。如图 8-3 所示为实际二极管和电路原理图中的表示方法，实际二极管的色带和原理图中的实线都表示二极管的阴极。

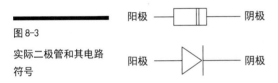

图 8-3

实际二极管和其电路符号

让直流电机旋转起来

在你的开发套件中，直流电动机（也称为玩具电机或有刷直流电机）是最基本的电动机，广泛应用于模型飞机及火车等电子玩具。当电流流过直流电机时，它将在一个方向上连续地旋转，直到断开电源。除非特别标明 + 或 −，直流电机有没有极性，这意味着你可以交换两个电线，来改变电机旋转的方向。除此之外，还有许多其他的、更大的电机，但在这个例子中，将使用小型的玩具电机。

Motor 程序

在这个章节中，我将告诉你如何搭建简单控制电路来启动和关闭电机。

你需要以下材料。

- 一个 Arduino Uno 控制器
- 一块面包板
- 一个三极管

- 一个直流电机
- 一个二极管
- 一个 2.2 kΩ 电阻
- 跳线

如图 8-4 所示为电路的布局，如图 8-5 所示的电路原理图详细地描述了原理。你需要施加 5 V 电压流过电机，然后回到地，从而驱动电机。电压可以让电机旋转起来，但你必须对电机进行控制。为了让 Arduino 控制电机的功率，从而使其旋转，你需要在电机后面连接一个晶体管。正如后文标题所描述的"认识晶体管"，晶体管是电子控制的开关，可以通过 Arduino 的数字引脚来控制它。在这个示例中，它是由 Arduino 的引脚 9 来控制的，与 LED 的连线相同，区别之处在于晶体管可以使电机旋转或停止。

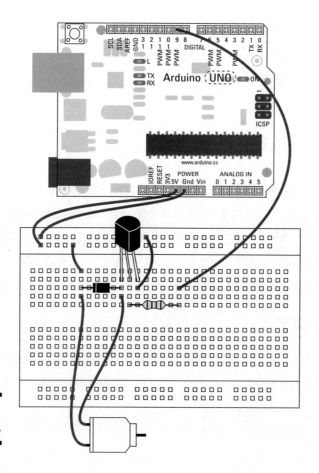

图 8-4

用晶体管驱动直流电机

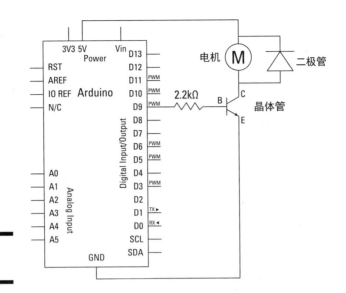

图 8-5

晶体管电路原理图

这个电路可以工作，但是由于电机减速时的转动或电机被外力转动的时候，它仍然可能产生反向电流。如果产生了反向电流，它将从电动机的负极流出，并试图找到最简单的流到地端的路径。这个途径可能经过晶体管或 Arduino。你不能确切知道将会发生什么，所以你需要一个方法来抑制这种额外电流。

为了安全起见，你需要在电机两极之间并联一个二极管。二极管的阴极朝向电源，这意味着电流将被强制流过电机，这正符合你的期望。如果在相反的方向上产生了电流，它现在将被阻止流入 Arduino。

认识晶体管

直接使用 Arduino 引脚驱动输出，有时候是不可能的，也是不建议的。通过晶体管，可以使用强大的 Arduino 来控制更大的电路。

电机和其他大负载（如大功率 LED 照明）需要的电压和电流远远超过 Arduino 引脚可以提供的范围，所以需要使用专用电路来提供电能。为了能够控制这些更高电压的电路，可以使用一个叫作晶体管的元器件。物理开关用于控制电路的开启与关闭，与此类似，晶体管是一种电子开关，可使用非常小的电压来实现电路的开启与关闭。

晶体管有很多种，每种都有自己的型号，你可以通过谷歌来获取更多相关的信息。在本节中的例子使用的是 P2N2222A，这是 NPN 型晶体管。晶体管有两种类型——NPN 和 PNP。

晶体管有三个引脚：基极，集电极和发射极。基极是 Arduino 的数字信号控制；集电极是电源；发射极是地端。有时它们会有其他的名字：门信号（基极）、漏极（集电极）和源极（发射极）。数据表包含编号和名称，以告知你哪个引脚在哪里。在电路图中，它将被画成如下图所示，集电极在顶部，基极在左侧，发射极在底部。

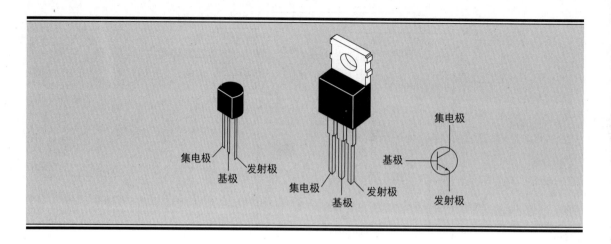

如果你将二极管的方向放反了，电流将绕过电动机，而造成短路。短路将会使所有的电流流向地端，并可能会破坏计算机的 USB 端口，或至少显示一条报警消息，通知你 USB 端口消耗的电流过大。

按照电路图搭建电路，然后新建一个 Arduino 程序。选择保存按钮，将这个程序保存为一个与众不同的名字，如 myMotor，然后输入以下代码：

```
int motorPin = 9;
void setup() {
  pinMode(motorPin, OUTPUT);
}
void loop() {
  digitalWrite(motorPin, HIGH);
  delay(1000);
  digitalWrite(motorPin, LOW);
  delay(1000);
}
```

完成程序输入之后，将其保存并按下编译按钮来检查你的代码。Arduino 开发环境会检查你的代码中是否存在语法错误（代码的语法），并在信息区域高亮显示出来（如在第 3 章所述）。最常见的错误包括拼写错误、遗漏分号和大小写的区分。

如果程序编译正确，点击上传将程序上传到你的板子中。你应该看到电机旋转一秒钟，停止一秒钟，并如此反复。

如果没有看到任何改变，请仔细检查你的接线。

🔘 确保你使用的是引脚 9。

🔘 检查二极管方向是否正确，带有色环的一边与 5 V 连接。

● 检查面包板上的连接。如果跳线或元器件没有使用面包板上正确的行进行连接，那么它们将不会工作。

理解 Motor 程序

这是一个非常基本的程序，同时你可能会注意到，它是在 Blink 程序的基础上修改而来的。这个示例改变了硬件，但是使用了与控制 LED 相同的代码。

首先，声明使用的引脚，采用数字引脚 9。

```
int motorPin = 9;
```

在 setup 中，引脚 9 被设置为输出。

```
void setup() {
  pinMode(motorPin, OUTPUT);
}
```

loop 循环中将信号设置为 HIGH，等待 1000 ms（1 秒），更改为 LOW，等待另一个 1000 ms，然后重复。这个方案为你提供了最基础的电机控制，控制电机何时启动和何时关闭。

```
void loop() {
  digitalWrite(motorPin, HIGH);
  delay(1000);
  digitalWrite(motorPin, LOW);
  delay(1000);
}
```

改变电机的速度

启动和关闭是非常简单的，但有时你需要控制电机的转速。以下程序将告诉你如何使用相同的电路来控制电机的速度。

MotorSpeed 程序

使用与上一节相同的电路，打开一个新的 Arduino 程序，将它保存为一个与众不同的名字，如 myMotorSpeed，然后输入下面的代码。

```
int motorPin = 9;

void setup(){
```

```
    pinMode(motorPin, OUTPUT);

}
void loop() {

   for(int motorValue = 0 ; motorValue <= 255; motorValue +=5){
     analogWrite(motorPin, motorValue);
     delay(30);
   }

   for(int motorValue = 255 ; motorValue >= 0; motorValue -=5){
     analogWrite(motorPin, motorValue);
     delay(30);
   }

}
```

完成程序输入之后，将其保存并按下编译按钮来检查你的代码。如果发现了任何语法错误，Arduino 开发环境将在消息区中高亮显示出来。

如果程序编译正确，点击上传将程序上传到板卡中。上传完成之后，你会看到电机低速启动，接着逐渐加速到最高速度，然后逐渐减速直至停止，并且不断地重复。这非常难以观察，所以你需要增加一些东西使其更明显，例如一块胶布或黏合剂（例如蓝丁胶），来展示到底发生了什么。

你可能会发现电机在最慢点时只是嗡嗡响，却不旋转。这是没有问题的；这只意味着电磁铁没有足够的电压来使电机旋转；它需要更大的电压来产生电磁场和获得动力。

理解 MotorSpeed 程序

这个程序与第 7 章中的 Fade 程序略有区别，但两者的工作方式完全相同。

声明数字引脚 9，用于控制电机电路。

```
int motorPin = 9;
```

因为这是输出，所以需要在 setup 中对引脚功能进行设置。

```
void setup() {
   pinMode(motorPin, OUTPUT);
}
```

在主循环中，使用 analogWrite 向引脚 9 输出 PWM 值。这是和 Fade 程序相同的原理，用于调节 LED 的亮度。第一个 for 循环向引脚 9 发送逐渐增加的数值，直到到达 PWM 的最大值 255。第二个 for 循环将这个值逐渐返回到 0；然后周期循环。

```
void loop() {

  for(int motorValue = 0 ; motorValue <= 255; motorValue +=5){
   analogWrite(motorPin, motorValue);
   delay(30);
  }

  for(int motorValue = 255 ; motorValue >= 0; motorValue -=5){
    analogWrite(motorPin, motorValue);
    delay(30);

  }
}
```

这个过程可以比喻为汽车引擎的加速。如果踏板向下踏，就将加速到全速。如果轻触油门踏板一下，发动机则先加速再减速。如果在它减速之前以恒定的速率触碰它，你会保持一定的电机旋转的动力，实现平均速度。这就是晶体管所做的事，而且动作非常快。开关之间的间隔和电机的动能使得你可以通过数字信号来实现模拟行为。

控制电机的速度

上一节的程序实现对电机的控制。本节将了解如何添加输入实现对电机的完全控制。

MotorControl 程序

为了实现对电机速度的控制，你需要在你的电路上添加一个电位器。

你需要以下材料。

- 一个 Arduino Uno 控制器
- 一块面包板
- 一个三极管
- 一个直流电机
- 一个二极管
- 一个 10 kΩ 电位器
- 一个 2.2 kΩ 电阻
- 跳线（杜邦线）

按照图 8-6 所示的电路图和图 8-7 所示的电路原理图，在电机控制电路旁边添加一个电位器。

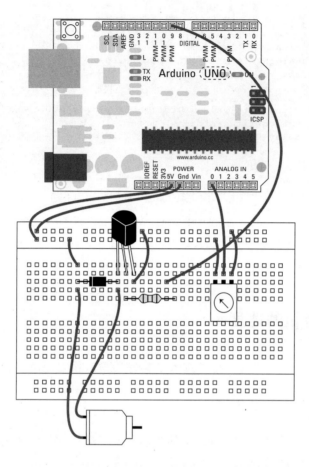

图 8-6

电机驱动的三极管电路

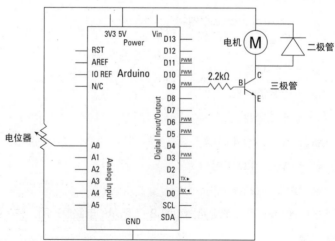

图 8-7

三极管驱动电路原理图

在面包板上找到合适空间来放置电位器。使用跳线将电位器的中间引脚连接到模拟输入端口 A0，剩余的两个管脚分别连接到 5 V 和 GND。5 V 和 GND 可以连接在任意一侧，但交换它们将会反转发送给 Arduino 的电位器值。虽然电位器和电机使用了相同的电源和地（GND），但应注意它们是独立的电路，两者均与 Arduino 进行通信。

搭建好电路之后，打开一个新的 Arduino 程序，并将其保存为另一个令人难忘的名字，如 myMotorControl。然后输入下面的代码。

```
int potPin = A0;
int motorPin = 9;

int potValue = 0;
int motorValue = 0;

void setup() {
  Serial.begin(9600);
}

void loop() {
  potValue = analogRead(potPin);
  motorValue = map(potValue, 0, 1023, 0, 255);

  analogWrite(motorPin, motorValue);

  Serial.print("potentiometer = " );
  Serial.print(potValue);
  Serial.print("\t motor = ");
  Serial.println(motorValue);

  delay(2);
}
```

在你输入程序之后保存它，然后点击编译按钮以高亮显示任何语法错误。

如果程序编译无误，则点击上传将程序上传到你的板子中。完成上传之后，你应该能够使用电位器来控制你的电机。顺着一个方向旋转电位器将使电动机加速；朝另一个方向旋转将会使其减速。下一节将解释代码是如何通过电位器来改变速度的。

理解 MotorControl 程序

这个程序是在 AnalogInOutSerial 程序的基础上做了一些变化，工作方式完全相同，只是做了一些名称更改，以便更好地显示所控制和监测的对象。

与往常一样，声明程序中使用的各种变量。使用 potPin 指定电位器引脚，通过 motorPin 向电机发送信号。变量 potValue 用于存储电位器的原始值，变量 motorValue 存储要输出给晶体管控制电机的转换值。

```
int potPin = A0;
int motorPin = 9;

int potValue = 0;
int motorValue = 0;
```

有关该程序的更多说明，请参见第 7 章的 AnalogInOutSerial 示例。

调整 MotorControl 程序

你可能会发现，当速度最低时，电机只会嗡嗡响而不转动。这是因为它不具有足够的动能来旋转。通过监控 MotorControl 程序发送给电机的值，你会发现电机转动的最小值，从而优化 motorValue 以便在真实范围内控制电机。

为了找到 motorValue 的范围，请按照以下步骤操作。

1. 在 MotorControl 程序上传之后，点击 Arduino 窗口右上方的串口监控按钮。

串行监控窗口将先显示电位器的值，然后是正在发送到电机的输出值，格式如下：

potentiometer = 1023 motor = 255

这些值都显示在一个长长的列表中，在电位器旋转的时候才会更新。如果没有看到列表向下滚动，请确保选择了自动滚动选项。

2. 从电位器读数为 0 开始，缓慢旋转电位器，直到电机停止鸣叫而开始旋转。

3. 记下此时所显示的值。

4. 使用一个 if 语句来告诉电机只有当数值大于电机旋转所需的最低速度时才改变速度，如下所示。

(a) 找到将 motorValue 写入电机的代码部分。

```
analogWrite(motorPin, motorValue);
```

(b) 使用以下代码替换它。

```
if(motorValue > yourValue) {
  analogWrite(motorPin, motorValue);
} else {
  digitalWrite(motorPin, LOW);
}
```

5. 现在你可以使用记录的数值替换 yourValue。

如果 motorValue 大于设置值时，电机加速。如果它低于设置值，则该引脚被写入低电平，所以它是完全关闭的。你还可以输入 analogWrite（motorPin，0）来实现同样的功能。这样的小型优化可以帮助你的项目顺畅地运行，而不会出现电机不旋转的情况。

结识伺服电机

伺服电机由一个电机和一个编码器组成，编码器是可以跟踪电机旋转角度的器件。伺服电机用于精密的运动，实现移动若干角度到达准确位置。你可以使用 Arduino 告诉伺服电机你想让它移动到什么角度，它就会从当前位置旋转到指定位置。大多数伺服电机只能旋转 180 度，但是你可以使用码盘来扩展它。

开发套件中的伺服电机很有可能是一个玩具级伺服电机，如图 8-8 所示。玩具伺服电机使用的是塑料齿轮，所以只能承受比较轻的负载。当拥有了小型伺服电机的使用经验之后，你可以选择大型伺服电机来承受比较大的负载。伺服系统被广泛应用于行走机器人，用于实现每只脚的精确控制。

图 8-8

伺服电机

下一节中的示例将讲解基础操作：如何向伺服发送信号，以及如何使用电位器来直接控制伺服。

创建扫描运动

第一个伺服电机示例只需要一个伺服电机，并允许你控制它在全部范围内转动。伺服从 0 度扫描到 179 度，然后返回再继续，类似于老式时钟的旋转运动。

Sweep 程序

你需要以下材料。

- 一个 Arduino Uno 控制器
- 一个伺服电机
- 跳线

伺服电机的接线非常简单，因为它提供了一个整洁的三脚插座。将它连接到 Arduino 控制器上，只需简单直接地使用跳线连接 Arduino 引脚和伺服插座，或者使用一组跳线将插座连接到面包板上。如图 8-9 和图 8-10 所示，伺服电机具有一组三针插座其上连接有电线，电线通常是红色、黑色和白色。电机移动的所有计算和读数都是通过伺服本身的内部电路完成的，因此，所需要的是电源和 Arduino 的控制信号。红色被连接到 Arduino 上的 5 V 用于给电机和里面的电路提供电源；黑色被连接到 GND，将伺服电机接地；白色被连接到引脚 9，用于控制伺服电机的运动。这些导线的颜色可能有所不同，因此需要检查数据表或特定电机的文档。其他常见的颜色有红色（5 V）、棕色（GND）和黄色（信号）。

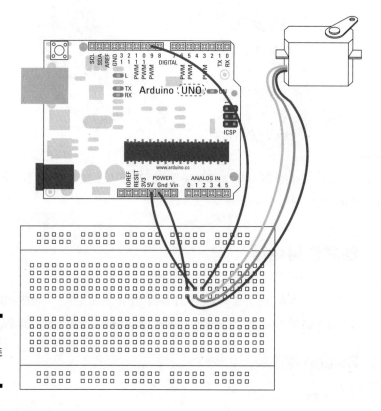

图 8-9

伺服电机与 Arduino 连线图

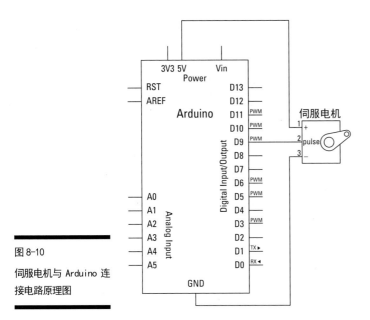

图 8-10

伺服电机与 Arduino 连
接电路原理图

按照电路图完成电路的搭建，通过选择 File ⇨ Examples ⇨ Servo ⇨ Sweep 打开

Sweep 程序。Sweep 程序如下所示：

```
// Sweep
// by BARRAGAN <http://barraganstudio.com>
// This example code is in the public domain.

#include <Servo.h>

Servo myservo; // create servo object to control a servo
               // a maximum of eight servo objects can be created

int pos = 0; // variable to store the servo position

void setup()
{
 myservo.attach(9); // attaches the servo on pin 9 to the servo object
}

void loop()
{
 for(pos = 0; pos < 180; pos += 1)  // goes from 0 degrees to 180 degrees
 {                                  // in steps of 1 degree
  myservo.write(pos);               // tell servo to go to position in variable
                                    // 'pos'
  delay(15);                        // waits 15ms for the servo to reach the
                                    // position
 }
```

```
for(pos = 180; pos>=1; pos-=1)   // goes from 180 degrees to 0 degrees
{
  myservo.write(pos);   // tell servo to go to position in variable
                        // 'pos'
  delay(15);            // waits 15ms for the servo to reach the
                        // position
}
}
```

找到程序后，点击编译按钮来检查代码。当编译器发现任何语法错误时，将会在消息区用红色高亮显示出来。

如果程序编译无误，则点击上传将程序上传到你的板子。当程序完成上传之后，伺服电机应该开始前后 180 度旋转，像在桌子上跳舞一样。

如果没有看到任何改变，请仔细检查你的接线。

- 确保你使用引脚 9 连接了数据线（白色或黄色）。
- 检查你是否使用了其他的伺服电机线。

理解 Sweep 程序

程序开始的部分，包括了所使用的库文件。这是伺服电机库，使你可以使用非常简单的代码实现对伺服电机的控制。

```
#include<Servo.h>
```

下一行创建一个伺服电机对象。这个库文件知道如何使用伺服电机，但需要你给每一个伺服电机设置一个名称，以便控制。此处，新建的伺服对象为 myservo。使用一个类似的名称来命名变量；也就是说，它们可以是任何名字，只要它们在整个代码中是一致的，但是你不能使用 Arduino 语言保留的任何名称，例如 int 或 delay。

```
Servo myservo; // create servo object to control a servo
               // a maximum of eight servo objects can be created
```

声明的最后一行是一个变量，用来保存伺服电机的位置。

```
int pos = 0; // variable to store the servo position
```

在 setup 中，唯一需要设置的是 Arduino 用来与伺服电机通信的引脚。此处，使用的是引脚 9，但它也可以是任何 PWM 引脚。

```
void setup()
{
  myservo.attach(9); // attaches the servo on pin 9 to the servo object
}
```

　　loop 执行两个简单的功能，两个都是 for 循环。第一个 for 循环将变量 pos 从 0 逐渐增加到 180。由于使用了 servo 函数库，因此你可以直接设置角度值，而不使用用于 PWM 控制的 0~255。循环每执行一次，角度值增加 1，并使用特定的伺服函数库 <servoName>.write(<value>) 将角度发送给伺服电机。在循环更新角度之后，会有一个 15 毫秒的短暂延时，使得伺服电机可以到达新的位置。相对于其他输出而言，在伺服电机的角度被更新后，它将开始移动到新的位置，而不需要不断发送数据。

```
void loop()
{
  for(pos = 0; pos < 180; pos += 1) // goes from 0 degrees to 180 degrees
  {                                 // in steps of 1 degree
    myservo.write(pos);            // tell servo to go to position in variable
                                    // 'pos'
    delay(15);                      // waits 15ms for the servo to reach the
                                    // position
  }
}
```

　　第二个 for 循环在相反的方向上做同样的事情，使得伺服返回到起始位置。

```
  for(pos = 180; pos>=1; pos-=1)    // goes from 180 degrees to 0 degrees
  {
    myservo.write(pos);            // tell servo to go to position in variable
                                    // 'pos'
    delay(15);                      // waits 15ms for the servo to reach the
                                    // position
  }
}
```

　　这是最简单的伺服电机示例，它可以用来测试伺服电机能否正常工作。

控制伺服电机

　　现在你已经掌握了伺服电机的控制，你可以尝试一点互动。与商场里控制机械爪的方式一样，通过电位器（或任何模拟传感器）来直接控制你的伺服电机。

Knob 程序

　　这个示例展示了如何轻松地使用电位器控制伺服电机旋转到指定角度。

　　你需要以下材料。

- 一个 Arduino Uno 控制器
- 一块面包板

- 一个伺服电机
- 一个 10 kΩ 的电位器
- 跳线

伺服电机可以完全按照 Sweep 程序那样连接，但是此处你需要额外连接电位器的 5 V 和 GND，所以你必须使用面包板来提供额外的引脚。将 Arduino 的 5 V 和 GND 引脚连接到面包板电源排的正极（＋）和负极（－）。使用三针插座或跳线将伺服电机连接到面包板上。将伺服电机的红色引线连接到 5 V，黑／棕引线接地，白／黄色引线连接至 Arduino 引脚 9。在面包板上找到一个可以放置电位器的空间。将电位器的中间引脚连接到 Arduino 引脚 A0 上，其余引脚一个连接 5 V，另一个连接 GND。具体请参考图 8-11 所示的电路图和图 8-12 所示的原理图。

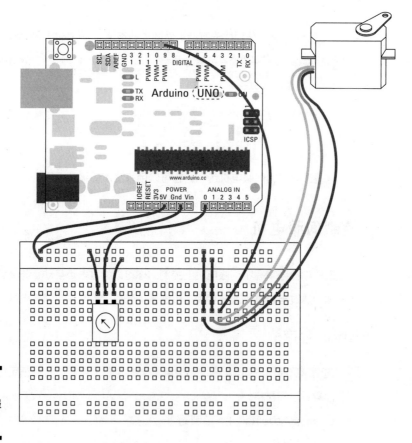

图 8-11

带有控制旋钮的伺服电机

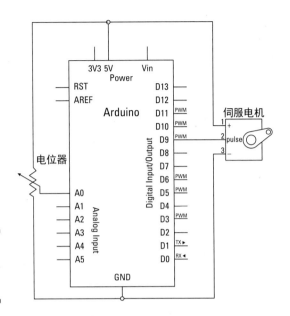

图 8-12

伺服电机和电位器电路
原理图

搭建好电路之后，通过选择 File ⇨ Examples ⇨ Servo ⇨ Knob 打开程序。程序代
码如下所示：

```
// Controlling a servo position using a potentiometer (variable resistor)
// by Michal Rinott http://people.interaction-ivrea.it/m.rinott

#include <Servo.h>

Servo myservo;    // create servo object to control a servo

int potpin = 0;   // analog pin used to connect the potentiometer
int val;      // variable to read the value from the analog pin

void setup()
{
  myservo.attach(9);    // attaches the servo on pin 9 to the servo object
}

void loop()
{
  val = analogRead(potpin); // reads the value of the potentiometer
                            // (value between 0 and 1023)
  val = map(val, 0, 1023, 0, 179);   // scale it to use it with the servo
                                     // (value between 0 and 180)
  myservo.write(val);       // sets the servo position according to
                            // the scaled value
  delay(15);                // waits for the servo to get there
}
```

你可能会注意到，注释和代码之间存在一些差异。当提及伺服电机转动角度的范围时，程序提到了 0~179 和 0~180。对于 Arduino 学习而言，可以假设它们可以正常执行且可能不准确。

正确的范围是 0~179，具有 180 个值。从零开始计数被称为零索引，这对于 Arduino 是司空见惯的，你可能已经注意到了这一点。

找到程序之后，则点击编译按钮来检查代码。当编译器发现任何语法错误时，将会在消息区用红色高亮显示出来。

如果程序编译无误，则点击上传将程序上传到你的板子。当程序完成上传之后，伺服电机会随着你旋转电位器而转动。

如果没有看到任何改变，请仔细检查你的接线。

- 确保你使用引脚 9 连接伺服电机的数据线（白色或黄色）。
- 检查电位器的连接，确保中间引脚连接了模拟端口 0。
- 检查面包板上的连接。如果跳线或元器件没有使用面包板上正确的行进行连接，那么它们将不会工作。

理解 Knob 程序

在声明中，将伺服电机库文件 Servo.h 包含进来，并且命名了一个新的伺服电机对象。模拟输入引脚被声明为 0，表示你使用的是模拟输入口 0。

你可能已经注意到，该引脚被编号为 0，而不是其他示例中的 A0。两者均可，因为 A0 只是 0 的别名，A1 是 1 的别名，依次类推。使用 A0 更加清楚，但这是可选的。

最后一个变量用来存储读数值，此读数值将用作输出。

```
#include <Servo.h>

Servo myservo; // create servo object to control a servo

int potpin = 0; // analog pin used to connect the potentiometer
int val; // variable to read the value from the analog pin
```

在 setup 中，唯一需要定义的选项是 myservo，使用的是引脚 9。

```
void setup()
{
  myservo.attach(9); // attaches the servo on pin 9 to the servo object
}
```

程序中只使用了一个变量，而不是使用两个独立变量，分别用作输入和输出。首先，

val 被用来存储传感器原始数据，范围为 0~1023。然后，这个值被 map 函数映射成伺服电机的范围：0~179。下一步，使用 myservo.write 将这个值写入伺服电机。在伺服电机到达位置之前需要延时 15 毫秒。最后循环重复执行，并根据需要更新伺服电机的位置。

```
void loop()
{
  val = analogRead(potpin);    // reads the value of the potentiometer
                               // (value between 0 and 1023)
  val = map(val, 0, 1023, 0, 179);    // scale it to use it with the servo
                               // (value between 0 and 180)
  myservo.write(val);          // sets the servo position according to
                               // the scaled value
  delay(15);                   // waits for the servo to get there
}
```

在电路上做一些简单的更改，便可以使用各种形式的输入来控制伺服电机。在这个示例中，代码中使用的是模拟输入，但是稍作改变便可以很容易地使用数字输入。

制造噪声

如果你刚刚完成了电机的程序，那么你已经掌握了运动控制，并准备好迎接新的挑战了。在本节中，我们来完成一个比前面更有趣的项目：用 Arduino 制作音乐（至少是噪声）。是的，你可以制作电子音乐——尽管是简单的——使用的是压电式蜂鸣器。

压电式蜂鸣器

压电式蜂鸣器被应用在成千上万的设备中。如果你听到嘀嗒声、嗡嗡声或哔声，那么它可能是由一个压电蜂鸣器发出的。压电式蜂鸣器由两层组成：一片陶瓷和一片金属板结合在一起。当电从一层传递到另一层时，压电蜂鸣器就会有轻微的弯曲并且发出声音，如图 8-13 所示。

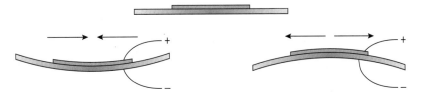

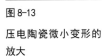

图 8-13
压电陶瓷微小变形的放大

如果将电源和地进行切换，那么压电陶瓷就会弯曲并产生一个嘀嗒声；如果这种情况发生的速度足够快，则这些嘀嗒声将会转换为音调。这些音调可能是一个相当刺耳的声音，类似于旧手机铃声或 20 世纪 80 年代电脑游戏的声音，被称为方波。每当压电蜂鸣器完全改变极性时，它便会产生一个方波，边沿锐利得就像正方形一样。其他波形还包括三角波和正弦波，这不是严格的波形。如图 8-14 所示的波形图显示了它们之间的差异。

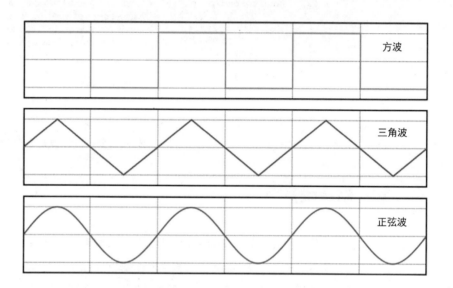

图 8-14

方波、三角波和正弦波

像这样的数字设备以及其他电子乐器产生方波，可以发出嗡嗡的声音。蜂鸣器并不局限于一个音调。通过改变切换蜂鸣器的频率（方波之间的宽度），所以产生不同的频率，以发出不同的音符。

toneMelody 程序

通过这个示例，你将会学习如何改变压电蜂鸣器的频率，播放预先定义的旋律。这个程序将会花费你一些时间去编写自己的旋律，并考虑如何找出音符和节拍。

大多数的 Arduino 开发套件中配有压电式蜂鸣器，但它们有许多不同的外形。它们可能并没有外壳，如图 8-15 所示，或者被封装在小气缸或扁平硬币形状的塑料外壳中。它们还有不同的连接方式，一组从下面引出的两个插脚或从旁边引出的两根导线。

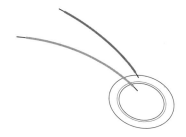

图 8-15

无外壳的压电蜂鸣器

你需要以下材料。

- 一个 Arduino Uno 控制器
- 一块面包板
- 一个蜂鸣器
- 跳线

将压电蜂鸣器连接到面包板，并使用一组跳线将其一侧连接到数字引脚 8，另一侧接地。有的压电蜂鸣器有极性，因此请确保正极（＋）连接到引脚 8，负极（－）连接到 GND。其他压电蜂鸣器不区分极性，所以如果你没有看到任何符号也不用担心。压电蜂鸣器电路如图 8-16 所示，原理图如图 8-17 所示。

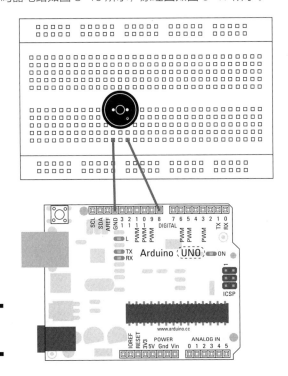

图 8-16

压电蜂鸣器电路

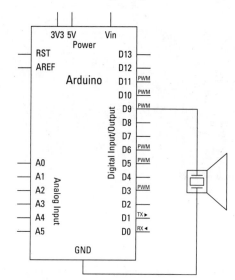

图 8-17

压电蜂鸣器电路原理图

搭建好电路之后，通过选择 File ⇨ Examples ⇨ 02.digital ⇨ toneMelody 打开程序。
程序代码如下所示：

```
/*
  Melody

 Plays a melody

 circuit:
 * 8-ohm speaker on digital pin 8

 created 21 Jan 2010
 modified 30 Aug 2011
 by Tom Igoe

 This example code is in the public domain.

 http://arduino.cc/en/Tutorial/Tone

 */
#include "pitches.h"

// notes in the melody:
int melody[] = {
NOTE_C4, NOTE_G3,NOTE_G3, NOTE_A3, NOTE_G3,0, NOTE_B3, NOTE_C4};

// note durations: 4 = quarter note, 8 = eighth note, etc.:
int noteDurations[] = {
  4, 8, 8, 4,4,4,4,4 };
```

```
void setup() {
  // iterate over the notes of the melody:
  for (int thisNote = 0; thisNote < 8; thisNote++) {

    // to calculate the note duration, take one second
    // divided by the note type.
    //e.g. quarter note = 1000 / 4, eighth note = 1000/8, etc.
    int noteDuration = 1000/noteDurations[thisNote];
    tone(8, melody[thisNote],noteDuration);

    // to distinguish the notes, set a minimum time between them.
    // the note's duration + 30% seems to work well:
    int pauseBetweenNotes = noteDuration * 1.30;
    delay(pauseBetweenNotes);
    // stop the tone playing:
    noTone(8);
  }
}

void loop() {
  // no need to repeat the melody.
}
```

在这个程序中，还有一个叫 pitches.h 的标签，它包含了蜂鸣器发出正确的音调需要的所有数据。在你的 Arduino 程序文件夹中，这个标签（ 或其他新增选项卡）显示为私有文件，必须使用 #include 函数后面跟上被包含文件的名称使其在主程序中被调用。在这个程序中，具体的语句为 #include"pitches.h"。pitches.h 文件如下所示，可供参考。

pitches.h

```
/*************************************************
* Public Constants
*************************************************/

#define NOTE_B0   31
#define NOTE_C1   33
#define NOTE_CS1  35
#define NOTE_D1   37
#define NOTE_DS1  39
#define NOTE_E1   41
#define NOTE_F1   44
#define NOTE_FS1  46
#define NOTE_G1   49
#define NOTE_GS1  52
#define NOTE_A1   55
#define NOTE_AS1  58
#define NOTE_B1   62
#define NOTE_C2   65
#define NOTE_CS2  69
#define NOTE_D2   73
#define NOTE_DS2  78
```

```
#define NOTE_E2    82
#define NOTE_F2    87
#define NOTE_FS2   93
#define NOTE_G2    98
#define NOTE_GS2   104
#define NOTE_A2    110
#define NOTE_AS2   117
#define NOTE_B2    123
#define NOTE_C3    131
#define NOTE_CS3   139
#define NOTE_D3    147
#define NOTE_DS3   156
#define NOTE_E3    165
#define NOTE_F3    175
#define NOTE_FS3   185
#define NOTE_G3    196
#define NOTE_GS3   208
#define NOTE_A3    220
#define NOTE_AS3   233
#define NOTE_B3    247
#define NOTE_C4    262
#define NOTE_CS4   277
#define NOTE_D4    294
#define NOTE_DS4   311
#define NOTE_E4    330
#define NOTE_F4    349
#define NOTE_FS4   370
#define NOTE_G4    392
#define NOTE_GS4   415
#define NOTE_A4    440
#define NOTE_AS4   466
#define NOTE_B4    494
#define NOTE_C5    523
#define NOTE_CS5   554
#define NOTE_D5    587
#define NOTE_DS5   622
#define NOTE_E5    659
#define NOTE_F5    698
#define NOTE_FS5   740
#define NOTE_G5    784
#define NOTE_GS5   831
#define NOTE_A5    880
#define NOTE_AS5   932
#define NOTE_B5    988
#define NOTE_C6    1047
#define NOTE_CS6   1109
#define NOTE_D6    1175
#define NOTE_DS6   1245
#define NOTE_E6    1319
#define NOTE_F6    1397
#define NOTE_FS6   1480
#define NOTE_G6    1568
```

```
#define NOTE_GS6 1661
#define NOTE_A6   1760
#define NOTE_AS6 1865
#define NOTE_B6   1976
#define NOTE_C7   2093
#define NOTE_CS7 2217
#define NOTE_D7   2349
#define NOTE_DS7 2489
#define NOTE_E7   2637
#define NOTE_F7   2794
#define NOTE_FS7 2960
#define NOTE_G7   3136
#define NOTE_GS7 3322
#define NOTE_A7   3520
#define NOTE_AS7 3729
#define NOTE_B7   3951
#define NOTE_C8   4186
#define NOTE_CS8 4435
#define NOTE_D8   4699
#define NOTE_DS8 4978
```

　　找到程序之后，点击编译按钮来检查代码。当编译器发现任何语法错误时，将会在消息区用红色高亮显示出来。

　　如果程序编译无误，则点击上传将程序上传到你的板子。当程序完成上传之后，你会听到蜂鸣器为你演奏歌曲，然后停止。按下 Arduino 的复位按钮，就可以再次听到歌曲。

　　如果没有听到蜂鸣器的声音，请仔细检查你的接线。

　　● 确保你使用引脚 8 作为输出。

　　● 检查压电蜂鸣器的连接是否正确。如果顶部没有看到符号的话，它们可能隐藏在底部。如果你仍然没有看到标记，请尝试将压电蜂鸣器换到另一个方向。

　　● 检查面包板上的连接。如果跳线或元器件没有使用面包板上正确的行进行连接，那么它们将不会工作。

理解程序

　　这是本书中第一个使用多个标签的程序。你有时会使用标签作为分隔程序的一种便捷方式。此处，标签 pitches.h 用作压电蜂鸣器所有音符的参考表或查找表。因为这个代码不会改变，所以它并不需要放置在代码的主体中。

　　toneMelody 程序的顶部是一个包含 pitches.h 的提示，pitches.h 同样被视为函数库。它是一个外部文件，在需要时被引入程序。此处，需要确定哪些频率被用来发出音调。

```
#include "pitches.h"
```

现在，程序知道了不同的音符，就可以定义旋律了。它被定义成一个数组，使得音调按顺序播放。想了解更多关于数组的知识，请参阅下面的" 数组介绍"。如 NOTE_C4 等名称，请参阅 pitches.h 标签中的音符名称。如果查看 pitches.h，那么你会看到一个名叫 define 的 C 语言里的功能函数，并在其后跟随了一个数字，例如 #define NOTE_C4 262。也就说，只要 NOTE_C4 被提及，那么它就只是一个值为 262 的变量名。

```
// notes in the melody:
int melody[] = {
  NOTE_C4, NOTE_G3,NOTE_G3, NOTE_A3, NOTE_G3,0, NOTE_B3, NOTE_C4};
```

数组介绍

数组最简单的形式是一列数据。可以把它看成是一个购物清单，如下表所示。每一行都有一个被称为索引的数字，并且数据被包含在列表的这一部分。这个数组是一维数组，只包含一项数据，此处是一种水果的名称。

索 引	数 值
1	苹果
2	香蕉
3	橘子

Arduino 是如何处理数组的呢？数组可以存储整数、浮点数、字符或其他任何类型的数据，但我此处使用整数让事情变得简单。这是包含 6 个整数值的数组。

```
int simpleArray[]={1,255,-51,0,102, 27};
```

首先，int 将存储数据（所有数据）的数据类型定义为整数。数据类型也可以是浮点型数字 float 或字符型 char。这个数组的名称是 simpleArray，但这也可以是最能说明数组的任何有关的名字。方括号（[]）存储数组长度（数组中存储数据的个数），但在此处，该区域是空白的，也就是说该数组没有固定的长度。花括号 {} 内的数字是数组中定义的值。这些数字是可选的，如果它们没有被定义，则该数组将为空数组。

还有其他正确声明数组的方式，其中包括：

```
int simpleArray[10];
```

```
float simpleArray[5]={2.7, 42.1,-9.1,300.6};
char simpleArray[14]="hello,world!";
```

你可能注意到字符数组的最后一个项目有一个比字符更大的空间。这是字符数组的要求，所以如果你出现了错误，就是这个原因！

现在，已经定义好了数组，你需要知道如何使用它。要使用数组中的值，你需要指定它们的索引号。如果你想要向串行显示器发送一个数值，你会编写以下代码：

```
Serial.println(simpleArray[2]);
```

这将会显示数值-51，因为它被存储在数组的索引 2 中。

你也可以更新数组中的值。一个有效方法是使用 for 循环，通过各项的索引更新数组（详见第 11 章），如以下的示例所示：

```
for (int i = 0; i < 6; i++) {
    simpleArray[i]= analogRead(sensorPin);
}
```

此处 for 循环将循环 6 次，每次循环变量 i 增加 1。变量 i 还用来表示该数组的索引，因此，每个循环中从 sensorPin 读取的新模拟值将被存储在当前的索引中，同时数组的索引在每一个循环中都是递增的。

这是一个学习数组非常巧妙和有效的方法，无论是使用数组还是更新存储在其中的数据。数组可以变得更加复杂，存储文本中的多个字符串，它们甚至可以是多维的，就像电子表格一样，每个索引都和很多值有关。想了解更多信息，可前往 Arduino 官方参考网页 http://arduino.cc/en/Reference/Array。

如果没有跳动，那么你的旋律将不会正常地产生，所以需要另一个数组来存储每一个音符的持续时间。

```
// note durations: 4 = quarter note, 8 = eighth note, etc.:
int noteDurations[] = {
  4, 8, 8, 4, 4, 4, 4, 4};
```

在 setup 中，一个 for 循环用于循环从 0 ~ 7 的 8 个音符中的每一个音符。thisNote 被用作索引，用于指向每个数组中正确的项。

```
void setup() {
  // iterate over the notes of the melody:
  for (int thisNote = 0; thisNote < 8; thisNote++) {
```

持续时间是通过用 1000（或 1 秒）除以所需的时间计算得到的，例如 4 代表四分之一音符或四分音符，8 代表八分之一音符或八分音符等。然后，将其写入 tone 函数，将当前音符发送至引脚 8，并持续所分配的时间。

```
// to calculate the note duration, take one second
// divided by the note type.
//e.g. quarter note = 1000 / 4, eighth note = 1000/8, etc.
int noteDuration = 1000/noteDurations[thisNote];
tone(8, melody[thisNote],noteDuration);
```

音符之间使用短暂的暂停，以便更好地定义音符。此处，它和音符的长度有关，被设置为当前持续时间的 30%。

```
// to distinguish the notes, set a minimum time between them.
// the note's duration + 30% seems to work well:
int pauseBetweenNotes = noteDuration * 1.30;
delay(pauseBetweenNotes);
```

接下来，使用 noTone 函数关闭引脚 8，在其播放了所持续的时间后停止音符。

```
  // stop the tone playing:
 noTone(8);
 }
}
```

在 loop 中，没有执行任何事。也就是说，旋律只在一开始的时候播放一次，然后便结束了。旋律可以移动到 loop 中并一直播放，但这可能会引起轻微的头痛。

```
void loop() {
  // no need to repeat the melody.
 }
```

这是一个非常棒的示例，一个很好的使用旋律音频信号作为程序起始的例子。如果你的项目是淡出人们的视线，那么播放音频比 LED 闪烁要更有意思。

制作一个乐器

在前面的章节中，你学习了如何播放声音，而不是如先前程序中的灯光闪烁。在本节的示例中，你将学习如何超越播放声音——创建自己的乐器，类似特雷门。特雷门，以它的发明者 Léon Theremin 命名，是第一台电子乐器，开发于 20 世纪 20 年代。它通过检测演奏者手的电磁场来改变信号：一只手用于音量，另一只手用于音调。

PitchFollower 程序

在此程序中，你将了解如何使用压电蜂鸣器和光传感器来控制音调，制作一个简单的特雷门。

你需要以下材料。

- 一个 Arduino Uno 控制器
- 一块面包板
- 一个蜂鸣器
- 一个光敏传感器
- 一个 4.7 kΩ 电阻
- 跳线

该电路具有两个独立的部分，压电蜂鸣器电路和光敏传感器电路。压电蜂鸣器的接线和 toneMelody 程序中相同，蜂鸣器的一个引脚连接到数字引脚，另一个引脚连接到 GND。光敏传感器的一端连接到模拟输入 0，另一端连接到 5 V；4.7 kΩ 电阻连接在模拟输入 0 和 GND 之间（见图 8-18 和图 8-19）。如果你没有 4.7 kΩ 电阻的话，可使用阻值最接近的电阻替代。

完成电路搭建之后，依次选择 File ⇨ Examples ⇨ 02.Digital ⇨ tonePitchFollower 打开程序。

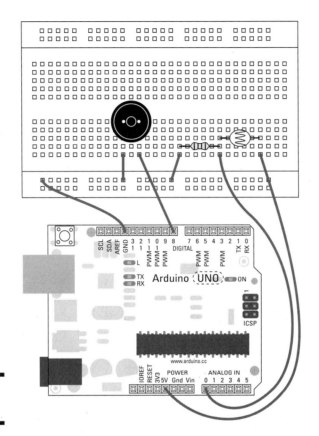

图 8-18

光控特雷门电路

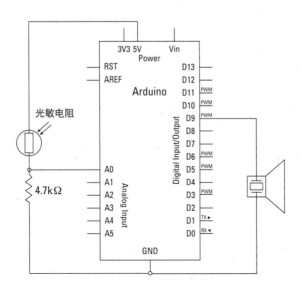

图 8-19

光控特雷门电路原理图

```
/*
  Pitch follower

  Plays a pitch that changes based on a changing analog input

  circuit:
  * 8-ohm speaker on digital pin 8
  * photoresistor on analog 0 to 5V
  * 4.7K resistor on analog 0 to ground

  created 21 Jan 2010
  modified 9 Apr 2012
  by Tom Igoe

  This example code is in the public domain.

  http://arduino.cc/en/Tutorial/Tone2

*/

void setup() {
  // initialize serial communications (for debugging only):
  Serial.begin(9600);
}

void loop() {
  // read the sensor:
  int sensorReading = analogRead(A0);
  // print the sensor reading so you know its range
  Serial.println(sensorReading);
  // map the pitch to the range of the analog input.
  // change the minimum and maximum input numbers below
  // depending on the range your sensor's giving:
  int thisPitch = map(sensorReading, 400, 1000, 100, 1000);

  // play the pitch:
  tone(8, thisPitch, 10);
  delay(1); // delay in between reads for stability
}
```

找到程序之后，点击编译按钮来检查代码。当编译器发现任何语法错误时，将会在消息区用红色高亮显示出来。

如果程序编译无误，则点击上传将程序上传到你的板子。当程序完成上传之后，你会发现光敏传感器会改变蜂鸣器的音调。如果你没有听到任何音调改变，则请确保所在的地方光线良好或把面包板放在书桌上的台灯下面。当你用手遮住光敏传感器时，这将有助于提高差异性。

如果一切都没有发生变化，请仔细检查你的接线。

⬤ 确保你使用了正确的输入和输出引脚。

◎ 检查压电蜂鸣器的连接是否正确。如果顶部没有看到符号的话，它们可能隐藏在底部。

◎ 检查面包板上的连接。如果跳线或元器件没有使用面包板上正确的行进行连接，那么它们将不会工作。

理解程序

这个程序比本章前面介绍的 toneMelody 程序要短很多，这是因为它直接将光敏传感器的读数转换为频率，而不需要查表。这意味着，你可以在音符之间滑动，也可以单独选择它们。

在 setup 中，打开串行端口，从而监视读取的传感器数值。

```
void setup() {
  // initialize serial communications (for debugging only):
  Serial.begin(9600);
}
```

在主循环中，通过模拟输入 0 读取光敏传感器的数值，而且读数值被发送至串行监控。

```
void loop() {
  // read the sensor:
  int sensorReading = analogRead(A0);
  // print the sensor reading so you know its range
  Serial.println(sensorReading);
```

你可以使用 map 函数，将传感器的范围转换为蜂鸣器可以覆盖的频率范围。

```
// map the pitch to the range of the analog input.
// change the minimum and maximum input numbers below
// depending on the range your sensor's giving:
int thisPitch = map(sensorReading, 400, 1000, 100, 1000);
```

tone 函数将在很短的 10 毫秒持续时间内输出传感器转换的音调。这个持续时间是为了使声音被听见，但实际的持续时间是由你的手遮挡传感器的时间所决定的，如前所述。

```
// play the pitch:
tone(8, thisPitch, 10);
```

最后，循环末尾有一个短暂的延迟，以提高读数的稳定性。

```
  delay(1); // delay in between reads for stability
}
```

有了这些设置之后，你可以快速制作一个简单的控制器。

第三篇

从基础走向进阶

自动视频跟踪摄像机有一些故障，所以在视频会议期间，讲话之前先说"Rollo，过来！"，然后等 Rollo 把它的爪子放到你的膝盖上之后再开始讲话。

内容概要

　　为了挖掘你的创意，本部分内容将通过一些现实世界中已有的项目向你展示 Arduino 的不同用途。当拥有了足够的精神粮食之后，你会渴望做自己的项目，所以在此部分，你将通过学习有关焊接的知识，使你的基本原型更加实体化。你还将学习如何使用代码来提高项目的可靠性，以及如何为合适的需求选择合适的传感器。

第 9 章
实例学习

本章内容

◆ 看一看现实世界中已有的 Arduino 项目

◆ 了解它们是如何工作以及为什么它们如此卓越

◆ 为你自己的惊人的 Arduino 项目获取灵感

在前面的章节中，我讲述了 Arduino 项目的基础知识，但是知道用这些知识去做什么是非常困难的。在本章中，你将了解世界上已经存在的和正在运作的一些 Arduino 项目。阅读本章之后，你会知道 Arduino 的广泛用途和巨大潜力。你会认识那些使用 Arduino 制作的令人惊叹的艺术装置和持续的互动展览项目，以及已经制造的产品原型。

Skube

Skube 项目是由 Andrew Nip、Ruben van der Vleuten、Malthe Borch 和 Andrew Spitz 开发的，它是哥本哈根互动设计学院（CIID）的有形用户界面模块的一部分。它是一个很好的示例，教你如何使用 Arduino 进行产品原型设计和开发。

Skube（见图 9-1）是一个产品，可以让你与计算机上经常访问的数字音乐服务进行交互。该项目旨在重新思考音频设备的工作方式以及如何使用它们更好地利用数字音乐服务。每一个 Skube 都有两种模式：播放列表和发现模式，你可以通过点击设备的顶部来选择所需的模式。播放列表按照预先设置的播放列表播放音乐，发现模式则会搜索相似艺术家或曲目。Skubes 也可以结合每个预置的播放列表并随机播放音乐。它们紧扣实际，给予用户混合不同的播放列表和发现新音乐的具体方法。

图 9-1

Skube

工作原理

幸运的是，Skube 团队提供了大量的文档和两个成品原型的视频，而且可以看到产品的内部。每个 Skube 的内部都有一个 Arduino 控制器和一个 XBee 无线模块（不幸的是，这本书没有足够的篇幅来讲解这些惊人的模块，但是通过谷歌搜索，你可以在网上找到丰富的资源）。Arduino 的主要功能是充当中间人，连接许多不同的传感器和通信设备，将正确的数据传输到正确的地方。感应传感器和本书中第 12 章的描述是相同的，并且使用了一个简单的压电元件来检测振动。当 Skubes 扣在一起时，磁铁实际上充当了一个开关的功能，从而激活磁簧开关。当磁铁靠近时，磁簧开关闭合它的金属触点，同时给设备一个明显的标志，表示磁铁存在。

该项目还具有 FM 广播模块，用于 Skube 播放音乐。用 XBee 无线模块，使得每个 Skube 之间可以互相通信，同时在计算机上使用 Max/ MSP 编写的定制软件可以协调它们。

Max/ MSP 是一种可视化编程语言，应用于许多音频和音乐项目。通过 Max/ MSP，Skube 团队使用来自音乐服务 Last.fm 和 Spotify 的数据，充分利用播放列表并以找到类似的艺术家的特点。这些公司为他们的客户提供了各种功能（例如根据你最喜爱的曲目来组建播放清单或者提供专辑和艺术家的数据库），而且他们也为对项目开发、智能手机应用程序或产品有着奇特想法的开发者们提供这种功能的访问。这种资源被称为应用程序编程接口（API）。Last.fm（http://www.last.fm/api）和 Spotify（https://developer.spotify.com/technologies/web-api/）的 API 只是其中两个例子，你可以获取更多其他特定的 Web 服务；所以将它交给谷歌吧！

你可以看到这个项目包含许多元素，不仅包含使用 Arduino 的无线通信（本身是一个任务），还有与其他软件进行通信，并通过软件与 Internet 上的其他服务器进行通信。对于你们当中的编程高手而言，这个 Arduino 应用程序允许你根据现有的知识将硬件与其他软件整合起来。在第五篇中，我将给你介绍其他有用的软件，以及更深入地学习与 Processing 的通信。

扩展阅读

你可以在以下网站上找到更多关于这个项目的信息：CIID 网站 http://ciid.dk/education/portfolio/idp12/courses/tangible-user-interface/projects/skube/ 和 Andrew Spitz 网站 http://www.soundplusdesign.com/?p=5516。

Chorus

Chorus 是一种动力设备，由联合视觉艺术家（UVA）设计，UVA 是一个位于伦敦的艺术与设计实践组织。UVA 的作品横跨许多学科，包括雕塑、建筑、现场表演、运动图像以及设备。这个组织拥有创造视觉震撼项目的声誉，这些项目破除了这些学科之间的界限。

Chorus（见图 9-2）充分利用了声、光和运动的显著效果，也是一个杰出的示例，说明了如何在庞大的设备和微小的原型之间发挥 Arduino 的作用。该设备由 8 个高大的前后摆动的黑色钟摆组成，并且可以发出灯光和声音。观众可以走到钟摆下面，近距离的体验。

图 9-2
备受欢迎的 Chorus

工作原理

在这个项目中，Arduino 不仅用于光线和声音的控制，也用于钟摆运动的控制。每个钟摆的摆动是由一个安装在减速齿轮箱中的电动机来控制的。电机可以被继电器控制，Arduino 则利用继电器控制这个巨大的机械对象。每个钟摆都有两个用户电路板，每个板都安装有 50 个 LED 用于提供灯光，同时钟摆的基板上安装有一个扬声器，这两者都是由 Arduino 进行控制的。Arduino 通过定制软件来实现不断发送和接收数据，以确保该钟摆工作在合适的时间并且与整个系统协调，从而使得正在播放的时间一致。

该项目表明，当与艺术、机械工程、建筑等其他学科相结合的时候，你可以使用 Arduino 带来很棒的效果。单独来讲，每个项目的内容都比较简单：控制电机、控制 LED、播放音乐。真正的挑战是当中的每一个都在不断增加。控制大功率电机需要力学和机械知识；控制大量的 LED 需要理解如何控制更高的电压和电流，而且播放高品质的声音需要特定的硬件。第 13 章介绍了扩展板，可以用来实现很多功能，类似于 Chorus 中所用到的，利用 Arduino 实现它更加容易。提高项目中硬件的大小或输出的数量是一个挑战，但第 14 章和第 15 章将引导你完成一些你所面对的问题，使一切更易于管理。

扩展阅读

你可以在 UVA 的网站上找到这个项目：http://www.uva.co.uk/work/chorus-wapping-project#/0。同时，也有一篇 Vince Dziekan 所写的论文，着重于 UVA 的工作实践和 Chorus 项目：http://fibreculturejournal.org/wp-content/pdfs/FCJ-122Vince%20Dziekan.pdf。

推雪板

推雪板是 Nokia 与 Burton 之间的一个合作项目，其目的是将滑雪过程中的数据可视化，而这些数据你通常看不到。创意机构 Hypernaked 联系了一家名为维生素的设计公司设计并搭建了一套无线传感器，用于与滑雪板口袋里的移动电话进行通信。维生素是由 Duncan Fitzsimons、Clara Gaggero 和 Adrian Westaway 创办的，自称为"设计和发明工作室",公司位于伦敦,在那里为客户开发和制造产品,并且传授经验和搭建系统。他们研究各种项目,用他们自己的话说就是"工作在时尚前沿和车间之间……与专业滑雪板爱好者和工厂工人一起……同时也是技术崇拜者。"

对于单板滑雪项目,维生素公司设计了一套 3D 打印传感器盒(如图 9-3),用来测量皮肤电反应、心率、平衡、三维运动、方位、地理位置、速度和高度。然后,将这些数据叠加在滑雪的实时视频上,用于显示不同的情况之间的关系以及滑雪者的生理反应。这个项目是一个 Arduino 制作成产品的典型示例,更应该接近所说的产品而不是原型。

图 9-3
定制传感器盒中的滑雪传感器

工作原理

每个传感器都装在一个带有电源按钮的防水外壳里。接通电源时,Arduino 会无线连接到智能手机,将任何发现的数据进行通信。这样,智能手机就可以其超强的处理能力,对数据进行压缩和编译,将滑雪板运行的过程直观地呈现给滑雪者。

该项目的第一个挑战是尺寸的大小。虽然多数传感器可以很小,但是 Arduino 本身比较大,假如一个滑雪板使用者佩戴有几个传感器盒,如果传感器盒阻碍他或她的运动的话,那么该数据将是无用的。由于这个原因,故每个传感器盒都使用一个 Arduino Pro Mini,它的尺寸很小,仅为 18 mm x 33 mm。电源也同样如此,由一个可充电锂电池提供电源,这与模型飞机甚至智能手机上使用的类型一样。这个项目使用了很多种传感器:脚下的压力传感器用来判断平衡;惯性测量单元(IMU),也被称为自由度传感器,被用来寻找滑雪板的三维方向；皮肤电反应传感器用来监控滑雪者的汗水水平和心脏监测仪，以追踪滑雪者的每分钟心跳数（BPM）。

位于每个传感器盒中的蓝牙模块将这些数据无线发送至手机。小型化蓝牙模块具有可靠、安全的连接特点，可在传感器盒和滑雪者口袋里的手机之间短距离可靠地工作。所收集的数据将会与其他数据进行融合，例如 GPS，可以被手机收集，然后通过手机上的定制软件进行格式化。

这个项目中的每一个传感器均可从大多数 Arduino 网上商店购买到，并且附有实例和教程，教你如何将它们集成到自己的项目中。对于有抱负的 Arduino 学习者，该项目的实施是一个很好的例子。多个传感器组合为了滑雪者提供了丰富的信息，可以用来提高他们的技术，或者以不同的方式来评价他们的表现。此外，这些产品都可以适应极其恶劣的环境。电子电路部分经过精心包装，使得它们可以被接触到，同时其后面被固定在一个坚硬的盒子上，以防止撞击，而且它们被仔细地填充，以免受冲击。盒子内部甚至有一个防潮垫，以吸收可能进去的任何水分。

扩展阅读

你可以在维生素网站上找到这个项目的更多细节：http://vitaminsdesign.com/projects/push-snowboarding-fornokia-burton/。

Baker Tweet

Baker Tweet 是 Poke 的一个项目，用于播报 Albion Café 咖啡厅新鲜上市的食物，尤其在它们刚刚出炉的时候。Poke 是一家总部位于伦敦和纽约的创意公司，专注于一切事物的数字化。由于 Poke London 的转让，这个项目被放在新开的 Albion Café 咖啡厅的地图上。它提出了一个"魔法宝盒"，让咖啡厅使用 Twitter 来发布其新鲜出炉的食品，让当地人知道何时光临可以买到最新鲜的面包、羊角面包和小圆面包。如果你在附近且喜欢去咖啡厅的话，你可能会看到如图 9-4 所示的 Baker Tweet 装置！

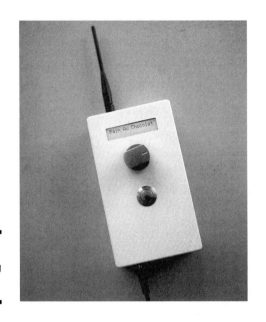

图 9-4
Ａｌｂｉｏｎ　面包店中的
Baker Tweet

工作原理

　　这个可以发送 Twitter 消息的"神奇盒子"有一个简单的接口，包括旋钮、按钮和液晶屏。旋钮用来选择新鲜出炉的选项，以便被推送到 Twitter，并且相应的选项会显示在 LCD 屏幕上。在找到正确的选项之后，点击按钮便会将消息发出，当消息发送成功之后用户会从 LCD 屏幕上得到反馈。这个简单的接口非常适合繁忙的咖啡厅，它只需要很少的时间在线更新状态。这个项目采用了一个易于使用的 Web 界面来更新列表，实现新选项的增加。

　　这个项目的核心是用来与互联网通信的 Arduino 控制器。网络通信可以使用 Arduino 以太网扩展板来与有线以太网连接，或者使用 Linksys Wi-Fi 适配器实现无线连接。旋钮提供了一个模拟输入；按钮则是一个数字输入。当它们与液晶屏相结合时，便创建一个用户界面，可以轻松地移动列表和发送 Twitter。原型装在一个坚固的外壳里，以防止其被带有面粉的手触摸到而损坏电路。

　　这个项目展示了 Arduino 的一个伟大应用，它可以快速、轻松地执行更新在线状态这个往往很耗时的活动。该原型还被设计得很适合它的环境，使用不锈钢使其足够强大，足以生存。考虑到脏乱的面包店环境，它也很容易被清洁干净。这个项目的复杂性就在于与互联网的通信，对于精通 web 的你，这可能是你所感兴趣的领域，它可以使你的实物项目将数据发送到万维网，反之亦然。

扩展阅读

你可以在 Baker Tweet 网站 http://www.bakertweet.com 和 Poke London 项目网站 www.pokelondon.com/portfolio/bakertweet 上找到更多消息。而且，也可以看看一些优秀的照片，展示了从实验电路到实际产品的开发过程（http://flickr.com/photos/aszolty/sets/72157614293377430/）。

国家海事博物馆的指南针休息厅和指南针卡

指南针休息厅被开发为伦敦国家海事博物馆新翼的一部分。总部位于伦敦的设计工作室 Kin 设计和开发了指南针休息室互动区域，在后台使用了一些 Arduino 项目，从而让公众可以与博物馆的数字化档案和实体展示品进行互动。

一组数字储藏柜（储藏柜是大抽屉，通常用于储存大量的照片、蓝图或文书）使得游客可以浏览博物馆的网上档案和以高分辨率访问最受欢迎的项目。当储藏柜被打开时，将会激活一个大的触摸屏，使游客可以浏览展品。当游客浏览时，一个隐藏的 LED 显示灯亮起并透过壁纸（见图 9-5）显示当前项目的参考号码，以便在物理档案中找到它。

图 9-5
隐藏式 LED 显示灯从墙纸下面点亮

这个项目 Arduino 驱动部分的另一个方面是指南针卡系统。每个访问者都有一张卡片，可以用来搜集博物馆内部的所有展品。与某些项目相关的是收集点，在这里游客通过数字方式扫描卡片来收集项目，并在卡上盖章以留下物理标记，从而展示出游客游览博物馆的路径。游客可以在指南针休息室或在家里通过浏览器来浏览他们收集的项目。

工作原理

该储物柜使用了一些简单的 Arduino 项目，以配合在大触摸屏上显示数字内容。

Arduino 的第一部分用于在打开屏幕时，激活屏幕。如果屏幕全天都不使用的话，图像通常将会不断地烧入屏幕，而当内容被改变时就会留下阴影。把背景设置为黑色，当储物箱闭合时将会减少这种"烧屏"情况，从而延长显示器的使用寿命。这一切是由每个抽屉背面的一个微型开关来完成的，与第 7 章中的 Button 程序并无二致。当按钮被按下时，它通过串口发送一个字符来告诉监视器关闭屏幕。这种通信将会在第 8 章中详细讲解。

储物柜的上面是一个隐藏的 LED 显示屏，由多行网格对齐的 LED 组成。这个 LED 显示屏由与第 15 章中描述相同的可寻址的 LED 带组成，当需要显示字母时，使用智能编码来点亮相应的 LED。这些字母是从显示图像的客户端程序通过串口作为字符串发送的，从而使得编号与图像相匹配。由于 LED 非常亮，因此当它们亮的时候可以透过布质墙纸，而不亮的时候可以保持隐藏。这是一个使用预制产品的非常好的例子，它可以满足不同目的而进行不同的配置。

指南针卡也是一个很好的例子，它以一个新的、有趣的方式使用（相对）旧的和现有技术。指南针卡本身使用条形码去识别那些被扫描的卡。这将给 Arduino 返回一个数字，可以将其转发到中央服务器匹配坐标条码号和扫描器号，最终识别出该卡的扫描地点和对象。所有这些信息将使用以太网扩展板通过以太网发送到服务器，将这些信息搜集起来可根据需要输出。这是一个很好的例子，它使用 Arduino 实现网络的数据中继，而这种相对复杂的任务，并不需要在每个收集点都安装一台计算机。这种方案不仅降低了数据传输的成本，而且也使得网络操作更加容易，因为 Arduino 不需要启动或关闭程序。这个数字系统和一个物理冲压系统一起工作以使每个卡片都带有花纹标记，当杠杆往下推的时候将在卡片上留下一个印痕（指南针采集点内部的情况如图 9-6 所示）。

这个项目给出了一个很好的范例，你可以把多个应用程序整合起来，创造一种新的体验，提供许多不同形式的互动和反馈。这也是一个很好的 Arduino 极端用途的示例。很多项目、原型或装置表明 Arduino 可以工作，但它经常被认为是不可靠的，或仅是一个临时的，而不是长期的解决方案。博物馆需要一个可靠而强大的解决方案，而这个项目表明，Arduino 在正确使用的情况下，有完成任务的能力。

图 9-6

指南针采集点内部

扩展阅读

你可以在 Kin 项目网站 http://kin-design.com/project.php?id=147 和国家海事博物馆网站上 http://www.rmg.co.uk/visit/exhibitions/compass-lounge/ 找到更多信息及插图。

晚安灯

晚安灯是一个连接互联网的灯之家，由 Alexandra Dechamps-Sonsino 创办。每个家由一个大灯和无数小灯组成。当大灯打开时，所连接的小灯也会被打开，因为它们在同一个世界里。它们使亲人之间相互了解生活规律从而保持彼此接触，而不需要使用任何应用程序。目前，晚安灯正在使用 Arduino 作为基础开发原型。一套晚安灯如图 9-7 所示。

图 9-7

一套晚安灯

工作原理

晚安灯研发的原型系统是比较简单的。大灯泡是一个通过按钮操作的功能灯，类似于第 11 章的 ButtonChangeState 示例。它发出光，并将灯的 ID 号和亮灭状态通过 Arduino WiFi 扩展板发送到 web 服务器。

在其他地方，也许在世界的另一边，小灯使用相同的 Wi-Fi 扩展板下载亮灭的状态并将其转发给所有与它连接的小灯。如果一个大灯被点亮的话，那么与之搭配的任何小灯也会被点亮。

灯泡本身是高功率 LED，工作电压为 12 V，小灯需要 0.15 安培电流，大灯需要 0.4 安培电流。这些非常适合多功能灯高亮度的需要，并且需要一个晶体管电路来驱动它们，正如第 8 章中所讲的。

该项目是一个很好的例子，利用 Arduino 生产了一个行为相对复杂的产品原型。你可以利用 Arduino 和其他工具开发产品里面的电子设备，可靠地实现它的行为。

扩展阅读

如果你需要阅读有关晚安灯的更多消息，请浏览其产品网站：http://goodnightlamp. com。

微型打印机

微型打印机（见图 9-8）是一个微型家用打印机，由总部设在伦敦的设计顾问公司 Berg 开发。你可以使用智能手机，从网上搜集内容来打印各种信息，最终创建属于自己的个人报纸。在手机和网络之间的是 BERG 云，它承担了所有繁重的工作。你可以通过智能手机访问 BERG 云来发送内容到你的微型打印机以及未来潜在的设备。微型打印机是由定制的硬件和软件搭建的，但它使用 Arduino 制作了最初的原型。

工作原理

微型打印机是由几部分组成的，首先是打印机本身。这是一种热敏打印机，类似于用于打印购物收据的打印机。热敏打印机是通过串口通信的，所以使用了正确的代码，它就可以直接与一个类似 Arduino 的设备通信。Adafruit 出售这种打印机，很容易集成到你自己的 Arduino 项目中（https://www.adafruit.com/products/597）。

图 9-8
打印机可以打印你喜欢
的任何数据

打印机本身很强大，可无线连接到 BERG 云端。这种小型设备通过类似家用路由器的方式处理所有的数据。然后，使用有线因特网连接实现收发数据，这与使用 Arduino Ethernet 扩展板是一样的。

早期的原型中，XBee 无线模块——与 Arduino 无线模块的使用方法相同——用来处理微型打印机和 BERG 云端之间的通信。

这种产品最大的难点是 BERG 云端的处理，其中包含数据采集、分类，然后根据需要发送到打印机。

微型打印机是一个很好的例子，它在还没有发展出拥有自己定制硬件的产品之前，使用了 Arduino 开发和完善创意。它也表明了，你的 Arduino 项目利用因特网上丰富数据的可能性。

扩展阅读

寻找更多有关微型打印机的消息，甚至订购一台，请登录 BERG 云官网：http://bergcloud.com。

拍打自由

拍打自由是由总部位于伦敦的设计顾问公司 ICO 开发的一款游戏，作为 V&A 村宴会的一部分，被 V&A 称为"替代英国夏季宴会的当代宴会"。它的游戏形式为两个玩家进行头对头的竞赛，帮助一只鸡从它的农场逃脱（见图 9-9）。如果一个玩家挥动他的双臂，鸡也将挥动它的双翅，但是如果玩家挥动的速度太快，鸡将逃脱出来。每轮比赛都是定时的，并且按名次写在排行榜上，从而决出冠军。

图9-9

小鸡快跑！

工作原理

为了使 Arduino 与其相关，比赛中所使用的现有玩具鸡被拆开，增加了一块定制电路，用于与电脑上的软件进行无线通信。鸡身体内部的电路被改造为增加一个 Arduino，用来控制移动翅膀、喙和脚的各种电机。这些都是通过无线模块来互相通信的，类似于 Arduino 无线扩展板上的 XBee 模块，与电脑上的一款定制软件进行通信。

这里所使用的软件是 openFrameworks。程序使用一个隐藏的摄像头来分析人的运动，以确定鸡前进的速度，然后为每只鸡发送相应的信号。

这是一个充满乐趣和吸引力的 Arduino 应用。它允许所有年龄的人参与这个游戏，并且从玩具鸡即时得到物理反馈，同时将玩具提升到一个新的水平。改造现有的玩具赋予它们不同的功能，同样适用于其他产品。

扩展阅读

你可以从 ICO 项目网站上找到更多的资料：http://www.icodesign.co.uk/project/V%26A%3A+Flap+to+Freedom+Environment。Benjamin Tomlinson 和 Chris O'Shea 负责该项目的技术方面；更多的技术说明请去 Chris O'Shea 的项目网站：http://www.chrisoshea.org/flap-to-freedom。

第10章
焊接

在前面的章节中，我非常详细地讲述了如何在面包板上组装电路。如果你阅读了这些章节，基于或结合一些基本的例子，你很可能已经有了一些想法，所以你可能会问："我下一步该做什么呢？"

本章将带你学习焊接的过程或者称之为艺术。你需要搞明白所有工具的来龙去脉，并使用这些工具来为现实中的项目做好准备。面包板和跳线都是不稳定、不精确的。从这个角度来说，你就明白了为什么要来焊接电路板。

了解焊接

焊接是一种连接金属的技术。通过熔化比需要连接的金属的熔点更低的金属，你可以连接多片金属以形成你的电路。机械接头对于原型而言是非常重要的，它使得你可以改变想法并迅速改变电路，当然在确定将要做什么之后，还需要一定的时间来完成它。

使用烙铁或焊枪熔化焊锡，并且将它放置在连接处。焊锡是一种熔点较低的金属合金（多种金属的混合物）。当焊锡冷却之后，周围的器件将连接在一起，它形成了一个机械结合，甚至是一个稳定的化学连接。这是一个非常棒的修理元器件的方式，并且如果需要的话，连接处仍然可以熔化，并进行重新焊接。

为什么要学习焊接呢？想象一下：你将电路放置在面包板上并且已经准备使用，但是每次你使用的时候，电线都会脱落。你可以坚持这样并不断更换电线，但每次更换的时候，都可能导致连线错误，从而损坏 Arduino 或伤害你自己。

最好的解决办法是制作一块焊接电路板，它不仅坚固耐用，而且可以在现实世界中长时间保存。免焊面包板的好处是，它可以让你快速、轻松地构建和改变电路，但是当你知道了它的工作原理之后，就需要开始焊接，以使其保持完整。

制作你自己的电路板也是一个优化电路的机会，它使电路板更加适合元器件。当你知道要做什么之后，就可以开始进行小型化了，你最终将得到一个面积大小正合适的电路板。

准备焊接

在深入焊接之前，请确保你已经做好准备工作。请继续阅读，以了解更多信息。

创建一个工作区

为了防止焊接时发生危险，你首先需要一个好的工作区。拥有一个好的工作区将会使你的项目达到事半功倍的效率。一张大的办公桌或工作台是最好的，但即使是干净的餐桌也可以。因为你需要使用热烙铁来熔化金属，所以最好在桌子表面覆盖一些你不在意的东西来防止你心爱的桌子受到永久性的损坏。一张切割垫，一块木头或者一块硬纸板，都可以实现这个目标。

你的工作区还应该有良好的照明。请始终确保白天有足够的采光和晚上有一个明亮的工作灯，以帮助你找到这些微小的元器件。

对于焊接，可以方便地连接电源也是一件好事。如果你的烙铁是不能调温的，并且插头的引线较短，那么附近有一个插座是尤其重要的。如果过度拉伸烙铁的电线的话，则可能将电线拉断或者烙铁将会点燃它所触及的物体。一个桌面拖线板或者多个插头是最佳的解决方案，因为这样可以为笔记本电脑、台灯和烙铁提供电源。

一张舒适的椅子始终是非常重要的。而且要记得每隔半小时左右站起来，以防止背部酸痛。你很容易醉心于焊接，而忘记非常糟糕的坐姿。

焊接产生的烟雾，虽然不是致命的，但是对你的肺不利，所以要千方百计地避免吸入。应在通风良好的地方进行焊接。同时也建议使用无铅焊锡进行焊接，这将在本节后面的内容中提到。

如果你在家中进行焊接，并有来自家中其他人的压力，可能无法使用少量的焊锡在指定的焊接点且涵盖金属的所有表面。一个刚性或木质的表面，可满足所有的工具包，并且可以移动和整齐地打包带走或者在不使用时收纳起来。这样的选择省去了你每次使用时拆箱和收拾的苦差事，并保证每个人都开心。

选择烙铁

焊接最重要的工具，显然是烙铁或焊台。有很多的品种可供你选择，它们一般分为 4 种类型：固定温度、便携式、温度可控和完整的焊接工作站。我将在下面的章节描述每种类型的烙铁，并且提供一个我所在地零售商的粗略价格，给你作为价格的参考。当你知道你想要什么的时候，最好在本地可以找到的商店内看看，并且货比三家。如果幸运的话，你甚至可以在 eBay 上找到一些高品质的二手烙铁！

定温烙铁

市售的定温烙铁（见图 10-1）通常只有一个主电缆和烙铁，电缆的另一端连接有一个插头。普通的烙铁均使用海绵和一个非常脆弱的弯曲金属片来作为支架。其他稍微好一点的烙铁有一个塑料支架，其中包含一个用于放置海绵的地方和一个体面的放置烙铁的支撑架。

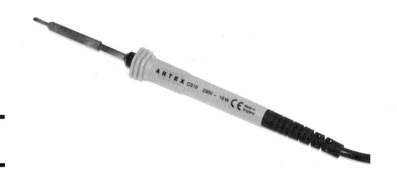

图 10-1

定温烙铁

定温烙铁是足够用的，但是它不提供烙铁的温度控制。定温烙铁以额定功率或者瓦特数来标价，这对大多数人来说没有太大的帮助。对于定温烙铁而言，尽管每个制造商之间的差异很大，但基本上更高的功率意味着更高的温度。这种差异可能会导致焊接过程中精密元件的损坏，因为高温会迅速传导，并且熔化集成电路和塑料部件。

Maplin 网站（英国电子爱好零售商，相当于美国的 RadioShack 公司）的快速指南中显示有 12 W、15 W、18 W、25 W、30 W 和 40 W 等型号的烙铁，这将覆盖大约 400 华氏度到 750 华氏度的温度范围。困难的是判断烙铁是否够热，从而可以加热所需快速加热的部分，并使焊锡在热扩散之前熔化。因为如此，所以低温烙铁通常比高温烙铁造成的伤害更大。但选择的烙铁温度太高，你也将遇到其他问题，例如侵蚀速度更快，加热部分过热的风险也较高。

如果你想要入手一个定温烙铁，那么我建议最好开始就选择一个中档烙铁。我推荐使用 25 W 烙铁来入门。Maplin 上的价格大概 22.50 美元（£15）左右。

便携式烙铁

便携式烙铁支持气体能源，因而可以不使用电缆和电源。它通过燃烧丁烷以维持热量，丁烷通常被称为打火机燃料。它们具有额定功率，以便与其他烙铁进行比较，但是与上一节中描述的定温烙铁不同，这个额定值代表的是最高温度，可以通过调节阀门来降低温度。火焰在铁的周围燃烧来对焊接件进行加热，这将使它们在用于精密焊接时显得非常笨拙，所以我不建议使用便携式烙铁，除非有时候确实有必要。

在接线板到达不了的紧张情况下，便携式烙铁（见图 10-2）是非常适合的，但是经常使用它有点太昂贵和浪费。因为使用燃气，它也被大多数机场安检认为比传统的烙铁更加危险。所以，如果你打算带烙铁到国外进行焊接的话，那就带一个电烙铁。

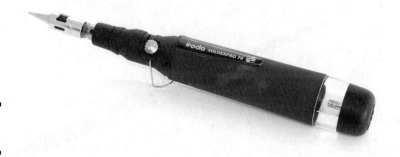

图 10-2

丁烷烙铁

丁烷烙铁的价格各有不同，但是通常可以在 Maplin 以 45 美元至 90 美元（£30 到 £60）

的价格买到。记住，你还需要额外花费 7.50 美元（£5）购买一个丁烷填充罐。

调温烙铁

　　调温烙铁，如图 10-3 所示，比定温烙铁的性能更加优异，因为它在合理的价格内赋予你更多的控制。这种控制的增加与熔化和燃烧有所差异。这种类型的烙铁具有的额定功率，这是可能的最大功率。对于这种类型的烙铁，最好拥有较大的功率，因为它将在较大的温度范围内给你一个更好的选择。

图 10-3

调温烙铁

　　温控旋钮可以让你根据需要向上或向下扩展温度范围。这种类型的温度控制和使用更为精确的焊台的温度控制之间的区别是，你可以对温度进行控制，但不能读出当前的温度。大多数温控烙铁都有一个温度指示的彩色盘，想要得到合适的温度可能需要一点试验和错误。

　　你可以花费大约 30 美元（£20）从 Maplin 购买一个负担得起的温控烙铁。因为可以控制烙铁的温度，所以这将比定温烙铁给你带来更大程度的控制和更长久的寿命。

焊台

　　焊站是令人向往的。当获得一些经验（而且能够承受费用）之后，焊台就是你的理想选择。它通常由烙铁、烙铁的支架或保持架、温度显示器、用于调整温度的拨盘或按钮和海绵托盘组成。它还可以包括用于拆焊或返工的各种配件，例如热风枪或真空吸锡器，但是这些通常针对更专业的应用，因而不需要立即购买。

　　你可以找到许多品牌的焊台，享有盛誉且广泛使用的品牌之一是 Wellser（见图 10-4）。在该公司的焊台中，我推荐 WES51（120 V AC）、WESD51（120 V AC）或

WESD51D（240 V AC）。经过四年的使用，我的 WES51 焊台仍然性能卓越。需要注意的是，在使用 240 V 交流电的国家，120 V 的烙铁需要一个变压器来转换电压；而变压器通常比烙铁本身还要重！

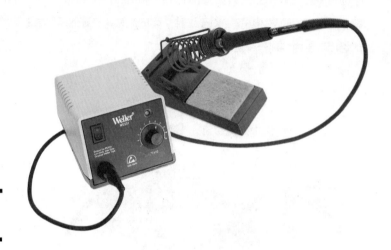

图 10-4

Wellser 焊台

在使用 Weller 焊台之前，我拥有一个便宜的 Maplin 定温烙铁，并且使用了很多年。正如我在本章后面所述，保持和充分利用烙铁的最佳办法是正确地使用它。在使用烙铁之前应先使用海绵去除尖端上熔化的焊锡，并重新上新的焊锡，而且使用完之后应在尖端上留一点焊锡。

不管你购买了哪款烙铁，我都建议买几个备用的烙铁头，因为烙铁头较易损耗。你会发现很多种不同用途的烙铁头，因此有一套可以完成各种需求的烙铁头是非常棒的。

焊锡

焊锡是用来焊接电路的。有许多不同类型的焊锡，使用不同的金属混合而成，它们通常可分为两大类：含铅和无铅。我知道很多人都喜欢含铅焊锡，因为它更易于使用。这可能是因为它熔点低，也就是说，烙铁的焊接温度可以更低，从而不会损坏元件。

铅中毒已经被发现很久了，但是最近使用铅的态度才开始改变。铜替代铅是在 20 世纪 80 年代，含铅焊锡在消费性电子产品中的使用是在 1996 年，此时有害物质的限制指令（RoHS）和欧盟报废电子电气设备指令（WEEE）已经应用于针对电子产品中的某些材料的使用和处理。

你通常会在符合 RoHS 要求的器件上发现 RoHS 标识，它们在被处理的时候会对环境的污染更少一点。在商业上，美国和欧洲企业使用无铅焊料（见图 10-5）即可享受税收优惠，但含铅焊锡仍在世界各地被广泛应用。我的同事 Steven Tai 出差到中国，去完成我们在做的一个项目。当他问在哪里可以买到无铅焊锡时，被彻底地嘲笑了，因为无铅焊锡不仅在大多数情况下闻所未闻，而且无法买到。对于更加自觉的 Arduino 爱好者，大部分电子供应商和商店都会提供含有如锡、铜、银和锌等其他金属的无铅焊锡。以我的经验而言，对于任何 Arduino 项目，无铅焊锡都可以胜任，所以如果你想要为环境保护做一点贡献，那么请在工作中避免使用含铅焊锡！

图 10-5

无铅焊锡丝

另一种焊锡是管状焊锡。助焊剂可以用来减少氧化，氧化是在金属与空气（氧气）接触时金属表面发生的反应，正如铁锚上生锈一样。减少氧化使得焊点拥有更好、更可靠的连接，并使得焊料更容易流动，从而将焊接处填满。一些焊锡的中间带有助焊剂，当焊锡被熔化时将助焊剂分配到焊接处。当你熔化焊锡时，有时会看到烟雾；在大多数情况下，烟雾来源于助焊剂的燃烧。可以肯定的是，如果你的焊锡中间带有助焊剂的话，那么当你切开焊锡时，会看到焊锡包裹着一个黑色的中心。

不管使用哪种焊锡，你都应该在一个通风良好的地方进行焊接，并避免吸入焊锡产生的烟雾。焊接产生的烟雾对身体有害，食用焊锡也有害。在焊接结束之后，一定要彻底地洗手和洗脸。焊锡中的助焊剂有时会喷溅，所以你需要穿着不贵重的衣服——并一直佩戴护目镜。

焊接支架

有时候，你没有足够的手去握住你将要焊接的繁琐的电子器件。如果有其他人可以用石棉双手帮你握住微小烧红的金属片当然好，但如果做不到这一点，则你可以使用一种称为焊接支架的微小装置（又名援助之手，如图 10-6 所示）。焊接支架是一组在可调节臂上的鳄鱼夹。你可以部署夹子夹持住器件和电路板，并焊接到位。焊接支架的价格大约为 22.50 美元（￡15），适用于以一定角度夹持电路板或者在焊接时将器件夹在一起。其缺点是对它进行设置非常棘手。如果你正在焊接大量的焊点，那么你可能会花费很多时间来松开、调整并重新拧紧它。如果你准备购买一个焊接支架，那么请确认所有的部分都是金属的。塑料零件，例如老虎钳上的夹具，不适合用于焊接。

图 10-6

焊接支架

胶黏剂

焊接支架的一个很好的替代品是胶黏剂，如 Bostik 的 Blu-Tack, UHU 的 White

Tack 或者 Locktite 的 Fun-Tak。你可以使用胶黏剂来固定你正在焊接的板子上一侧的器件，而不是使用机械装置去夹住元器件或电路板，从而让你可以自由地焊接电路板另一侧的元器件，而不会导致元器件或电路板移动。你也可以使用胶黏剂来固定焊接件和焊接表面，从而当你焊接时它们不会左右移动。完成焊接之后，你需要去除胶黏剂，并重复使用。注意，当胶黏剂被加热时将会变得极其柔软，并且需要一段时间才能恢复到通常的黏性。当其冷却之后，可以将胶黏剂球沿着电路板滚动，以去除电路板上剩余的胶黏剂。

剪线钳

一把好用的剪线钳或剪刀是无价之宝。能够切断线材的剪线钳有许多种，应尽量选择一把功能齐全的剪线钳。很多剪线钳是圆形或类爪形。这些钳子都很坚硬，这在密闭空间切割或者定位某根特定的电线时，可能就很难使用了。精密剪线钳的形状更加精确、尖锐，它对绝大多数的电子作业来说都非常有用。

请注意，剪线钳可以剪切像铜一样的软金属，但是不适合于坚硬的金属，例如回形针或订书钉等。如图 10-7 所示为一把尖锐的剪线钳。

图 10-7
剪线钳

剥线钳

你想要在项目中连接导线的话，就需要剥去导线的塑料绝缘层。如果你不在意或不珍惜手指的话，可以用小刀做到这一点，但是最快、最简单、最安全的剥线方法是使用特制的剥线钳。剥线钳分为两种：手动剥线钳和机械剥线钳，如图 10-8 所示。手动剥线钳像一把剪刀，但是带有针对不同直径的半圆形缺口。当剥线钳夹住电线时，它只会切入一定厚度的塑料保护层，而不会损坏电线。机械剥线钳通过一个触发器的动作来去除电线上的绝缘层，而不需要拉扯电线。

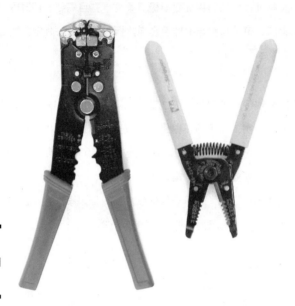

图 10-8
手动剥线钳和机械剥线钳

机械剥线钳非常节约时间，但是从长远来看不太可靠，因为它比那些简单的手动剥线钳更容易损坏。

尖嘴钳

正如免焊接的面包板，尖嘴钳可以给那些难以到达的地方带来很大的帮助。随着焊接的进行，它们将会特别有用，因为它们可以使你的手指远离焊接产生的热量。我已在第 5 章中详细地讲解了尖嘴钳。

万用表

万用表将会给你的电路测试带来很大的帮助。当焊接连接点时，连续性测试功能有很大的帮助，可用于验证焊点是否已连接到正确的地方。更多关于用万用表的使用请参见第 5 章。

当测试电路的连续性时，需要拔掉连接到电路上的任何电源，以免发生错误。

吸锡器

每个人都会犯错误，当你需要去除已经焊接的焊锡时，这会变得非常困难。一种方便修正错误的工具就是吸锡器，如图 10-9 所示，或者拆焊枪。这些工具都是一个气动泵，可以吸走电路板表面融化的焊锡。大多数吸锡器都有一个可以被压下的活塞，当所有的空气被排出时将被锁住。当你点击扳机的时候，弹簧推动活塞退出去，并吸走一些熔化的焊锡进入活塞腔。下一次往下按下活塞时，它将推出被去除的焊锡。使用这种类型的工具需要进行一些练习，因为你需要一只手拿住烙铁加热焊锡，另一手用吸锡器将其吸走。

图 10-9
吸锡器

吸锡带

去除焊锡的另一种方法是使用吸锡带（ 见图 10-10），也称为铜编织带或拆焊带。吸锡带是被编织过的铜线，以卷购买。它为焊锡提供了大量可吸附的表面积，使其从其他表面移除。将吸锡带放置在有过多焊锡的焊点或孔上，并将烙铁放在上面来加热吸锡带。轻轻用力，焊锡将会继续熔化，并充填到铜线编织带之间的间隙中。一起移去吸锡带和烙铁，焊锡就会被清除。如果没有完全去除的话，则按需要重复操作即可。在焊锡被清除之后，你可以切断已经被使用过的吸锡带并扔掉。

图 10-10

吸锡带

如果焊锡已经冷却的话，则不要拉扯吸锡带。焊锡冷却时，吸锡带将被连接到电路板上，拉扯可能会拽掉板子上的焊盘，使其无法使用。

吸锡器和吸锡带都可以有效地去除焊锡，但是它们适用于不同的情况，需要一些使用的技巧和技能。如果担心器件过热，那么吸锡器更适合你；如果你不能用吸锡器去除所有的焊锡或者不能足够地靠近器件，则吸锡带可能是一个更好的选择。我建议两者都准备一下，以适应不同的情况。

设备电线

设备电线是电线的总称。这和跳线是一样的，你的套件中可能会有它，但却是没有完全加工的。你需要以卷来购买电线。设备电线可以是单股或多股。单股线由一个实心的金属丝组成，并且具有延展性，因此如果被弯曲的话，它将继续保持形状，但如果弯曲过度的话，它会折断。多股线是由许多根细金属丝组成的，它能比单股线承受更大的弯曲，但被弯曲时则不会保持形状。使用设备电线时，你需要将它切割成一定的长度，并且剥去两端的绝缘层从而露出导线的内部。

线的直径也不同，以数字表示，例如 7/0.2 或 1/0.6。这种格式中，第一个数字是电线的股数，第二个数字是每根电线的直径。所以，7/0.2 是 7 股线，每根线直径 0.2 mm，组成多股线；1/0.6 是 1 股线，直径为 0.6 mm 的单股电线。

开始的时候，你可能很难知道需要购买什么，虽然整卷购买电线比较便宜，但你也不想被不知道是否适合项目用途的电线套牢。以通用准则来看，我发现多股线最通用，适合于大多数的应用。7/0.2 直径是一个不错的选择，它应该适合大多数 PCB 的过孔。我也建议购买三种颜色——红色、黑色和一种用于表示信号线的颜色。使用三卷这种类型及规格的电线，你应该能够完成大部分的项目。有些电子爱好者商店也出售一定长度的不同颜色的电线，如图 10-11 所示是由 Oomlout 出品的电线。

图 10-11

各种颜色的设备电线

保证焊接的安全

通过几个简单的预防措施，就可以轻松进行安全焊接了。请记住，如果适当地注意，焊接是不危险的——但如果你不注意的话，它是很危险的。不管你现在是否正在焊接，请牢记以下各节的提示。

处理烙铁

如果正确使用的话，烙铁是安全的，但它仍有潜在的危险。烙铁有两端，加热端和手柄。不要拿住加热端！正确的烙铁手持方式是像拿一支笔那样，把它放在你的拇指和食指之间，搁在中指上面。不使用烙铁时，将其放在支架上是很重要的。支架可以安全支撑烙铁，帮助散发热量，提示防止意外烫伤。

保护你的眼睛

在焊接时，一定要戴上眼睛保护装置。焊接，特别是带有助焊剂的焊锡，在被加热时可能会喷溅出来。当你使用剪刀修剪电路板时，切断的小块金属在没有阻挡的情况下经常会向房间的各个方向飞溅。另外，如果你在一个小组内工作，那么你需要保护自己免受旁边的人焊接时产生的伤害。护目镜是相对便宜的，取决于你需要的舒适程度，它比手术眼镜便宜很多，所以一定要确保戴上它。

在通风的环境工作

呼吸任何类型的烟雾通常都是有害的，所以始终在通风良好的环境中焊接是非常重要的。另外，还要确保你没有在烟雾报警区内工作，因为焊接烟雾会激活它们。

清洁烙铁

烙铁应该有配套的海绵，用来去除多余的焊锡。使用时应该浸湿海绵，但不能使其湿透，所以一定要挤掉多余的水分。当加热焊锡时，它将氧化烙铁头。如果烙铁头被氧化，则会随着时间而退化。为了防止烙铁头的氧化，在焊接结束将烙铁放回支架时，应在烙铁头上留下一点焊锡。这会使焊锡氧化而不是烙铁头氧化，在下一次使用烙铁时，需要使用海绵擦去焊锡。

不要吃焊锡！

虽然焊锡中的化学物质和金属不是致命的，但它们对身体绝对有害。在焊接的过程中，应尽量避免触摸你的脸，同时不要在你的眼睛和嘴巴周围进行焊接，以防止产生刺激。焊接后洗手（还有脸，如果必要的话）是一个不错的主意。

组装扩展板

学习焊接的最佳方式是边做边学。焊接需要学习大量的技术，而且通过实践可以提高你的技术。在这个例子中，你将了解如何组装一个 Arduino 扩展板。扩展板是一个堆叠在 Arduino 上方的特制的印刷电路板（PCB），它赋予 Arduino 一个特定的功能（你将在第 13 章中了解更多相关知识）。Arduino 有很多不同功能的扩展板，想使用它们时，将它们插入到 Arduino 控制板上即可。这是一个原型扩展板开发套件（见图 10-12），它本质上是一个空白的画布，在你的项目经过面包板原型验证之后将其焊接在上面。在这个例子中，你将了解如何组装套件的最基本部分并将其叠加到 Arduino 板上，以及如何在上面构建一个简单的电路。

图 10-12

完整的原型扩展板

和许多 Arduino 套件一样，你需要自己组装这个扩展板。焊接的基本原理是相同的，但是当你遇到较小或多个敏感元件时，焊接的难度就会发生变化。

为电路的器件布局

组装电路时，第一步应该始终是为所有器件布局，以检查你拥有应该有的一切器件。你的工作台面应该干净并有坚实的色罩，使东西容易找到。

图 10-13 所示为 Arduino 的原型扩展板套件以有序方式摆放。它包含以下部件。

- 1 个排针连接器（40X1）
- 1 个针脚接头（3×2）
- 2 个按钮
- 1 个红色 LED
- 1 个黄色 LED
- 1 个绿色 LED
- 5 个 10 kΩ 1/4 W 电阻
- 5 个 220 kΩ 1/4 W 电阻

● 5 个 1 kΩ 1/4 W 电阻

有些套件可能只售卖 PCB，而让你自己去选择连接的接头。请记住，装配方法并没有正确或错误之分，只要能够满足你的目的即可。

图 10-13
原型扩展板材料

你可以通过图片来了解元器件的布局，来组装本扩展板，但是对于更复杂的扩展板组装，你可以参考说明书。在这个例子中，我将通过这块扩展板的一步一步组装来引导你，并指出组装过程中的各种焊接方法。

装配

组装这个套件，你需要焊接引脚接头和按钮。焊接这些引脚使得扩展板可以堆叠在 Arduino 的插座上，将所有的引脚延长连接到原型扩展板上。请注意，某些版本的原型扩展板上有排针座（或堆叠式排针），而不是排针引脚。排针座具有长长的引脚，使它们能以同样的排针方式堆叠在 Arduino 上面，并允许另一个扩展板堆叠在它上面。排针的好处是使扩展板更小，并且对外壳空间的要求更少。用来装配的排针座可参见图 10-12 所示。它们是黑色的插座，从电路板的上面穿到另外一面，往下扩展引脚。

在这个例子中，使用排针，并且不连接 ICSP（在线串行编程）接口，ICSP 是 Uno 的中间偏右的 3x2 的连接器。ICSP 用于外部编程器下载程序，而不是下载到 Arduino 中，这是针对高级用户而设计的。

排针

首先，你需要把排针切割成合适的长度（见图 10-14）。套件采用的是 1×40 长度，这是一排 40 个引脚的排针。每个引脚都有部分在塑料部件中，可以被切割成整齐的分离排针。为了保护扩展板，你需要的长度分别为 6 个（模拟引脚）、8 个（电源引脚）、8 个（数字引脚）和 10 个（数字引脚）。使用剪刀将其分割为正确的长度，并且留下 8 个引脚备用（放在在盒子里，以备将来使用！）。引脚的间距为 2.54 毫米（0.1 英寸），正好与 Arduino 板相匹配。如果你准备另外购买任何其他的连接头排针，则需要寻找同样间距的排针。

图 10-14

排针近照

现在你已经清楚地了解了排针，你可以将它们焊接在合适的地方。在下一节中，我将讲解一些焊接技术。在开始之前应先仔细阅读。

获取你的焊接技术

焊接的第一步是确保元器件的安全。人们常常会在手边的物体上调节电路板，以使它在可接触的位置，但如果你这样做的话，则注定它在某些时候会翻倒，尤其可能发生在你手持热烙铁的时候。正如本章 "准备焊接" 一节提到的，保证焊接的两个方法是用焊接支架或胶黏剂。你可以使用焊接支架上的鳄鱼夹夹住引脚的塑料部分和电路板，使其保持 90 度。同理，你也可以以 90 度抓住引脚，并将胶黏剂压入底部，使它们固定在一起。然后，压住它们使其硬化，用大质量的物体压在上面也可以。我有时会用大卷的焊锡丝来帮忙。

保证元器件安全的第三种方式，可能会发生在你身上，因为它是非常诱人的，我在这里描述提出，但你千万不要这么做！你可能会认为固定排针的最佳方式是将其放置在 Arduino 上（将长针插入插口里面），然后将电路板放在排针上面。这种方法使得一切都保持 90 度；然而，由于引脚用于连接 Arduino 和传导电流，因此它们也会传导其他的东西，如热量等。如果它们传导烙铁上的热量，则热量可以通过板卡传递到微控制器芯片非常敏感的引脚上，造成不可恢复的损坏。

当电路板准备好之后，你可以将它旋转到一个舒适的工作角度，最好是烙铁方便伸出的角度，如图 10-15 所示。

图 10-15
将被焊接件放在合适的位置

打开你的烙铁。我的 Weller WES51 烙铁的温度范围为 35 ~ 85，单位显示为° F×10，所以真正的范围是 350 ~ 850 华氏度！设置的温度越高，熔化焊锡焊接的速度就会越快，但是同时它也将更快地熔化一切东西，如塑料件和硅芯片。将你的烙铁设置为方便使用的最低温度。测试温度的一个好方法是熔化一些焊锡。如果它需要很长的时间才能熔化，那么请确保烙铁尖部与焊锡有足够的接触面积，如果它仍然不能熔化，则逐渐增加温度，留一部分时间使温度上升。我通常将烙铁温度设置为 650 华氏度（340 摄氏度），这个温度足够使用，而且不会太高。

一些高质量的烙铁有温控器，当加热到所需温度时会提示你。真正优质的烙铁都有数字显示。如果使用便宜的烙铁，你必须人为做出最佳的判断。

当烙铁正在加热到所需温度的时，你可以弄湿海绵。在一些烙铁上，为了方便而将海绵固定住了，但当你需要将它弄湿的时候会特别不方便，我建议拿出它，把它放在一个盆内浸湿，而不是将水洒在你的烙铁及周边地区上。海绵应该是潮湿的，但不能全是水。当你用海绵擦烙铁时，潮湿会阻止海绵燃烧。但如果海绵太湿的话，它会降低烙铁和焊锡的温度，这意味着焊锡将会硬化或固化，在达到温度之前不能被移除。

现在，你已经准备好了，可以开始焊接了。请按照下列步骤进行焊接。

1. **在烙铁的尖端上融化少量的焊锡（称为尖端镀锡）；如图 10-16 所示。**

焊锡将会流向边缘并产生烟雾。通常，使用新的或维护良好的烙铁，尖端上残留焊锡也是没有问题的。如果焊锡不流向尖端的边缘，那么你可能需要尝试旋转它来寻找未氧化的地方。如果找不到，你可以使用一些尖端清洁剂来去除这些已经形成的氧化层。将热烙铁按入尖端清洁剂中，当积聚的氧化层松动时将其擦拭去除，使烙铁恢复如新。

图 10-16

在尖端上镀锡

清洗剂通常是一个相当令人讨厌的、有毒的物质，你应该确保自己不摄入或吸入清洁剂。

2. **当烙铁上有一滴焊锡时，使用海绵将其擦掉，露出烙铁明亮的金属尖端。**

你要达到的目标是将烙铁刚刚镀锡的边缘（不是点），运用到要焊接的区域。使用边缘将带来更多的表面积，并使得焊接点的温度上升更快。同样需要的注意是，烙铁有很多种类的烙铁头，如果你选择好烙铁的话，将很容易更换烙铁头，以适应不同的焊接需求。一些烙铁头为尖头，如图 10-16 所示，但也有圆锥烙铁头、刀形头和斜面头，以针对不同的情况提供不同的表面积。

3. **开始焊接排针的第一个引脚，将烙铁头放置在电路板的金属焊盘和与其连接的排针上。**

加热电路板的焊盘和引脚，为焊接做准备。

4. **用另一只手（不是拿着烙铁的手），将焊锡送到烙铁、引脚和金属焊盘接触的地方。**

焊锡被加热、熔化并扩散，将连接处的缝隙填满，从而把引脚和电路板固定在一起。如果需要很多焊锡，则把焊锡按到正在融化的焊接处；如果只需要一点焊锡，只需将焊锡丝拿走即可。焊接一个小焊点，只需要几毫米焊锡丝。

5. **焊锡填充焊接区域之后，拿走焊锡，但烙铁还要停留一两秒钟的时间。**

这将使焊锡丝充分熔化，填补焊接点的每一个间隙。

6. **通过向上擦拭引脚而取下烙铁。**

多余的焊锡将被向上引导到一个会被切断的点，而不是形成一滴焊锡。

整个过程大约需要 2~3 秒。这可能听起来是不可能的，但你习惯了这种节奏之后，这是完全可以实现的。它所需要的是练习。

按照上述步骤操作后应该留下一个整洁、金字塔状的焊点，并且电路板上的金属焊盘应被完全覆盖。如果你能看到引脚穿过的过孔或未连接到电路板的引脚上有一滴焊锡，那么需要使用烙铁重新加热它，也许还要再添加一点焊锡。

在你焊接了第一个引脚之后，就需要焊接排针的另一端引脚。通过焊接两端的引脚，可以将排针固定起来，而且如果排针不水平或呈 90 度垂直，则你仍然可以通过加热两端的焊锡将其拉直。如果你发现焊锡过多的话，应先尝试重新加热。当焊锡熔化时，你应该会看到它填补了所有的间隙。如果仍然有太多的焊锡，则可以使用吸锡器或吸锡带（如前面章节“焊接准备”中所述）去除多余的焊锡，可多次去除。

良好的焊点示例请查看图片：http://highfields-arc.co.uk/constructors/info/h2solder.htm.

当你享受焊接的乐趣时，可以将每个引脚都焊接到位，并为引脚的每个部分重复这个过程。对于按钮，则只需将其放置在电路板的顶面所指示的位置，由于按钮的引脚设计，它应该会被夹住。如果有必要，可以使用胶黏剂来保护它，然后翻过线路板，并重复和以前一样的焊接。当你完成之后，做最后一次的目视检查，以确保没有焊点连接在一起。两个引脚连接一起可能会导致短路并损坏主板，所以请仔细检查电路板。如存在疑问，你可以使用万用表的导通测试功能来检查引脚是否连接在一起。如果引脚没有连在一起，你将不会听到鸣叫声。

将扩展板放置在 Arduino 控制器的顶部，并检查它们是否正确配合。如果完全配合的话，接下来你将会焊接你的第一个电路，这是下一节的内容。

搭建自己的电路

当你有一个可以使用的扩展板（详见本章前面的“组装扩展板”）时，你可以思考一下打算在扩展板上构建一个什么电路。但是，在动手构建一个电路之前，你应该提前做一些适当的规划，以避免需要去除你所做的东西，这是比较困难的。起始的最佳方式是在不需要焊接的面包板上搭建原型电路。这是快速、简单，而且更重要的是非永久性的。如第 7 章和第 8 章中所述，拼凑电路，并确保它能够工作是很简单的。在这个例子中，我将使用 AnalogInOutSerial 例子（详见第 7 章）演示如何把一个免焊接的面包板电路转换成焊接电路。

了解电路

首先，在面包板上重新搭建 AnalogInOutSerial 电路，如第 7 章末尾所示。选择 File ⇨ Example ⇨ 03.Analog ⇨ AnalogInOutSerial 打开程序，并上传至控制器中。这个程序可以通过旋转电位器来调节 LED 的亮度。

当这个电路可以工作之后，再次仔细查看面包板上的 AnalogInOutSerial 电路。你可以立即看到的一个不同之处，是原型扩展板上除了一个角落之外均不具有与面包板相同的行和列。这是专门为 IC（集成电路）或芯片而设计的，但它其实也可以用于任何东西。在原型扩展板的其余部分有单个的过孔，可用于焊接元器件。你可以用导线将它们连接在一起，以连接各种各样的器件。

将它转换成一个可以在扩展板上工作的电路的最简单的方法是查看电路图。连接器件的线可以替代实线并直接焊接到正确的引脚上。对于电位器，则需要三根线：5 V、GND 和模拟端口 0。对于 LED 和电阻，则只需要两个：GND 和数字引脚 9。先画出大概的电路，总是一个好主意。它并不需要像示例中的电路原理图那样整齐，规划好你的电路将会在后续减少很多痛苦的拆焊。正如老木工所说，测量两次，只需切割一次（在这种情况下，绘制两次，只需焊接一次）。

请注意，穿过过孔的线和靠近它的线需要连接在一起。因为你没有足够的空间在一个过孔内很好地适应导线和元件引脚，你需要让它们靠近，然后使用导线末端或元器件的引脚连接之间的间隙。

电路布局

现在你已经绘制了电路，你应该对它进行布局，才知道需要什么长度的电线。为了确保元器件固定在电路板上，应将元器件插入电路板和并将引脚折成 45 度的弯曲。看起来如图 10-17 所示。

图 10-17

LED 固定在电路板中

准备电线

可以看出，所需导线的长度是相对较短的。如果你有单股电线，则可以使用尖嘴钳将其整齐地弯曲成可平放在电路板上的形状。如果你有多股电线，则它比较容易做成弧线，从一个过孔穿到另一个过孔。请记住，应测量或估计它们之间的距离，并在剪线之前，每一端增加少量的长度，以适合过孔。剥去电线并放到位置上，以确保该长度是合适的。注意，有时多芯线的端部可能会有磨损。此时可用你的拇指和食指夹住它，在一点上将其拧紧。在电线的终端上轻轻地涂点焊锡，可以防止电线分叉，并且可以为焊接做准备。如果你对电线长度满意了，那就将电线放到一边。

焊接电路

现在你已经拥有了所有的部件和电线，下面该将它们焊接在适当的位置上了。此前，你已经将元器件的引脚弯曲成 45 度，所以电线应该仍然被悬挂着。由于电阻与 LED 是连接在一起的，因此你可以用它们的引脚将它们连接起来，减少使用一根电线。记住检查 LED 的连接方向是否正确。如果有需要，可使用胶黏剂来进一步确保元器件安装到位，然后像焊接排针一样将它们焊接起来。

当所有的器件都安装到位之后，你就可以焊接导线了。插入电线，并像之前一样弯曲 45 度。当其牢固之后，则可以焊接，或进一步弯曲使其接触到元器件的引脚，消除电阻和 LED 之间的间距。对于焊接外观没有对错之分，这取决于你想要多么整洁。有些人喜欢在元器件引脚上缠绕电线以获得良好的抓力；还有人喜欢并排连接它们，以获得清洁的焊点。选择权在你手上。当拥有很好的连接之后，你就会在意良好的形状了。

清理干净

完成焊接之后，应对板子进行仔细的检查，查看有无松动的连接点。如果一切正常，你就可以开始清理板子了。使用你的剪刀，从金字塔状的焊点的正上方小心地剪去元器件的引脚。引脚可以剪得更短一点，但是焊锡较厚，你可能会撕去电路板上面的金属连接点，而无法修复。记住，要拿着或盖着你正在剪的金属片。如果你不这样做，它可能会飞很远，甚至伤害别人。

采用洞洞板，而不是印刷电路板

特别设计的扩展板可以完美配合 Arduino 控制器，但往往是比较昂贵的。洞洞板提供了一种廉价的替代方案，具有高度的通用性。洞洞板带有铜条和过孔网格，你可以通过类似面包板上布局的方式来布置你的电路。如下图所示为一个洞洞板的示例。

孔距和铜皮的布局可以变化。对于 Arduino 相关应用最有用的间距是和 Arduino 的引脚间距一样的，0.1 英寸（2.54 mm），因为这间距允许你构建 Arduino 的布局，从而制作自己的扩展板。你还可以购买不同布局的洞洞板。常见的是单列的长铜皮或三行宽度的很多列（通常称为三板）。

测试你的扩展板

现在，你已在扩展板上组装了一个完整的电路，该插上电源试试它了。如果一切正常的话，你应该有一个包装精美的调光电路扩展板，与图 10-18 所示的类似。

图 10-18
调光扩展板

包装你的项目

现在，你的电路不再有分崩离析的危险了，保护它免受外界的击打是一个好主意。

外壳

保护电路最简单的办法是把它放在一个盒子里。在电子技术术语中，这样的盒子被称为外壳或项目盒。一般来说，你可以找到各种形状、大小和装饰的塑料或金属外壳。唯一的任务是找到一个最适合的外壳。

很多网络供应商（RS、Farnell、DigiKey 等）提供各种外壳，但是不拿到手你依旧不确定它是否合适。许多外壳具有内部和外部尺寸的精确测量，但即便如此，仍通常会有遗漏，如用于固定螺丝的模制塑料。我建议找一个如 Maplin 或 Radio Shack 的零售商店，并且带着一个 Arduino 控制板去试试，以判断外壳是否正好适合 Arduino 控制器且有足够的空间用来放置电线和其他扩展板。

在你将项目打包装箱时，请记住以下注意事项。

● 更新代码时能否连接 USB。你可能需要打开外壳来更新程序代码。如果这太耗费时间，你可能需要钻一个足够大的孔，保证从外面可以插入 USB 电缆。

   ◎ Arduino 的工作电源。如果不通过 USB 给 Arduino 供电，那如何给它供电？可以用外部电源插入电源插座供电，这就需要一个足够大的孔，可以插入外接电源。如果你正在寻找一个更长久的方法，则可以拔下插头，直接将电线焊接到 Vin 和 Gnd 引脚上。或者你甚至可以使用电池组来提供电源，这只需每周打开它对电池进行充电。

   ◎ 能否访问输入和输出。如果 Arduino 被放在盒子里，那么应怎样使用 LED 或者按钮？大多数项目需要与外界进行一些交互，如果只需要告诉你，它们还在工作，而且大多数元器件的设计通常都会考虑到这方面的需求。LED 的尖端意味着你可以钻一个 1.9 英寸（5 毫米）的孔，并只把前端推入洞中，而不是将整个 LED 都穿过去。如果你旋转塑料或金属旋钮关闭收音机，如你所见，这也只是一个洞。

   在焊接和打包之前，仔细考虑你的电路需求。检查你周围其他廉价的电子产品，看看工业上使用了哪些招数。你可能会惊讶地发现，大多数遥控车的遥控器给你提供了前进、后退、左转和右转的功能，却在看起来非常复杂的控制棒上仅使用一些简单的按钮。

接线

   为了让布线更灵活，可以考虑使用接线端子将输入、输出或电源连接到可变长度的电线上。接线端子有时也被称为接线板、螺钉端子或巧克力块。这样做的话，你可以将输入和输出固定到外壳上，而不是电路板上。这种方法给了你更多的灵活性，也就是说，如果钻的孔略有不准，将不再需要拆焊或重焊电路。

   下面将会详细讲解如何将电线添加到你的项目中，及如何选择接线端子。这会给你的项目增加灵活性，也使得安装和拆卸项目更加容易。

捻线

   当你制作导线连接器时，我推荐将电线扭曲或编织在一起。如果电线被拉扯，则将给电线增加额外的强度，这作为回报看起来不错！将两根线拧在一起，剪切成合适的长度，把一端钳在电钻上。用你的手或老虎钳抓住电线的另一端。将电线拉得足够紧绷，没有松弛，但不要太紧。旋转钻头，直到电线整齐地缠绕在一起，你现在拥有了一根双绞线。

编织

   如果你有三根线，则可以用和编织头发相同的方式来编织它们。拿着三根线，将它们的一端朝前。将最左边线放到在中间线的上方，并且在最右边线的下面。对新的最左边线不断重复这个过程，直到你将整根电线全部编织完成。这使得你的项目更加健壮，看起来特别的专业。请注意，如果你使用的三根电线颜色相同，则需要使用万用表的连续性测试哪两端互相对应，所以最好使用不同的颜色。

接线端子

接线端子有各种各样的尺寸，这取决于流经它们的电流大小，并且通常标记有它们能够承受的上限值。当选择一个用作电源输入时，需要获取额定电流，并选择一个留有余量的尺寸。如果你有一个 3 A 的电源，那么选择一个 5 A 的接线端子。连接导线时，特别是多股金属线时，应该使用少量的焊锡在电线的顶端上镀锡或将电线折叠到绝缘层的下面，使螺钉夹住绝缘层。这可以防止螺钉在被拧紧时切断任何导线的股线。

固定板及其他元件

当你满意布线并已有所需要的孔之后，固定物品是一个好主意，这让它们不在箱内发出嘎嘎的响声。为固定 Arduino、螺钉接线端子或条板，你可以使用尼龙胶带或热熔胶。如果还有松动的电线，可以用扎带将它们整齐地绑在一起。

第11章
代码优化

当你发现 Arduino 不同的用途和需求时，可以优化代码，使其更加准确、反应灵敏、高效。此外，通过思考项目中的代码，你可以尽量避免或减少许多与物理硬件和现实世界打交道时可能出现的意想不到的结果。在本章中，你将看到几个程序，它们将有助于优化你的项目。

更好地闪烁

闪烁灯是你最有可能遇到的第一个程序。当 LED 点亮时，这是一个神奇的时刻，难道不是吗？但是，如果我现在告诉你它可以变得更好呢？第 4 章中提及的基本闪烁程序也能够完成任务，但它有一个显著的缺点：闪烁的同时却不能做任何事情。

再来看一下程序：

```
/*
  Blink
  Turns on an LED on for one second, then off for one second, repeatedly.

  This example code is in the public domain.
```

```
*/
// Pin 13 has an LED connected on most Arduino boards.
// give it a name:
int led = 13;

// the setup routine runs once when you press reset:
void setup() {
  // initialize the digital pin as an output.
  pinMode(led, OUTPUT);
}

// the loop routine runs over and over again forever:
void loop() {
  digitalWrite(led, HIGH);  // turn the LED on (HIGH is the voltage level)
  delay(1000);              // wait for a second
  digitalWrite(led, LOW);   // turn the LED off by making the voltage LOW
  delay(1000);              // wait for a second
}
```

循环部分总结如下。

1. 点亮 LED。

2. 等待 1 秒钟。

3. 熄灭 LED。

4. 等待 1 秒钟。

对于很多人而言，当尝试将闪烁程序和另一部分程序整合在一起时，延迟或"等待"是最可能出现问题的。当程序使用延时功能时，它会等待指定的时间量（此处为 1 秒钟），在此期间，它不执行任何其他操作。程序正在精确地计算着时间。

如果你想改变一些东西——例如，你想要的 LED 只有当光线传感器是黑暗的时候才会闪烁——你可能会认为应在循环部分写入像这样的代码：

```
void loop() {

sensorValue = analogRead(sensorPin);

if (sensorValue < darkValue) {
  digitalWrite(led, HIGH);  // turn the LED on (HIGH is the voltage level)
  delay(1000);              // wait for a second
  digitalWrite(led, LOW);   // turn the LED off by making the voltage LOW
  delay(1000);              // wait for a second
        }
}
```

这几乎可以工作。当 darkValue 的值超过阈值时，if 循环开始并点亮 LED，等待 1 秒钟，然后将其关闭，再等待 1 秒钟。但这样程序被占用了 2 秒钟时间，直到再次完成闪烁才能检查光线是否已变得明亮。

解决方案是使用一个计时器，而不是暂停程序。计时器或计数器像是一个可用于时间事件的时钟。例如，定时器可以计数从 0 到 1000，并且当它到达 1000 时会做一些事情，然后从 0 再次开始计数。这对于周期性定时事件特别有用，如每秒钟检查传感器——或者在这种情况下每秒触发 LED。

编写 BlinkWithoutDelay 程序

完成这个项目，你需要以下材料。

- 一块 Arduino Uno 控制板
- 一个 LED

将 LED 的管脚放置在 13（长腿部）和 GND（短腿）之间，如图 11-1 和图 11-2 所示。这使得更方便观察闪烁。如果你没有 LED，则可在 Arduino 上寻找标识为 L 的固定 LED。将程序通过正确的串口下载到 Arduino 中，便会看到 LED 闪烁，因为它是标准闪烁灯程序。

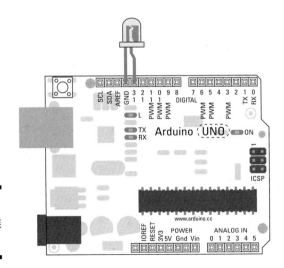

图 11-1

你只需在 13 引脚上连接 LED

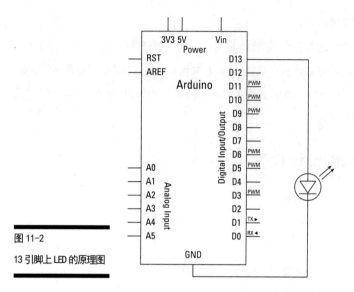

图 11-2

13 引脚上 LED 的原理图

通过选择 File ⇨ Examples ⇨ 02.Digital ⇨ BlinkWithoutDelay 找到 BlinkWithoutDelay 程序并打开它。

完整的 BlinkWithoutDelay 程序如下所示:

```
/* Blink without Delay

Turns on and off a light emitting diode(LED) connected
            to a digital pin,
            without using the delay() function. This means that
            other code can run
            at the same time without being interrupted by the LED
            code.

The circuit:
 * LED attached from pin 13 to ground.
 * Note: on most Arduinos, there is already an LED on the
            board that's attached
            to pin 13, so no hardware is needed for this example.

created 2005
by David A. Mellis
modified 8 Feb 2010
by Paul Stoffregen

This example code is in the public domain.


http://www.arduino.cc/en/Tutorial/BlinkWithoutDelay
*/
```

```
// constants won't change. Used here to
// set pin numbers:

// the number of the LED pin
const int ledPin = 13;

// Variables will change:
int ledState = LOW;
// ledState used to set the LED

long previousMillis = 0;
// will store last time LED was updated
// the follow variables is a long because the time,
// measured in miliseconds,will quickly become a bigger
// number than can be stored in an int.
long interval = 1000;
// interval at which to blink (milliseconds)

void setup() {
  // set the digital pin as output:
  pinMode(ledPin, OUTPUT);
}

void loop()
{
  // here is where you'd put code that needs to be
  // running all the time.

  // check to see if it's time to blink the LED; that
  // is, if the difference between the current time and
  // last time you blinked the LED is bigger than the
  // interval at which you want to blink the LED.
  unsigned long currentMillis = millis();

  if(currentMillis - previousMillis > interval) {
    // save the last time you blinked the LED
    previousMillis = currentMillis;
    // if the LED is off turn it on and vice-versa:
    if (ledState == LOW)
      ledState = HIGH;
    else
      ledState = LOW;

    // set the LED with the ledState of the variable:
    digitalWrite(ledPin, ledState);
  }
}
```

这个程序比 Blink 长，可能显得比较混乱，所以我们一行一行来解析代码，看看到底发生了什么。

解析 BlinkWithoutDelay 程序

首先，在声明中，const int 用来设置 ledPin 到 13，因为它是一个常整数，并且不会改变。

```
// constants won't change. Used here to
// set pin numbers:
const int ledPin = 13; // the number of the LED pin
```

接下来是变量。ledState 被置为 LOW，使 LED 在程序开始处于关断状态。

```
// Variables will change:
int ledState = LOW; // ledState used to set the LED
```

接下来是定义一个 long 类型的新变量，而不是 int 类型。请参见本章后面的侧边栏中的 "Long 和 unsigned long" 以了解更多关于 long 的知识。首先，previousMillis 用于存储以毫秒为单位的时间，这样就可以监控执行每个循环的时候使用了多少时间。

```
long previousMillis = 0; // will store last time LED was updated
```

第二个变量命名为 interval，是每个闪烁之间的时间间隔，设定其为 1000 毫秒或 1 秒。

```
long interval = 1000; // interval at which to blink (milliseconds)
```

Long 和 unsigned long

Long 用于超长数量的存储，可以存储 -2,147,483,648 到 2,147,483,647 之间的数值，而 int 只能存储 -32,768 至 32,767 之间的数值。当以毫秒为单位测量时间时，你需要使用很大的数字，因为每一秒都将被存储为 1000 毫秒。要想了解 long 到底有多大，就想象一下它能够存储的最大时间数是多少。这可以写成 2,147,483.6 秒，即 35791.4 分钟、596.5 小时或大约 24.9 天!

在某些情况下，你不需要使用负数的范围，因此要避免不必要的计算，你可以使用一个 unsigned long 代替。一个 unsigned long 类似于普通的 long，但已经没有负值。这使得 unsigned long 拥有高达 0 至 4,294,967,295 的范围。

在 setup 中，你只需要将一个引脚定义为输出。在声明中，引脚 13 被定义为 ledPin。

```
void setup() {
  // set the digital pin as output:
  pinMode(ledPin, OUTPUT);
}
```

在 loop 中，事情开始变得更加复杂。定时器程序将在每个循环结束之后运行，这样你就可以在 loop 起始处添加自己的代码，而不会干扰定时器。在你的代码下面，便是定时器程序，它声明另一个变量：一个 unsigned long 型数据，用于存储以毫秒为单位的计时器当前值。这将使用 millis() 函数，来获取 Arduino 程序已运行的毫秒数。经过大约 50 天，这个值将重置为 0，对于大多数应用来说，这个时间是绰绰有余的。

```
unsigned long currentMillis = millis();
```

在 loop 中或其他函数中声明的变量被称为局部变量。局部变量仅存在于所定义的函数内（和其内部包含的其他子函数），且在函数结束时将会消去。在下一次函数被调用时，它将会重新被定义。如果你有一个变量需要被其他函数或代码读写的话，你应该使用全局变量，并在 setup 之前的程序开头就声明该变量。

接下来，你需要检查当前 millis() 的数值，看看已经过去了多少时间。这通过一个简单的 if 循环来实现，将当前时间减去上次时间，以获得时间差值。如果差值大于间隔值，程序便会知道将要闪烁。更重要的是，你还需要在程序里重置 previousMillis 的值，否则它只会测量一次时间间隔。所以设置了 previousMillis = currentMillis。

```
if(currentMillis - previousMillis > interval) {
  // save the last time you blinked the LED
  previousMillis = currentMillis;
```

因为 LED 可能已经打开或关闭，所以程序需要检查 LED 的状态才知道下一步该做什么。LED 状态被存储在 ledState，所以通过简单的 if 语句来检查状态，之后改变 LED 的状态：如果当前状态为 LOW，则将状态改变为 HIGH；如果当前状态为 HIGH，则将状态改变为 LOW。下面的代码将更新变量 ledState：

```
// if the LED is off turn it on and vice-versa:
  if (ledState == LOW)
    ledState = HIGH;
  else
    ledState = LOW;
```

那么，剩下的就是使用 digitalWrite 将新的状态写入到 LED：

```
  // set the LED with the ledState of the variable:
  digitalWrite(ledPin, ledState);
}
```

这段代码可以让你愉快地闪烁着 LED，同时还可以执行一些其他函数。

考虑按键的抖动

当按键被按下时，将会伴随一个奇怪的现象。Arduino 上的微控制器可以以每秒数千次的速度读取开关的状态，这远远快于我们操作它的速度。在某些方面这是很棒的，因为这可以确保读数是实时的（和人类的感知一样快），但当按键没有完全按下或是弹起的时候，状态是模糊的，Arduino 将会快速连续地读取到打开和闭合的信号，直到按键到达正确的状态。这就是抖动。想要去除这个特性，你必须使用定时器来忽略开关状态发生变化时的抖动。这个方法比较简单，却可以大大提高按钮的可靠性。如果你刚刚看过更好地闪烁的代码，可能已经注意到，除了应用于输出，定时器也可以应用于输入。

编写 Debounce 程序

你需要完成如图 11-3 所示的电路，来试验去抖动程序。

你需要以下材料。

● 一块 Arduino Uno 控制板

● 一块面包板

● 一个按键

● 一个 LED

● 一个 10 kΩ 电阻

● 跳线若干

完成图 11-3 和图 11-4 所示的电路，用面包板来安装电路的按钮部分。LED 可以直接插入到引脚 13 与相邻的 GND 引脚。

搭建电路，并选择 File ⇨ Examples ⇨ 02.Digital ⇨ Debounce 找到按键防抖动程序并打开。完整的去抖动程序代码如下：

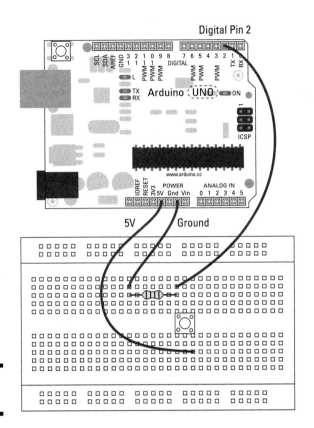

图 11-3

按键电路接线图

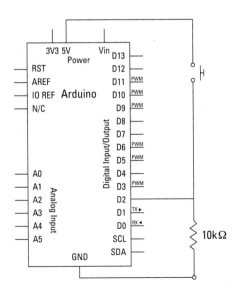

图 11-4

按键电路原理图

```
/*
Debounce

Each time the input pin goes from LOW to HIGH (e.g. because of a push-button
press), the output pin is toggled from LOW to HIGH or HIGH to LOW. There's
a minimum delay between toggles to debounce the circuit (i.e. to ignore
noise).

The circuit:
* LED attached from pin 13 to ground
* pushbutton attached from pin 2 to +5V
* 10K resistor attached from pin 2 to ground

* Note: On most Arduino boards, there is already an LED on the board
connected to pin 13, so you don't need any extra components for this example.

created 21 November 2006
by David A. Mellis
modified 30 Aug 2011
by Limor Fried

This example code is in the public domain.

http://www.arduino.cc/en/Tutorial/Debounce
*/

// constants won't change. They're used here to
// set pin numbers:
const int buttonPin = 2; // the number of the pushbutton pin
const int ledPin = 13; // the number of the LED pin

// Variables will change:
int ledState = HIGH; // the current state of the output pin
int buttonState; // the current reading from the input pin
int lastButtonState = LOW; // the previous reading from the input pin

// the following variables are long's because the time, measured in miliseconds,
// will quickly become a bigger number than can be stored in an int.
long lastDebounceTime = 0;  // the last time the output pin was toggled
long debounceDelay = 50;    // the debounce time; increase if the output
                            // flickers
void setup() {
  pinMode(buttonPin, INPUT);
  pinMode(ledPin, OUTPUT);
}

void loop() {
  // read the state of the switch into a local variable:
  int reading = digitalRead(buttonPin);

  // check to see if you just pressed the button
  // (i.e. the input went from LOW to HIGH), and you've waited
  // long enough since the last press to ignore any noise:
  // If the switch changed, due to noise or pressing:
  if (reading != lastButtonState) {
    // reset the debouncing timer
    lastDebounceTime = millis();
  }
```

```
if ((millis() - lastDebounceTime) > debounceDelay) {
    // whatever the reading is at, it's been there for longer
    // than the debounce delay, so take it as the actual current state:
    buttonState = reading;
}

// set the LED using the state of the button:
digitalWrite(ledPin, buttonState);

// save the reading. Next time through the loop,
// it'll be the lastButtonState:
lastButtonState = reading;
}
```

下载程序之后，你就会拥有一个可靠的去抖动的按钮。如果一切都正常工作，则很难看到效果，你只会看到按键的按下和 LED 准确的响应。

解析 Debounce 程序

这个程序拥有不少的变量。前两个是常数，用于定义输入和输出的引脚。

```
// constants won't change. They're used here to
// set pin numbers:
const int buttonPin = 2; // the number of the pushbutton pin
const int ledPin = 13;   // the number of the LED pin
```

下一组变量保存着有关按钮状态的详细信息。ledState 的初始状态为 HIGH，从而使得 LED 一开始即被打开；buttonState 为空，即保持当前状态；lastButtonState 保持之前的按钮状态，以便与当前的状态进行比较。

```
// Variables will change:
int ledState = HIGH; // the current state of the output pin
int buttonState; // the current reading from the input pin
int lastButtonState = LOW; // the previous reading from the input pin
```

最后，定义两个 long 类型的变量来存储时间。这被用在计时器，用于监测两次读数之间的时间，并防止数值的突然改变，例如按键按下时的抖动。

```
// the following variables are long's because the time, measured in miliseconds,
// will quickly become a bigger number than can be stored in an int.
long lastDebounceTime = 0; // the last time the output pin was toggled
long debounceDelay = 50; // the debounce time; increase if the output
                         // flickers
```

Setup 部分是直截了当的，仅定义了输入输出引脚。

```
void setup() {
  pinMode(buttonPin, INPUT);
  pinMode(ledPin, OUTPUT);
}
```

在 loop 部分，从按键的引脚读取数值，并存储在一个变量中，此处称为读数：

```
void loop() {
    // read the state of the switch into a local variable:
    int reading = digitalRead(buttonPin);
```

读取数值之后将会和 lastButtonState 进行比较。首次运行时，lastButtonState 为低电平，因为在程序的变量声明中它被设置为低电平。在 if 语句中，使用了比较符号 !=，表示："如果读数不等于 lastButtonState，则执行一些动作"。如果状态发生了改变，则将更新 lastDebounceTime，这样在执行下一次循环时，可以进行最新的比较。

```
// If the switch changed, due to noise or pressing:
if (reading != lastButtonState) {
    // reset the debouncing timer
    lastDebounceTime = millis();
}
```

如果读数在超过 50 毫秒的去抖延迟时间后仍然一直不变，则可以判断按键的状态已经稳定，并且将状态传递给变量 buttonState。

```
if ((millis() - lastDebounceTime) > debounceDelay) {
    // whatever the reading is at, it's been there for longer
    // than the debounce delay, so take it as the actual current state:
    buttonState = reading;
}
```

然后将可靠的数值直接用于触发 LED。此时，当按键是 HIGH 时，它是闭合的，所以相同的 HIGH 将被写入到 LED，使其打开。

```
digitalWrite(ledPin, buttonState);
```

当前的 buttonState 将会成为下一循环的 lastButtonState，然后它将重新开始。

```
    lastButtonState = reading;
}
```

一些按钮和触发器会或多或少地比其他的更可靠，这取决于它们制造和使用的方式。通过这样的程序，你可以挑选出不一致性，从而创造更可靠的结果。

制作更好的按键

按钮是非常简单的东西。它们只有断开和闭合两种状态，这取决于你是否按压它们。你可以监控这些变化并理解它们，从而做出一个比这个更聪明的按钮。如果确定按钮已经被按下时，你并不需要经常读取它的数值，而仅需要寻找状态的变化。将 Arduino 连接到你的计算机是一个非常好的做法，并且当需要的时候可以高效率地发送相应的数据，而不是浪费串行端口。

编写 StateChangeDetection 程序

你需要以下材料。

- 一块 Arduino Uno 控制板
- 一块面包板
- 一个按键
- 一个 LED
- 一个 10 kΩ 电阻
- 跳线若干

使用图 11-5 和图 11-6 所示的接线图和电路图，可以制作出一个简单的按钮电路，并带有 LED 作为输出。本程序的硬件和基本按键程序的硬件是一样的，但通过使用一些简单的代码，你可以做一个更聪明的按钮。

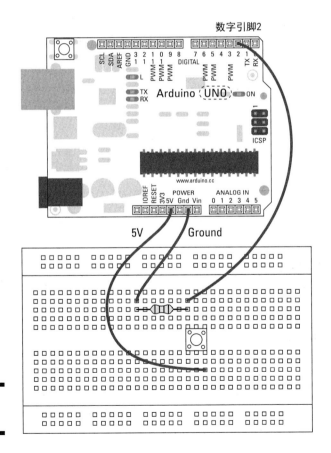

图 11-5

按键电路接线图

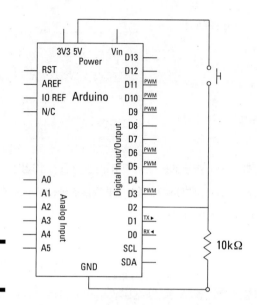

图 11-6

按键电路原理图

完成电路并打开一个新的 Arduino 程序。从 Arduino 的菜单中选择 File ⇨ Examples ⇨ 02.Digital ⇨ StateChangeDetection 加载程序。

```
/*
  State change detection (edge detection)

  Often, you don't need to know the state of a digital input all the time,
  but you just need to know when the input changes from one state to another.
  For example, you want to know when a button goes from OFF to ON. This is
  called state change detection, or edge detection.

  This example shows how to detect when a button or button changes from off to on
  and on to off.

  The circuit:
  * pushbutton attached to pin 2 from +5V
  * 10K resistor attached to pin 2 from ground
  * LED attached from pin 13 to ground (or use the built-in LED on
    most Arduino boards)

  created 27 Sep 2005
  modified 30 Aug 2011
  by Tom Igoe

  This example code is in the public domain.

  http://arduino.cc/en/Tutorial/ButtonStateChange

*/
```

```
// this constant won't change:
const int buttonPin = 2; // the pin that the pushbutton is attached to
const int ledPin = 13; // the pin that the LED is attached to

// Variables will change:
int buttonPushCounter = 0; // counter for the number of button presses
int buttonState = 0; // current state of the button
int lastButtonState = 0; // previous state of the button

void setup() {
  // initialize the button pin as a input:
  pinMode(buttonPin, INPUT);
  // initialize the LED as an output:
  pinMode(ledPin, OUTPUT);
  // initialize serial communication:
  Serial.begin(9600);
}

void loop() {
  // read the pushbutton input pin:
  buttonState = digitalRead(buttonPin);
  // compare the buttonState to its previous state
  if (buttonState != lastButtonState) {
    // if the state has changed, increment the counter
    if (buttonState == HIGH) {
      // if the current state is HIGH then the button
      // wend from off to on:
      buttonPushCounter++;
      Serial.println("on");
      Serial.print("number of button pushes: ");
      Serial.println(buttonPushCounter);
    }
    else {
      // if the current state is LOW then the button
      // wend from on to off:
      Serial.println("off");
    }
  }
  // save the current state as the last state,
  //for next time through the loop
  lastButtonState = buttonState;

  // turns on the LED every four button pushes by
  // checking the modulo of the button push counter.
  // the modulo function gives you the remainder of
  // the division of two numbers:
  if (buttonPushCounter % 4 == 0) {
    digitalWrite(ledPin, HIGH);
  } else {
    digitalWrite(ledPin, LOW);
  }
}
```

点击编译按钮，检查你的代码。编译将会高亮显示任何语法错误，对发现的错误标红。如果程序编译正确，点击下载将程序下载到 Arduino 控制板上。当程序下载完成时，选择串口监视器，你应该看到一个读数，显示按钮打开和关闭的状态以及被按下的次数。此外，按钮每按下 4 次，LED 就会点亮，这表明它正在计数。

如果没有反应，请按下以下步骤检查。

● 再次检查你的接线。

● 确保你使用了正确的引脚。

● 检查面包板的连接。如果跳线或元件没有使用面包板上正确的行连接的话，它们将不会正常工作。

解析 StateChangeDetection 程序

在 StateChangeDetection 程序中，第一件事是声明程序中的变量。输入和输出引脚依然不会改变，因此，它们被声明为整型的常数：引脚 2 为按钮和引脚 13 为 LED。

```
// this constant won't change:
const int buttonPin = 2; // the pin that the pushbutton is attached to
const int ledPin = 13; // the pin that the LED is attached to
```

其他变量将用来跟踪按钮的行为。一个变量是计数器，用于记录按键被按下的总次数，另外两个变量用于记录按钮的当前状态和上一次的状态。它们监视按钮按压的信号从高电平变到低电平或从低电平变到高电平。

```
// Variables will change:
int buttonPushCounter = 0;  // counter for the number of button presses
int buttonState = 0;     // current state of the button
int lastButtonState = 0; // previous state of the button
```

在 setup 中，相应的引脚被设置为 INPUT 和 OUTPUT。串行端口的通讯也被打开，用于显示按钮的变化。

```
void setup() {
  // initialize the button pin as a input:
  pinMode(buttonPin, INPUT);
  // initialize the LED as an output:
  pinMode(ledPin, OUTPUT);
  // initialize serial communication:
  Serial.begin(9600);
}
```

主循环中的第一段为读取按键的状态。

```
void loop() {
  // read the pushbutton input pin:
  buttonState = digitalRead(buttonPin);
```

如果当前状态和上一次的状态不相同的话，则按钮被按下，程序将进行到下一个 if()
语句中。

```
  // compare the buttonState to its previous state
  if (buttonState != lastButtonState) {
```

接下来则是检查按钮的状态是高电平还是低电平。如果它是高电平，则按钮已改变为
断开状态。

```
    // if the state has changed, increment the counter
    if (buttonState == HIGH) {
      // if the current state is HIGH then the button
      // wend from off to on:
```

这段代码将会递增计数器，然后在串口监视上输出一行信息，显示按键当前的状态和
按下的次数。计数器在按键被按下时自动增加 1，而不是在按键松开时计数。

```
      buttonPushCounter++;
      Serial.println("on");
      Serial.print("number of button pushes: ");
      Serial.println(buttonPushCounter);
    }
```

当按键从高电平变为低电平时，按键为闭合状态，此时状态的改变将会输出到串口监
视器上，如图 11-7 所示。

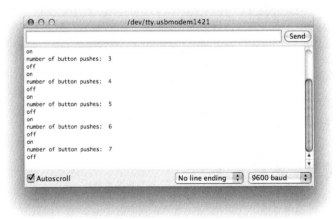

图 11-7
串口监视器提供了监控
Arduino 数据的窗口

```
    else {
      // if the current state is LOW then the button
      // wend from on to off:
```

```
        Serial.println("off");
    }
}
```

这段代码使你只需点击一下按钮即可，而不用一直保持按下的状态；代码也留下了足够的空间来让你添加自己的功能。

因为按键的状态发生了改变，则当前状态变量是下一个循环的上一次状态。

```
// save the current state as the last state,
//for next time through the loop
lastButtonState = buttonState;
```

在循环结束时，判断按键是否被按下 4 次了。如果按下次数的总数能被 4 整除，则将 LED 管脚设置为高电平；如果不是，则被重新设置为低。

```
// turns on the LED every four button pushes by
// checking the modulo of the button push counter.
// the modulo function gives you the remainder of
// the division of two numbers:
if (buttonPushCounter % 4 == 0) {
  digitalWrite(ledPin, HIGH);
} else {
  digitalWrite(ledPin, LOW);
}

}
```

你可能发现，这个程序中的计数器偶尔会跳动，这取决于你所使用的按键类型和质量，你可能很自然地问，正如前一节所讲，"为什么这个程序不包含去抖动呢"？ Arduino 的示例程序旨在帮助你更容易地了解许多单个案例的原理，以满足你的不同需求。在一个程序里包含两种或两种以上的技术可能是很好的应用程序，但会让你和正在学习的人学习起来更加困难，从而难以理解每一部分是如何工作的。

如果能够结合大量的示例，则可以学习它们每一个的优点。不幸的是，本书并不包含这部分内容，最好的办法是同时打开两个程序，将它们合并为一个程序，并且一行一行地检查是否有重复或遗漏的变量。编译快捷方式（按 Ctrl+ R 或 cmd+ R 组合键）对这个任务非常有帮助。祝你好运！

传感器数据滤波

模拟传感器可以非常精确，能够以很高的精度测量光线强度或距离。但有时候，传感器过于敏感，会使一点改变就造成很大影响。如果这是你需要的，那么它非常棒，但如果不是，则你可能想对结果进行滤波，使一些错误的读数不会干扰最终的结果。滤波就是对你的数据求取平均值，使得任何异常都不会过多地影响你的结果。本书第 17 章讲述了使用 Processing 软件将结果以柱状图的形式显示出来，这为我们发现数据的不一致提供了很大的帮助。

编写 Smoothing 程序

本示例中，你将尝试对光线传感器的结果进行滤波处理。

你需要以下材料。

● 一块 Arduino Uno 控制板

● 一块面包板

● 一个 LED

● 一个光线传感器

● 一个 10 kΩ 电阻

● 一个 220 Ω 电阻

● 跳线若干

完成图 11-8 和图 11-9 所示的读取光敏电阻数值的电路。

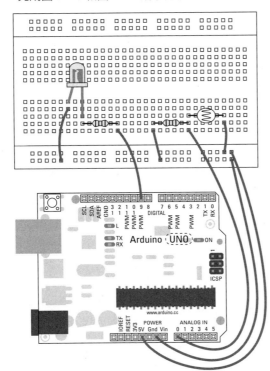

图 11-8

光敏传感器接线图

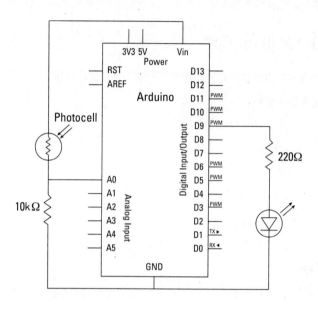

图 11-9

光敏传感器原理图

选择 File ⇨ Examples ⇨ 03.Analog ⇨ Smoothing 找到滤波程序并将其打开。

这个程序是利用电位器来演示滤波的。这是可以的，但是通过电位器很难看到滤波的作用，因为它的机械部分已经使其模拟输入相当平滑。光线、测距和运动传感器更有可能需要滤波处理。

```
/*

Smoothing

Reads repeatedly from an analog input, calculating a running average
and printing it to the computer. Keeps ten readings in an array and
continually averages them.

The circuit:
 * Analog sensor (potentiometer will do) attached to analog input 0

Created 22 April 2007
By David A. Mellis <dam@mellis.org>
modified 9 Apr 2012
by Tom Igoe
http://www.arduino.cc/en/Tutorial/Smoothing

This example code is in the public domain.
```

```
*/

// Define the number of samples to keep track of. The higher the number,
// the more the readings will be smoothed, but the slower the output will
// respond to the input. Using a constant rather than a normal variable lets
// use this value to determine the size of the readings array.
const int numReadings = 10;

int readings[numReadings]; // the readings from the analog input
int index = 0;             // the index of the current reading
int total = 0;             // the running total
int average = 0;           // the average

int inputPin = A0;

void setup()
{
  // initialize serial communication with computer:
  Serial.begin(9600);
  // initialize all the readings to 0:
  for (int thisReading = 0; thisReading < numReadings; thisReading++)
    readings[thisReading] = 0;
}

void loop() {
  // subtract the last reading:
  total= total - readings[index];
  // read from the sensor:
  readings[index] = analogRead(inputPin);
  // add the reading to the total:
  total= total + readings[index];
  // advance to the next position in the array:
  index = index + 1;

  // if we're at the end of the array…
  if (index >= numReadings)
    // …wrap around to the beginning:
    index = 0;

  // calculate the average:
  average = total / numReadings;
  // send it to the computer as ASCII digits
  Serial.println(average);
  delay(1); // delay in between reads for stability
}
```

　　不管你使用什么传感器,这个程序都可以给出非常好的滤波结果。滤波是通过对很多数据求取平均值来实现的。求平均值的过程可能会降低每秒钟读取的数据量,但是由于 Arduino 能够远远快于你来获取这些变化，所以放慢速度并不会明显影响传感器的正常工作。

解析 Smoothing 程序

程序开头就是声明常量和变量。首先，用于求取平均值的数据的数目，定义为 numReadings，并赋值为 10。

```
const int numReadings = 10;
```

接下来的四个变量用于记录已存储多少个数据，并求出它们的平均值。这些传感器数据被添加到数组（或列表）中，此处定义为 Readings。Readings 数组的项数是通过方括号来定义的。由于已经定义了 numReadings，因此它可以被用来设置数组长度为 10（编号或"索引"为从 0 到 9）。

```
int readings[numReadings]; // the readings from the analog input
```

索引是当前值的常用术语，用于追踪已获取的循环或读数。因为每次读数时索引都会增加，增加之后则会把下一个读数保存在下一个位置中，所以它用于将数据存储在正确位置。

```
int index = 0; // the index of the current reading
```

变量 total 用于累计已经读取的数值的总和。变量 average 用于存储数据总和的平均值。

```
int total = 0; // the running total
int average = 0; // the average
```

最后一个变量是 inputPin，用于设置读取数据的模拟引脚。

```
int inputPin = A0;
```

在 setup 中初始化串口，使得可以通过串口查看光线传感器的读数。

```
void setup()
{
  // initialize serial communication with computer:
  Serial.begin(9600);
```

下一段的代码是一个 for 循环，其用于数组的初始化。在该循环中，初始化一个新的局部变量（thisReading），并赋值为零。然后将变量 thisReading 与数组长度相比较。如果它小于数组长度，则当前数组的当前值将被置为零。

```
// initialize all the readings to 0:
for (int thisReading = 0; thisReading < numReadings; thisReading++)
```

```
        readings[thisReading] = 0;
}
```

通俗地讲，该代码的意思如下所述："设置一个变量等于 0，并且如果该变量小于 10，则使数组中相应索引的值等于零；然后将变量增加 1。"正如你所看到的，它是通过索引 0 到 9 的所有的数字，来将数组中相同位置的值设置为零。当变量达到 10 的时候，for 循环结束，并且程序开始运行主循环。

这种自动化处理非常适合于设置数组。另一种方法是将它们作为单独的整形变量进行写入，这对于你和 Arduino 都是低效的。

主循环代码的第一行是将数组中当前索引的数值从总和中减去。该值将在这个循环中被替换，所以需要将其从总和中减去。

```
void loop() {
  // subtract the last reading:
  total= total - readings[index];
```

下一行程序包含一个使用 analogRead 获得的数据，它存储在数组的当前索引，并将以前的数值覆盖掉。

```
// read from the sensor:
readings[index] = analogRead(inputPin);
```

然后，这个读数被加到总和上，以纠正它。

```
// add the reading to the total:
total= total + readings[index];
// advance to the next position in the array:
index = index + 1;
```

重要的是检查数组是否已经到达尾部，这样的话，程序才不会一直循环，而是输出最终的结果。你可以通过一个简单的 if 语句来实现：如果索引值大于或等于程序所需要读取数据的数目，则将索引值重新设置为零。正如 setup 部分一样，if 语句的索引值将会从 0 一直增加到 9，然后当它达到 10 时设置为零。

```
// if we're at the end of the array…
if (index >= numReadings)
  // …wrap around to the beginning:
  index = 0;
```

要得到数组中所有数据的平均值，将总和除以总数目即可。该平均值将会显示在串行监视器上，以供你检查数据。因为该命令用于显示消息，所以也可以被称为"通过串行端口显示"。在程序的最后，还有一个 1 毫秒的延迟，这在一定程度上减慢了程序的速度并有助于数据的稳定。

```
// calculate the average:
average = total / numReadings;
// send it to the computer as ASCII digits
Serial.println(average);
delay(1); // delay in between reads for stability
}
```

用这样简单的程序对数据求取平均值，有助于抑制项目中不可预知的行为。如果传感器读数直接关系到你的输出，那么求取平均值将是特别有用的。

校准输入

将电路校准想象成你家中的温控器的设置。你家中的火炉或锅炉需要维持在一定的温度范围内，但具体取决于你身在何处，因为不同地方的适宜温度是不同的。如果身处温和的气候，那么可能只有很少的几个月需要加热，但如果身处寒冷的气候，则可能大半年的每天晚上都需要加热。

通过校准 Arduino 项目中的传感器，你可以对传感器进行修正。在这个例子中，你将学习如何校准一个光线传感器。光，当然是非常易变的，无论你是在室内、室外，在光线充足的房间，还是在烛光下工作。尽管光线有着巨大的变化，但光线的所有范围都是可以被 Arduino 感测到的，只要它们在工作范围以内。下面的程序展示了如何根据周边环境来校准光线传感器。

编写 Calibration 程序

本示例需要完成如图 11-10 和图 11-11 所示的电路才能实现光线传感器的自动校准。你需要以下材料。

- 一块 Arduino Uno 控制板
- 一块面包板
- 一个 LED
- 一个光线传感器
- 一个 10 kΩ 电阻
- 一个 220 Ω 电阻
- 跳线若干

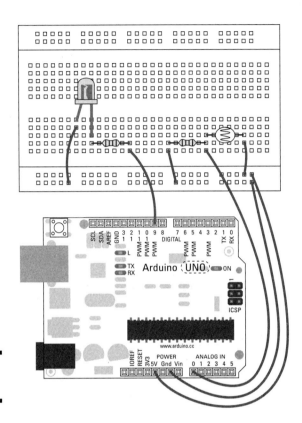

图 11-10

光敏传感器接线图

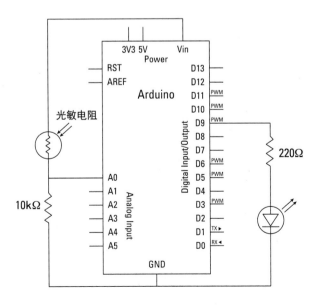

图 11-11

光敏传感器原理图

完成电路后，通过 File ⇨ Examples ⇨ 03.Analog ⇨ Calibration 打开程序。示例代码程序如下所示。

```
/*
 Calibration

 Demonstrates one technique for calibrating sensor input. The
 sensor readings during the first five seconds of the sketch
 execution define the minimum and maximum of expected values
 attached to the sensor pin.

 The sensor minimum and maximum initial values may seem backwards.
 Initially, you set the minimum high and listen for anything
 lower, saving it as the new minimum. Likewise, you set the
 maximum low and listen for anything higher as the new maximum.

 The circuit:
 * Analog sensor (potentiometer will do) attached to analog input 0
 * LED attached from digital pin 9 to ground

 created 29 Oct 2008
 By David A Mellis
 modified 30 Aug 2011
 By Tom Igoe

 http://arduino.cc/en/Tutorial/Calibration

 This example code is in the public domain.
 */

// These constants won't change:
const int sensorPin = A0; // pin that the sensor is attached to
const int ledPin = 9; // pin that the LED is attached to

// variables:
int sensorValue = 0; // the sensor value
int sensorMin = 1023; // minimum sensor value
int sensorMax = 0; // maximum sensor value

void setup() {
  // turn on LED to signal the start of the calibration period:
  pinMode(13, OUTPUT);
  digitalWrite(13, HIGH);

  // calibrate during the first five seconds
  while (millis() < 5000) {
    sensorValue = analogRead(sensorPin);

    // record the maximum sensor value
    if (sensorValue > sensorMax) {
```

```
      sensorMax = sensorValue;
    }

    // record the minimum sensor value
    if (sensorValue < sensorMin) {
      sensorMin = sensorValue;
    }
  }

  // signal the end of the calibration period
  digitalWrite(13, LOW);
}

void loop() {
  // read the sensor:
  sensorValue = analogRead(sensorPin);

  // apply the calibration to the sensor reading
  sensorValue = map(sensorValue, sensorMin, sensorMax, 0, 255);

  // in case the sensor value is outside the range seen during calibration
  sensorValue = constrain(sensorValue, 0, 255);

  // fade the LED using the calibrated value:
  analogWrite(ledPin, sensorValue);
}
```

程序下载完成后，让 Arduino 放置在光线亮度正常的环境中 5 秒钟。然后尝试将你的手移动到光敏电阻上面。你会发现它比先前仅仅读取模拟量时更加灵敏，而且 LED 会从当光敏电阻没被遮盖时的全亮变为当光敏电阻被遮盖时的全灭。

解析 Calibration 程序

程序的第一部分声明了所有的常量和变量。常量是用于光线传感器和 LED 的引脚。需要注意的是，LED 的亮度可变，所以它必须使用一个 PWM 引脚。

```
// These constants won't change:
const int sensorPin = A0; // pin that the sensor is attached to
const int ledPin = 9; // pin that the LED is attached to
```

变量用于存取传感器的当前值和传感器的最小值及最大值。你会发现，sensorMin 的初始值设置为高值，并且 sensorMax 的初始值设定为低值。这是因为它们必须在下限和上限时才会工作，所以分别设置为最小值和最大值。

```
// variables:
int sensorValue = 0;      // the sensor value
```

```
int sensorMin = 1023;     // minimum sensor value
int sensorMax = 0;        // maximum sensor value
```

在 setup 中，需要处理一部分事情。首先，通过 pinMode 将 13 引脚设置为输出。紧接着是使用 digitalWrite 将 13 引脚设置为高电平，这表示传感器处于校准阶段。

```
void setup() {
  // turn on LED to signal the start of the calibration period:
  pinMode(13, OUTPUT);
  digitalWrite(13, HIGH);
```

在前 5 秒中，传感器将会自我校准。由于程序启动之后，millis() 才开始计时，因此最简单的 5 秒计时的方法是使用 while 循环。接下来的代码将会继续检查 millis() 的值，如果时间值小于 5000（5 秒），则执行对大括号内的程序。

```
// calibrate during the first five seconds
while (millis() < 5000) {
```

括号内包含了校准代码。sensorValue 保存了当前的传感器读数。如果这个值大于最大值或小于最小值，则最大值和最小值将会被更新。在 5 秒钟内，将会得到很多数据，这将有助于更好地确定预期的范围。

```
  sensorValue = analogRead(sensorPin);

  // record the maximum sensor value
  if (sensorValue > sensorMax) {
    sensorMax = sensorValue;
  }

  // record the minimum sensor value
  if (sensorValue < sensorMin) {
    sensorMin = sensorValue;
  }
}
```

然后，LED 引脚被置为低电平表明校准结束。

```
  // signal the end of the calibration period
  digitalWrite(13, LOW);
}
```

现在，范围已经确定下来了，只需要将其应用到 LED 的输出上。通过 sensorPin 获取数据。由于读数的范围为 0~1024，因此它需要被映射到 LED 亮度的范围即 0~255。使用 map() 函数和 sensorMin 及 sensorMax 的值，将 sensorValue 转换到新的范围，而不是 0~1024。

```
void loop() {
  // read the sensor:
```

```
sensorValue = analogRead(sensorPin);

// apply the calibration to the sensor reading
sensorValue = map(sensorValue, sensorMin, sensorMax, 0, 255);
```

传感器的读数仍然有可能超过校准值的上下限，因此必须使用 constrain() 函数来限制 sensorValue 的范围。这意味着，在 0~255 之外的任何值都将被忽略。校准可以更好地确定数据的上下限，所以任何过大或过小的值都有可能是异常。

```
// in case the sensor value is outside the range seen during calibration
sensorValue = constrain(sensorValue, 0, 255);
```

剩下所要做的就是通过模拟输出到 ledPin 将已映射和限制的数值更新到 LED 的亮度上。

```
// fade the LED using the calibrated value:
analogWrite(ledPin, sensorValue);
}
```

这个程序是传感器的读数值和所处环境有关的典型代表。校准只会在程序启动时运行一次，所以如果范围仍然无效，则最好重新启动或校准更长的时间。校准的目的是去除噪声读数中不断变化的数值——所以你也应该确保被测量的环境中没有任何不需要测量的干扰。

第12章
通用传感器基础

以我的教学经验来说，我经常发现，当人们第一次有一个想法时，他们常常沉迷于如何使用他们已经学会的硬件，而不是专注于他们想要实现什么。如果 Arduino 是可以解决许多问题的工具箱，那么使用正确的工具来做正确的事便是关键。

如果你登录任何和 Arduino 相关的网站，那么可能会看到传感器的列表，而且寻找适用于你项目的传感器是一个令人莫名其妙的经历。常用的做法是在网上搜索其他人已经完成的项目，看看有没有与你想要做的项目类似的。其他人的努力和成功是灵感和知识的重要来源，但这些资源也可能让你陷入到太多解决方案的黑洞中，或者这些解决方案对你的需求而言是大材小用。

在本章中，你会了解很多不同的传感器，以及如何使用它们，而且更重要的是为什么使用它们。

需要注意的是，所有给出的价格均为购买一个单独的传感器的价格，这会让你对费用有个大概的了解。如果你买散装或在周边商场购买的话，那么应该能够节省不少的钱。请阅读第 19 章和第 20 章，了解有哪些可以购买传感器的地方。

让按钮更简单

本书（第 7 章）中描述的第一个传感器，可以说是最好的传感器，那就是按钮。按钮有许多种，并且也包括开关。通常情况下，开关会保持它们的位置，像电灯开关那样，但是按键则会弹回。除此之外还有微型开关和切换按钮。它们的电学原理都是相同的，并且很大程度上是机械特性的差别。

如果你打算在你的项目中使用一个按钮，可以从以下几点进行考虑。

● 复杂性：形式上，最简单的按钮是被压在一起的两个金属触点。最复杂的是一组在封闭按钮内的精心设计的触点。按钮往往被安装在针对不同用途而设计的外壳中。例如你套件中的按钮适合用于面包板布局和原型设计。如果将它用在现实世界中的话，就需要加以保护。拆解旧游戏机控制器，可能会发现里面有一个密封的按钮。如果需要更加工业化的按钮，例如紧急停止按钮，则开关需要更大、更坚固，并且甚至可能包含一个更大的弹簧来应对人的击打和敲击的力。

按钮的最特别之处在于，它们从来没有真正复杂过，但是正确的弹簧或按钮的点击会使你的项目在质量上产生差异，所以需要明智地选择按钮。

● 成本：按钮的成本、外壳的质量与使用的材料有着很大的关系。在 RS Components 上，同时出售价格为 9 美分（6 便士）的微动开关到 150 美元左右（100 英镑）的带外壳的工业停止按钮。试想一下，比较便宜的按钮可能就适用于多数的应用。

● 位置：你可以使用按钮来检测人们有意的按压（ 如果你聪明地知道如何安置按钮的话，甚至可以检测无意的按压）。博物馆的展品是使用按钮来记录有意接触的一个很好的例子，因为人们知道如何使用按钮。按钮无处不在，人们每一天都不假思索地使用它们。有时，使用别的巧妙方法可能看起来聪明，但是毫无疑问，按钮始终是安全的选择。

你也可以考虑如何使用一个已经安装好的按钮。例如，也许你正准备监控家中的门多长时间打开一次。如果在门关闭时，在旁边放置一个高度敏感的微动开关，那么每当门被打开的时候微动开关都会告知你。

在本书的第 7 章和第 11 章，你学习了如何搭建一个按钮的电路并且完善它。在本章下面的示例中，你将学习如何简化按钮的硬件电路。通过使用 Arduino 的隐藏功能，你可以只使用一个按钮，而无需额外的硬件。

实施 DigitalInputPullup 程序

基本的按键电路是相对简单的，但它可以通过使用微控制器鲜为人知的功能变得更加简单。在第 7 章的基本按钮的示例（ 见图 12-1 ）中，使用下拉电阻接地，使得按钮引脚变为低电平。每当按下按钮时，按钮连接到 5 V，从而变为高电平。你可以以输入的方式读取按钮的状态。

在单片机内部，包含有一个上拉电阻，使能端将会输出一个恒定的高电平。当接地的按钮被按下时，它将会把电流流到地，从而使得引脚变成低电平。这个设计拥有与第 7 章中基本示例相同的功能，但是逻辑相反：开关断开为高电平，开关闭合则为低电平。因此，布线更简单，因为你不需要额外的电线和电阻。

完成本示例，你需要以下材料。

- 一块 Arduino Uno 控制板
- 一块面包板
- 一个按钮
- 一个 LED（可选）
- 跳线若干

完成如图 12-1 和图 12-2 所示的电路图，使用数字上拉电阻来尝试新的、更简单的按键电路。

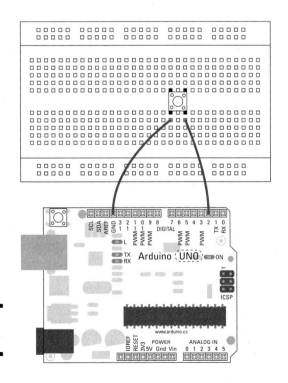

图 12-1

按键电路接线图

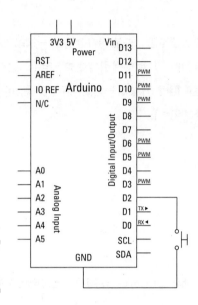

图 12-2

按键电路原理图

Arduino Uno 控制板已经有一个连接到引脚 13 的 LED，但如果你想突出输出的话，则可直接在引脚 13 与相邻的 GND 引脚上插入 LED。

完成电路之后，选择 File ⇨ Examples ⇨ 02.Digital ⇨ DigitalInputPullup 找到数字输入上拉程序。

你们当中的聪明人可能已经注意到这个示例的标题有一个错别字。Arduino 程序中的错别字并不少见，所以我保留了软件中的原样，以免混淆。

```
/*
Input Pullup Serial

This example demonstrates the use of pinMode(INPUT_PULLUP). It reads a
digital input on pin 2 and prints the results to the serial monitor.

The circuit:
* Momentary switch attached from pin 2 to ground
* Built-in LED on pin 13

Unlike pinMode(INPUT), there is no pull-down resistor necessary. An internal
20k-ohm resistor is pulled to 5V. This configuration causes the input to
read HIGH when the switch is open, and LOW when it is closed.

Created 14 March 2012
by Scott Fitzgerald
```

```
    http://www.arduino.cc/en/Tutorial/InputPullupSerial

    This example code is in the public domain

    */
void setup(){
    //start serial connection
    Serial.begin(9600);
    //configure pin2 as an input and enable the internal pull-up resistor
    pinMode(2, INPUT_PULLUP);
    pinMode(13, OUTPUT);

}

void loop(){
    //read the pushbutton value into a variable
    int sensorVal = digitalRead(2);
    //print out the value of the pushbutton
    Serial.println(sensorVal);

    // Keep in mind the pullup means the pushbutton's
    // logic is inverted. It goes HIGH when it's open,
    // and LOW when it's pressed. Turn on pin 13 when the
    // button's pressed, and off when it's not:
    if (sensorVal == HIGH) {
        digitalWrite(13, LOW);
    }
    else {
        digitalWrite(13, HIGH);
    }
}
```

解析 DigitalInputPullup 程序

DigitalInputPullup 程序类似于标准按钮程序，但是有一些变化。在 setup 中，初始化串行通信来监视按钮的状态。接下来，使用 pinMode 设置输入和输出。引脚 2 设置为按钮输入引脚，但不是将其设置为 INPUT，而是使用 INPUT_PULLUP。这样做是为了激活内部上拉电阻。引脚 13 被设定为输出，用作 LED 的控制引脚。

```
void setup(){
    //start serial connection
    Serial.begin(9600);
    //configure pin2 as an input and enable the internal pull-up resistor
    pinMode(2, INPUT_PULLUP);
    pinMode(13, OUTPUT);

}
```

在主循环中，读出上拉引脚的值，并将其存储在变量 sensorVal 中。再将读取的数值输出到串口监视器上。

```
void loop(){
  //read the pushbutton value into a variable
  int sensorVal = digitalRead(2);
  //print out the value of the pushbutton
  Serial.println(sensorVal);
```

由于逻辑相反，因此需要反转的 if ( ) 语句，使之正确。高电平代表断开，低电平代表闭合。在 if ( ) 语句里，你可以编写任何需要执行的操作。此处，当按钮是断开或上拉为高电平时，则关闭 LED 或者设置为低电平。

```
// Keep in mind the pullup means the pushbutton's
// logic is inverted. It goes HIGH when it's open,
// and LOW when it's pressed. Turn on pin 13 when the
// button's pressed, and off when it's not:
if (sensorVal == HIGH) {
  digitalWrite(13, LOW);
}
else {
  digitalWrite(13, HIGH);
}
}
```

这种方法非常适合在你身边没有足够的备用元器件的情况下，别做一个开关。如果需要的话，则只需要一对电线。上拉电阻的这一功能可以用在任何数字引脚，但是只能用于输入。

探索压电传感器

在第 8 章中，你学习了如何使用压电蜂鸣器发出声音，但也应该知道，你可以将相同的硬件用作输入，而不是输出。为了使压电体发出声音，需要通入电流，它便会振动，所以同理可得，如果振动相同的压电体，则产生少量的电流。这通常被称为一个振动传感器，用于测量它所固定的表面的振动。

压电体的大小不同，也决定了它可探测的振动的范围。小型压电体对振动非常敏感，只需要非常少的振动就会达到它们的最大范围。更大的压电体具有更广泛的范围，但是更大的振动对记录读数是必要的。还有一些专门定制的压电传感器，用于检测弯曲、触觉、振动和冲击等。它们的成本比基本压电元件要稍贵，但通常是由柔性膜制成的，所以它们更加结实。

使用压电传感器，需要考虑以下几点。

● 复杂性:压电体的接线是比较简单的，仅需一个电阻即可实现电路功能。压电体本身的硬件也很简单，但是少量的额外工作是必要的。由于压电体的上半部分由脆性陶瓷制成，因此它经常被封装在塑料里，这使得它更易于安装，并避免与压电体表面的脆弱焊点有任何直接接触。

● 成本：压电元件价格便宜，从大约 40 美分（25 便士）没有外壳的最便宜的压电体到 15 美元（约合 10 英镑）的大功率压电蜂鸣器。压电元件比更具体的压电蜂鸣器更加适合用作输入。通常，蜂鸣器外形尺寸更小，而压电元件有一个很大的基座。后者是振动传感器的最佳选择，因为它可以在压电体上提供更大的区域，并可以与被测表面更好地接触。

从各大电子公司购买压电体会更加便宜，但这需要用户浏览庞大的在线目录，因此你可能会发现先从零售店购买更加便捷，如 Maplin（英国）或 RadioShack（美国），在那里你可以看到在现实生活中的产品，并可以感受到不同的形状、样式和外壳。

● 位置：振动传感器通常不直接用作输入。因为它们是如此脆弱，所以让人们一直敲打它们是有风险的。应该将你的压电传感器固定到坚硬的表面上，如木材、塑料或金属表面，并让这些表面承受敲打。例如，安装在楼梯上的振动传感器可能是非常谨慎和不显眼的，但是它们仍然可以得到高精度的读数。

压电体是简单且便宜的传感器，具有广泛的用途。你可以用它们来检测振动，或更直接地制作一个电子鼓套件。本节的示例将指导你如何连接一套自己的压电振动传感器。

编写 Knock 程序

振动传感器使用压电元件来测量振动。当压电体受到振动时，便会产生电压，可以被 Arduino 解读成模拟信号。压电元件通常用来制作蜂鸣器，当有电流通过它们时，则会产生振动。

完成本示例，你需要以下材料。

● 一个 Arduino Uno 控制板

● 一块面包板

● 一个压电传感器

● 一个 1 MΩ 电阻

● 跳线若干

按照如图 12-3 和图 12-4 所示的接线图和原理图，完成振动传感器的电路。该电路中的硬件和第 8 章压电蜂鸣器的程序非常类似，但是有一些变化，你需要将压电元件连接到 Arduino 的输入。

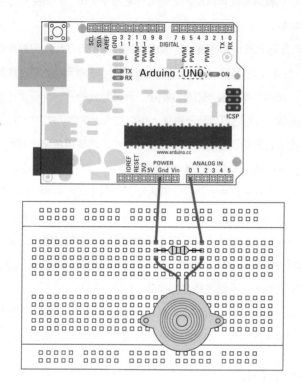

图 12-3

振动传感器接线图

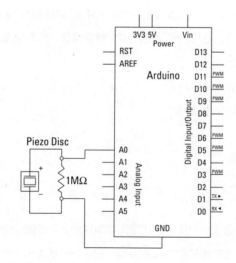

图 12-4

振动传感器原理图

完成电路之后，打开一个新的 Arduino 程序。在 Arduino 的菜单中选择 File ⇨ Examples ⇨ 06.Sensors ⇨ Knock 打开程序。

```
/* Knock Sensor

 This sketch reads a piezo element to detect a knocking sound.
 It reads an analog pin and compares the result to a set threshold.
 If the result is greater than the threshold, it writes
 "knock" to the serial port, and toggles the LED on pin 13.

 The circuit:
  * + connection of the piezo attached to analog in 0
  * - connection of the piezo attached to ground
  * 1-megohm resistor attached from analog in 0 to ground

 http://www.arduino.cc/en/Tutorial/Knock

 created 25 Mar 2007
 by David Cuartielles <http://www.0j0.org>
 modified 30 Aug 2011
 by Tom Igoe

 This example code is in the public domain.

*/

// these constants won't change:
const int ledPin = 13; // led connected to digital pin 13
const int knockSensor = A0; // the piezo is connected to analog pin 0
const int threshold = 100; // threshold value to decide when the detected
                           // sound is a knock or not

// these variables will change:
int sensorReading = 0; // variable to store the value read from the sensor
                       // pin
int ledState = LOW; // variable used to store the last LED status, to
                    // toggle the light

void setup() {
  pinMode(ledPin, OUTPUT); // declare the ledPin as as OUTPUT
  Serial.begin(9600); // use the serial port
}

void loop() {
  // read the sensor and store it in the variable sensorReading:
  sensorReading = analogRead(knockSensor);

  // if the sensor reading is greater than the threshold:
  if (sensorReading >= threshold) {
    // toggle the status of the ledPin:
    ledState = !ledState;
    // update the LED pin itself:
    digitalWrite(ledPin, ledState);
```

```
        // send the string "Knock!" back to the computer, followed by newline
        Serial.println("Knock!");
    }
    delay(100); // delay to avoid overloading the serial port buffer
}
```

点击编译按钮检查你的代码。任何语法错误都将高亮显示，并且以红色标注出来。如果程序编译正确，点击下载将程序下载到 Arduino 控制板中。下载完成之后，打开串行监视器，并在压电传感器上轻轻敲击一下。如果它能工作的话，你将会在串口监视器上看到"Knock!"，并且每个有效的敲击都会改变 LED 的状态。

如果没有反应，则再次检查你的接线。

● 确保引脚连接正确。

● 检查面包板上的跳线连接是否正确。如果面包板上的跳线或元器件没有使用正确的行连接的话，它们将无法正常工作。

解析 Knock 程序

首先声明的是常量，LED 的引脚，振动传感器的引脚和振动的阈值。它们被设置之后将在整个程序中不再改变。

```
// these constants won't change:
const int ledPin = 13; // led connected to digital pin 13
const int knockSensor = A0; // the piezo is connected to analog pin 0
const int threshold = 100; // threshold value to decide when the
                            // detected sound is a knock or not
```

两个会发生改变的变量：当前传感器读数和 LED 的状态。

```
// these variables will change:
int sensorReading = 0; // variable to store the value read from the sensor pin
int ledState = LOW; // variable used to store the last LED status, to toggle the light
```

在 setup 中，LED 引脚被设置成输出，并打开串口用于通信。

```
void setup() {
  pinMode(ledPin, OUTPUT); // declare the ledPin as as OUTPUT
  Serial.begin(9600); // use the serial port
}
```

循环中的第一行即为从振动传感器的引脚读取模拟值。

```
void loop() {
  // read the sensor and store it in the variable sensorReading:
  sensorReading = analogRead(knockSensor);
```

然后，这个数值被用来和阈值相比较。

```
// if the sensor reading is greater than the threshold:
if (sensorReading >= threshold) {
```

如果 sensorReading 的值大于或等于所设置的阈值，则 LED 的状态使用!（取反符号）在 0 和 1 之间切换。此处，取反符号用于返回相反的布尔值，而不用管当前的 ledState 变量。如你所见，布尔不是 1 就是 0（true 或 false），ledState 同样也是。这行代码的意思是"将 ledState 变成相反的值。"

```
// toggle the status of the ledPin:
ledState = !ledState;
```

然后，使用 digitalWrite 将 ledState 的数值输出到 LED 引脚上。digitalWrite 函数将 0 解析为低电平，将 1 解析为高电平。

```
// update the LED pin itself:
digitalWrite(ledPin, ledState);
```

最后，单词"Knock!"被发送到串行端口并延迟很短的时间，以确保稳定性。

```
  // send the string "Knock!" back to the computer, followed by newline
  Serial.println("Knock!");
 }
 delay(100); // delay to avoid overloading the serial port buffer
}
```

利用压力、力和载荷传感器

这三个密切相关的传感器通常容易混淆：压力、力和载荷传感器。这三种传感器实际上在工作方式和输出数据的形式上有非常大的不同，所以了解它们之间的不同是最重要的，这样才可以选择一个最适合你的应用场合的传感器。在本节中，你需要了解每个传感器的不同的定义，以及使用场合和原因。

你需要考虑以下情况。

● 复杂性：正如你所预料的，复杂性取决于你所需要的精度。

● 压力片用于检测当压力施加到一片区域时的情况，并且它们有很多种量程和精度可选。最简单的压力片往往名不副实，且等效于大型开关。简单的压力片是两层箔片，中间被一层带有孔的泡沫层隔开。当泡沫被压扁时，金属接触点通过泡沫实现连接并连通电路。也就是说，这个箔片实际上在检测是否有足够的重量挤压泡沫，而不是在测量压力或重量。这些箔片做了一件很好的工作，并且和跳舞毯里的触发机制是一样的——充分证明你不需要过多地考虑传感器！

为了更高的精度，你可能希望使用力传感器，它可以测量施加在其量程内的力的大小。虽然力传感器可以较为准确地检测重量的变化，但是它们仍做不到精确的测量。力传感器通常是柔性的力敏电阻；即制作在柔性 PCB 上的电阻，当力发生改变时候，电阻则发生改变。电阻本身是柔性电路板，虽然它可以忍受极高的力和负荷，但需要保护它免受直接接触，以防止它弯曲、折叠或撕裂。

压力片占了型谱的一半，另一半则是载荷传感器。载荷传感器的一个示例可以在浴室秤中找到。载荷传感器可以在量程范围内准确地测量体重。它们和力传感器的工作方式大致相同，都是通过弯曲来改变电阻阻值。通常情况下，载荷传感器被固定到一个刚性的金属上，从而监测金属在应变下的阻值变化。这种应变非常微弱，通常需要惠斯登电桥的放大电路进行放大。这种传感器的处理比其他传感器更加复杂，但你可以在互联网上找到可以引导你完成整个过程的材料。

成本：每个传感器的成本都比较低，即使是最灵敏的传感器也同样便宜。DIY 一个廉价的压力片的所有材料可能花费你 3 美元（2 英镑），可从电子产品商店和供应商处买到的廉价的入门级压力片需要 12 美元（8 英镑）。力敏电阻的价格为 8~23 美元（5~15 英镑），但是它的覆盖面积比压力片小很多，所以你可能需要相当多的力敏电阻来覆盖更大的面积。载荷传感器也相对便宜，约 11 美元（7 英镑），这大概是因为它们的应用非常广泛，规模生产使得价格变得更加便宜。另外可能还需要花费时间去设计和制作额外的电路。

位置：这些传感器的真正的难点在于固定它们以防损坏。以压力片和力敏感电阻为例，可以在承受力的那一侧放置一层良好的内饰泡沫。传感器应该足以承受量程以内的力，从而保护传感器，但是仍需要足够的力，以获得足够的输出，这些都取决于泡沫的密度。在传感器的下方，你应该放置一个坚实的基础，可以承受推压。这可能仅仅是将传感器放置在地板或表面上，或者在传感器的下侧附着中密度纤维板的片材 / 胶合板。为了保护压力传感器的外观，你需要考虑在外观上比泡沫更加坚固的东西。对于软处理，室内装潢使用的乙烯基是一个很好的选择。如果预计有人会在表面上行走的话，那么木材上面夹着一层泡沫是一个很好的选择，它可以分散负载并可以很容易地进行更换。如果是负荷传感器，那么它们需要很少的移动，并应该连接到或放置在与其直接接触的脊形表面上。对于浴室的体重秤来说，可能需要一些试验和错误来使得传感器放置在正确的位置，以获得准确的读数。有时使用多个传感器来获得在表面上的平均读数。

挑选一个传感器？现在，你需要弄清楚如何使用它。

- 压力垫是一个非常简单的电路，和按键是一样的原理。其硬件也非常容易，你自己也可以制作，使用两片箔、一块泡沫、一个罩子以及一些导线即可。作为铝箔的替代品，比较好的材料是导电布或导电细线，而且它们还比箔片更灵活。

- 力传感器也是相对容易使用的，而且它可以在简单的 Arduino 电路中替换其他的模拟传感器，如光线或温度传感器。力传感器的范围可能会有所不同，但无论在什么范围内，你都可以在代码里很简单地将力的量程转换到你需要的范围内。

- 如果使用载荷传感器组成一套称重设备，用于精确地称重的话，那么载荷传感器可能是最复杂的传感器了。如果使用 Arduino 来读取载荷传感器的电阻的微小变化，则需要额外的电路和放大器。这个话题不在本书的范围之内，所以如果你想了解更多，可以通过谷歌查找相关资料。

力传感器和任何其他的可变电阻一样，可以很容易地根据需要替换为电位器或光敏电阻。在本节的示例中，你将学习如何使用力敏电阻和 toneKeyboard 程序制作一个 Arduino 钢琴键盘。

实施 toneKeyboard 程序

你可能会觉得按键是键盘最好的输入，但力敏电阻可以给你更高的触摸敏感度。它不只检测按压，还可以检测按键的力度，这与传统的钢琴是一样的。

完成本示例，你需要以下材料。

- 一块 Arduino Uno 控制板
- 一块面包板
- 三个力敏电阻
- 三个 10 kΩ 电阻
- 一个 100 Ω 电阻
- 一个蜂鸣器
- 跳线若干

使用图 12-5 和图 12-6 所示的接线图和原理图，在面包板上布局力敏电阻器和蜂鸣器来制作自己的键盘。

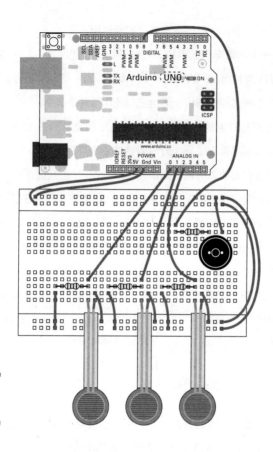

图 12-5

按键电路接线图

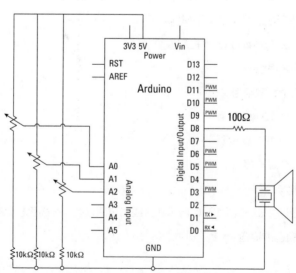

图 12-6

按键电路原理图

完成电路后，打开新的 Arduino 程序。在 Arduino 软件界面上通过选择 File ⇨ Examples ⇨ 02.Digital ⇨ toneKeyboard 来打开程序。

```
/*
  Keyboard

  Plays a pitch that changes based on a changing analog input

  circuit:
  * 3 force-sensing resistors from +5V to analog in 0 through 5
  * 3 10K resistors from analog in 0 through 5 to ground
  * 8-ohm speaker on digital pin 8

  created 21 Jan 2010
  modified 9 Apr 2012
  by Tom Igoe

  This example code is in the public domain.

  http://arduino.cc/en/Tutorial/Tone3

  */

#include "pitches.h"

const int threshold = 10; // minimum reading of the sensors that generates a
                          // note

// notes to play, corresponding to the 3 sensors:
int notes[] = {
   NOTE_A4, NOTE_B4,NOTE_C3 };

void setup() {

}

void loop() {
  for (int thisSensor = 0; thisSensor < 3; thisSensor++) {
    // get a sensor reading:
    int sensorReading = analogRead(thisSensor);

    // if the sensor is pressed hard enough:
    if (sensorReading > threshold) {
      // play the note corresponding to this sensor:
      tone(8, notes[thisSensor], 20);
    }
  }
}
```

点击编译按钮检查代码。当编译器发现错误时，将会高亮显示语法错误并用红色标示出来。如果程序编译正确，点击下载将程序下载到 Arduino 控制板中。完成下载之后，试试按键能否正常工作。如果正常的话，你就可以演奏了。

如果没有任何反应，再次仔细检查你的接线。

● 确保你连接了正确的引脚。

● 检查面包板上的连接。如果跳线或元器件没有正确使用面包板上的行来连接的话，它们将无法正常工作。

解析 toneKeyboard 程序

toneKeyboard 程序使用了和第 8 章 Melody 程序相同的一个表。第一行包含 pitches.h，这可以在主程序旁边单独打开标签页。

```
#include "pitches.h"
```

设置一个 10 的低阈值（在 1024 中不可能产生），以避免背景干扰产生任何的低读数。

```
const int threshold = 10; // minimum reading of the sensors that generates a
                          // note
```

每个传感器的音调都存储在索引值（0、1 和 2）和模拟输入管脚编号（A0、A1 和 A2）相对应的数组中。你可以以手动查看 pitches.h 中的音符值，进而改变这些包含在数组中的音符值。只需要复制并粘贴新的音符值来替换每个传感器的音符即可。

```
// notes to play, corresponding to the 3 sensors:
int notes[] = {
  NOTE_A4, NOTE_B4,NOTE_C3 };
```

在 setup 中，你不需要进行任何的定义，因为模拟输入引脚默认被设置为输入。

```
void setup() {

}
```

在主循环中，有一个 0 到 2 的 for() 循环。

```
void loop() {
  for (int thisSensor = 0; thisSensor < 3; thisSensor++) {
```

for() 循环的值被用作引脚，并且读取值被暂时存储到 sensorReading 中。

```
    // get a sensor reading:
    int sensorReading = analogRead(thisSensor);
```

如果读数大于下限阈值，则它被用来触发分配给该输入引脚的正确音调。

```
    // if the sensor is pressed hard enough:
    if (sensorReading > threshold) {
      // play the note corresponding to this sensor:
      tone(8, notes[thisSensor], 20);
```

```
        }
    }
}
```

由于循环运行的速度非常快，读取每个传感器的延迟都可以忽略。

电容感应

电容式传感器可以检测到电磁场的变化。每一个生命体都有一个电磁场——当然也包括你。电容式传感器是非常有用的，因为它们可以检测到人体的接触，而忽略其他环境因素。你可能熟悉高端电容式传感器，因为它们存在于几乎所有的智能手机中，但其实它们在 20 世纪 20 年代后期就已经存在了。你可以找到带有电容式传感器的 Arduino 套件，如电容式触摸按键，并轻松地使用它起来。同时，你也可以很方便地使用 Arduino 和天线来制作自己的电容式传感器。

你需要考虑以下情况。

◐ 复杂性：因为只需要一个天线，所以你可以在天线的种类、放置的位置上发挥你的创意。小段导线或铜带都适合简单的触摸传感器。这一小段铜带突然变成了触摸式开关，意味着不需要按按钮。你可以在天线上连接更大的金属物体，甚至连诸如一盏灯，将它变成一盏触摸灯。

如果该天线是由一卷导线或一片箔片制成的，则可以延长传感器触摸的距离，这被称为投射式电容传感器。这意味着，你可以在天线的几英寸外检测一个人的手，这为隐藏其他材料背后的传感器创造了很多可能性。这种电容传感器现在多用于常用的消费类电子产品，从而可以除去物理形式的按键，保持产品圆滑的形状。该电子产品也处于其他材料层之间，从而完全与外界隔离开来。

电容式触摸传感器是非常容易制作的。真正的困难是使用投影传感器确定投射的范围。确定投射范围的最佳办法是通过实验和测试来判断生成的投射场是否可以足够远。

◐ 成本：一个特殊定制的电容式触控套件大约 15~23 美元（10~15 英镑）。该套件的性能比较优异，但是接口可能会被限制。Sparkfun 出品的电容传感器接口板约 10 美元（约合 6.50 英镑），可以控制多达 12 个电容式传感器。你必须连接你自己的触摸板，但可以按照自己的目的自由地设计合适的接口。

最便宜的选择是使用 Arduino 的 CapSense 库，它可以让你做一个基于天线的电容传感器，除此以外不需要其他的硬件！这意味着你需要花几美分（或便士）购买天线或重新使用一个旧的天线。

● 位置：电容式触摸传感器可以在任何导体上工作，所以如果你能够设计一个有吸引力的金属外观，那么唯一的工作就是将导体连接到 Arduino 上。如果你正在寻找一些更谨慎的东西，则可能想尝试用木头或塑料的夹层来隐藏金属天线。薄层胶合板能使金属更加接近表面，从而能够触发传感器。用非导电表面覆盖天线，可以赋予它一个看似神奇的属性：人们保证都在猜测它到底是如何工作的。

获取 CapSense 库文件

我们可以从 GitHub 上获取 CapSense 库文件。GitHub 是软件的在线存储库，可以管理不同的版本，并让你知道谁更新了软件以及更新了哪些地方。这是一个很好的代码项目共享和协作的制度。你可以在 GitHub 上找到 Arduino 平台；如果你对任何更改都很好奇的话，可以仔细查看变更记录。按照下列方法获取库文件。

1. 在 Web 浏览器输入 GitHub 上的 CapSense 页面网址 https://github.com/moderndevice/CapSense。

2. 在CapSense的页面，点击"以zip文件下载该库"按钮。

按键上标有一个云和 ZIP 字样。

下载最新版本的库文件到下载文件夹或你指定的文件夹中。

3. 重命名文件夹 "CapSense"。

在文件夹里，你会看到一些后缀为 .h 和 .cpp 的文件，以及一个示例文件夹。

4. 将整个文件夹放入你的 Arduino 库文件目录。

这应该和你保存的程序是同一个目录，例如：Username/Documents/Arduino/libraries.。如果没有库文件目录，则创建一个。

通过从 Arduino 的菜单栏中选择 Arduino ⇨ Preferences，你可以找到 Arduino 的保存目录。在将 CapSense 库文件放入这个文件夹中之后，它将会在下一次运行Arduino软件时可以使用。

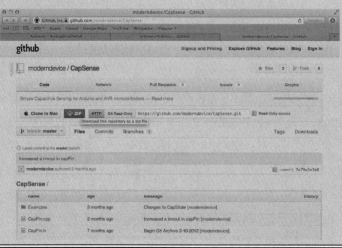

5. 启动或重新启动 Arduino 软件，在 Arduino 的菜单选择 Sketch ⇨ Import Library。

在第三方库的部分寻找 CapSense 库文件。如果你没有找到它，检查放置的目录和拼写，然后重新启动 Arduino 软件。

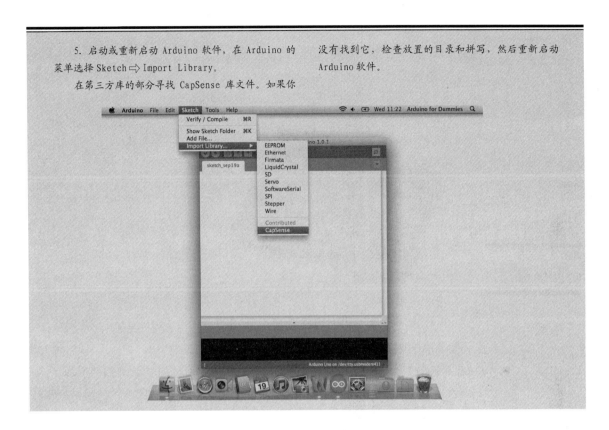

使用电容式传感器的最简单的方法是使用 Paul Badger 编写的 CapSense 库。通过使用 CapSense 库（我将在边栏解释如何"获取的 CapSense 库"），你可以完全放弃机械开关，将它们更换为高度可靠的电容式触摸传感器或电容存在检测器。

实施 CapPinSketch 程序

完成本示例，你需要以下材料。

- 一块 Arduino Uno 控制板
- 一根导线天线
- 鳄鱼夹（可选）

如图 12-7 所示，你只需要完成很少的工作。仅需要将一个电线天线连接到引脚 5，你可以通过连接到任何其他导电表面来放大接触面积。鳄鱼夹可以快速而轻松地夹住不同的天线。

图 12-7

DIY 电容传感器

如果 CapSense 库文件能够被识别，示例文件夹应该也在里面。搭建电路，并从 Arduino 软件的菜单中选择 File ⇨ Examples ⇨ CapSense ⇨ Examples ⇨ CapPinSketch 加载程序。

```
#include <CapPin.h>

/* CapPin
 * Capacitive Library CapPin Demo Sketch
 * Paul Badger 2011
 * This class uses the built-in pullup resistors read the capacitance on a pin
 * The pin is set to input and then the pullup is set,
 * A loop times how long the pin takes to go HIGH.
 * The readPin method is fast and can be read 1000 times in under 10 mS.
 * By reading the pin repeated you can sense "hand pressure"
 * at close range with a small sensor. A larger sensor (piece of foil/metal)
 * will yield larger return values and be able to sense at more distance. For
 * a more sensitive method of sensing pins see CapTouch
 * Hook up a wire with or without a piece of foil attached to the pin.
 * I suggest covering the sensor with mylar, packing tape, paper or other insulator
 * to avoid having users directly touch the pin.
 */

CapPin cPin_5 = CapPin(5); // read pin 5

float smoothed;

void setup()
{
```

```
    Serial.begin(115200);
    Serial.println("start");
    // slider_2_7.calibrateSlider();

}


void loop()
{


    delay(1);
    long total1 = 0;
    long start = millis();
    long total = cPin_5.readPin(2000);


    // simple lowpass filter to take out some of the jitter
    // change parameter (0 is min, .99 is max) or eliminate to suit
    smoothed = smooth(total, .8, smoothed);

Serial.print( millis() - start); // time to execute in mS
Serial.print("\t");
Serial.print(total);                // raw total
Serial.print("\t");
Serial.println((int) smoothed); // smoothed
    delay(5);
}

// simple lowpass filter
// requires recycling the output in the "smoothedVal" param
int smooth(int data, float filterVal, float smoothedVal){

    if (filterVal > 1){ // check to make sure param's are within range
      filterVal = .999999;
    }
    else if (filterVal <= 0){
      filterVal = 0;
    }

    smoothedVal = (data * (1 - filterVal)) + (smoothedVal * filterVal);
    return (int)smoothedVal;
}
```

　　点击编译按钮检查你的代码。当编译器发现错误时，将会高亮显示语法错误并用红色标示出来。如果程序编译正确，点击下载将程序下载到 Arduino 控制板中。完成下载之后，打开串口显示器并且用手触摸或接近天线。你应该看到屏幕上快速地跳过两个值。左边是正在读取的原始值；右边是经过滤波后的读数。

　　如果没有任何反应，再次仔细检查你的接线。

● 确保连接了正确的引脚。

● 检查了面包板上的连接。如果跳线或元器件没有正确使用面包板上的行来连接的话，它们将无法正常工作。

解析 CapPinSketch 程序

在程序声明开始的部分，新建了一个 CapPin 对象。cPin_5 是名称，通过使用 CapPin（5）将它分配在管脚 5 上。

```
CapPin cPin_5 = CapPin(5); // read pin 5
```

定义了一个 smoothed 浮点型变量，用于存储处理后的传感器数据。

```
float smoothed;
```

在 setup 中，以 Arduino 可用的最快的波特率 115200 来初始化串行通信，并且发送消息"start"表示串行端口连接成功。

```
void setup()
{

  Serial.begin(115200);
  Serial.println("start");
```

什么是浮点数据？

浮点或浮点数，是带有小数点的任何数。变量可以被设置为浮点数而不是整数。这在某些情况下是最好的选择，此处你需要获取电容的非常精确的读数。然而，浮点数的处理比整数要花费更多的时间，因此应该尽可能避免使用。

此注释行未在本程序中使用，但在其他一些 CapSense 示例中被使用。本库中包含更高阶的校准函数，但本示例中未涉及：

```
  slider_2_7.calibrateSlider();
}
```

在这个程序中，声明了许多局部变量。它们不需要在循环之外使用，在每次循环之后被除去，并在下一循环的开始被重新声明。

首先，是一毫秒的延迟，用来帮助提高读数的稳定性：

```
void loop()
{
```

```
    delay(1);
```

接下来，声明长整型变量 total1。这个变量看起来有点混乱，因为小写的 L 和数字 1 在大多数的字体中看起来相同。顺便说一下，此变量不会在此程序中被用到。它可能是上一版本遗留下来的。

```
long total1 = 0;
```

下一个长整型变量是设置当前已运行的毫秒值。这是个局部变量，每一个循环中都将被重置。

```
long start = millis();
```

特殊函数 .readPin() 读取电容引脚值。

```
long total = cPin_5.readPin(2000);
```

如果你想更深入地探索到底发生了什么，可在 CapSense 库文件中查看 CapPin. cpp。起初，它看起来有点莫名其妙，但通过查看下面这一行，可知该值和 Arduino 获取电容读数的样本的数量有关：

```
long CapPin::readPin(unsigned int samples)
```

不建议初学者编辑库文件的内部函数，但查看它们可以很好地知道程序中发生了什么事情，并试图更好地了解它们。

程序中包含一个滤波函数。该函数获取传感器原始读数和滤波系数，然后输出滤波后的数据。此处，滤波系数被设置为 0.8，但是可以继续尝试，最终找到适合你应用的滤波系数。此数值的大小取决于循环的速度和此间获取数据的多少，如果你希望添加很多其他变量或输出则需要记住这一点。

```
// simple lowpass filter to take out some of the jitter
// change parameter (0 is min, .99 is max) or eliminate to suit
smoothed = smooth(total, .8, smoothed);
```

最后，该值被输出到串行端口进行监控。millis() - start 给出了读取所花费的时间。如果想获取更多的样本或在程序中添加任何延迟，则这些活动都会增加循环完成的时间和传感器的反应时间。

```
Serial.print( millis() - start); // time to execute in mS
```

标签用来整齐地分隔数值。总和和平滑值都输出来用于比较。你可能会注意到平滑值的响应时间稍有延迟。这种延迟说明 Arduino 正在读取更多的数值来做平滑处理，而这需要很多的时间。这在传感器被使用时并不明显，因为波特率非常高。

```
Serial.print("\t");
Serial.print(total); // raw total
Serial.print("\t");
Serial.println((int) smoothed); // smoothed
  delay(5);
}
```

在程序主循环外的底部是一个附加功能。这是一个低通滤波器，并输出经过滤波的结果。该函数以 int 开头，而不是像 setup() 和 loop() 一样以 void 开头，这表明其返回值为一个整数。以 int 开头表示当该功能被调用时，也能够将其返回值赋予其他变量。

```
// simple lowpass filter
// requires recycling the output in the "smoothedVal" param
int smooth(int data, float filterVal, float smoothedVal){

  if (filterVal > 1){ // check to make sure param's are within range
    filterVal = .999999;
  }
  else if (filterVal <= 0){
    filterVal = 0;
  }

  smoothedVal = (data * (1 - filterVal)) + (smoothedVal * filterVal);

  return (int)smoothedVal;
}
```

激光绊线

激光绊线由两部分组成：一个激光光源和一个光传感器。正如你从电影中所知道的，当光束被打断的时候，将会响起报警声，同时党羽将会跑过来。拥有一个 Arduino，你可以很直接地做一个激光绊线，来触发你想要的任何事。你可以使用几个简单的组件自己制作一个，而不是购买最先进的安全系统。虽然你只有你自己一个心腹。

● 复杂性：激光是一个很难的学科领域，因为使用它们有潜在的风险。但如果不需要承担视力风险和花费几年时间去学习，为什么不可以使用已经通过测试、认证，并应用于产品领域多年的东西呢？激光笔和激光指示器已经被广泛使用，而且相对廉价。这些通常是 1 级激光器，它们是最低级别的、随处可见的、正常使用条件下都非常安全的，但仍然建议你检查激光器的规格，以确保它适合于你的观众和环境。成年人通常知道不能直视激光，但对于孩子们来说，你必须在这方面小心谨慎并寻找其他传感器。

由于激光束非常精确，因此最好选择一个相当大的传感器，让你有足够大的可以瞄准的面积。该传感器唯一增加的复杂性可能是激光的供电。激光指示器通常使用电池供电（因为底部的巨大插头没有太大的用处），所以你可能需要每隔几天就更换电池，或在电池仓外面用导线连接一个同样功率的电源。

为了充分利用外面的空间，我建议你将激光和光传感器安装在机箱中。一个很好的连接是将机箱安装在迷你三脚架上，这样在调整的时候就会有较大的灵活性。

◉ 成本：你可以花费 15 美元左右（约 10 英镑）在美国 RadioShack 或英国 Maplin 购买一个小型安全的激光指示器。电池寿命和光色是各大品牌之间的主要区别。根据不同的尺寸，光传感器的成本大约为 75 美分到 2.50 美元（50 便士到 1.50 英镑）。如果你选择购买外壳的话，它将花费约 6 美元（4 英镑）。迷你三脚架约为 9 美元（6 英镑）。

◉ 位置：如果你有一个固定绊线的位置，那么将外壳安装在门的两侧是非常简单的。最佳位置是尽可能地低到地板，从而避免激光与眼睛接触。如果你不知道想要放置的位置，或者想尝试一些想法，使其保持移动状态，则可以把安装在三脚架上的绊线移到任何想要的位置。激光绊线特别适合相机触发器，你可以在 www.dummies.com/go/arduinofd 了解更多额外章节。

激光绊线是一种常规的光传感器的改进。通过提供更加激烈的可控光源，可以提高简单的光传感器的精度。

在这个示例中，你可以使用激光来实现光传感器的全部潜力。通过使用 DigitalInOutSerial 电路，可以监控激光照射时的传感器电压，并寻找激光被遮住时的变化。从这个读数差值，你可以触发一些输出。

实施 AnalogInOutSerial 输出程序

完成本示例，你需要以下材料。

◉ 一块 Arduino Uno 控制板

◉ 一块面包板

◉ 一个光传感器

◉ 一个 LED

◉ 一个 10 kΩ 电阻

◉ 一个 220 Ω 电阻

◉ 跳线若干

按照图 12-8 和图 12-9 的布局搭建电路，完成电路的接收部分。激光笔可以是电池供电的，或连接到电压相同的的电源上。有关更详细的电源选择，请查看第 15 章部分内容。

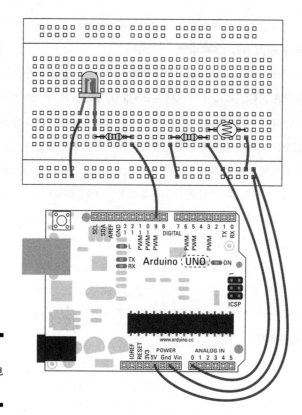

图 12-8

模拟输入和 LED 输出电
路接线图

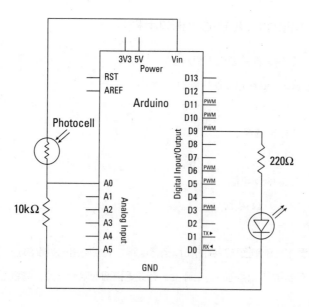

图 12-9

模拟输入和 LED 输出电
路原理图

通过选择 Arduino 软件界面上的 File ⇨ Examples ⇨ 03.Analog ⇨ AnalogInOutSerial 来加载程序。

```
/*
  Analog input, analog output, serial output

Reads an analog input pin, maps the result to a range from 0 to 255
and uses the result to set the pulsewidth modulation (PWM) of an output pin.
Also prints the results to the serial monitor.

The circuit:
* potentiometer connected to analog pin 0.
  Center pin of the potentiometer goes to the analog pin.
  side pins of the potentiometer go to +5V and ground
* LED connected from digital pin 9 to ground

created 29 Dec. 2008
modified 9 Apr 2012
by Tom Igoe

This example code is in the public domain.

*/
// These constants won't change. They're used to give names to the pins used:
const int analogInPin = A0; // Analog input pin that the
potentiometer is attached to
const int analogOutPin = 9; // Analog output pin that the LED is attached to

int sensorValue = 0; // value read from the pot
int outputValue = 0; // value output to the PWM (analog out)

void setup() {
  // initialize serial communications at 9600 bps:
  Serial.begin(9600);
}

void loop() {
  // read the analog in value:
  sensorValue = analogRead(analogInPin);
  // map it to the range of the analog out:
  outputValue = map(sensorValue, 0, 1023, 0, 255);

  // change the analog out value:
  analogWrite(analogOutPin, outputValue);
  // print the results to the serial monitor:
  Serial.print("sensor = " );
  Serial.print(sensorValue);
  Serial.print("\t output = ");
  Serial.println(outputValue);

  // wait 2 milliseconds before the next loop
  // for the analog-to-digital converter to settle
```

```
    // after the last reading:
    delay(2);
}
```

点击编译按钮检查代码。当编译器发现错误时，将会高亮显示语法错误并用红色标示出来。如果程序编译正确，点击下载将程序下载到 Arduino 控制板中。完成下载之后，安装你的激光器，使其直射光传感器的中心。在串口监视器上，你应该看到的范围内（最大 1024）的模拟值。当你阻挡激光束之后，这个范围应该降低，并且 LED 也会显示出这种改变。使用 map 函数通过实验来确定数值的最佳范围。

当该值低于某一阈值时，则可以触发一系列的动作——你拥有了一个高度敏感的断线传感器。

如果没有任何反应，则再次仔细检查你的接线。

● 确保连接了正确的引脚。

● 检查面包板上的连接。如果跳线或元器件没有正确使用面包板上的行来连接的话，它们将无法正常工作。

解析 AnalogInOutSerial 程序

有关此程序的更多详细信息，请参阅第 7 章中 AnalogInOutSerial 的注解。还可以在第 11 章找到不同的数据滤波和校准的程序建议。

运动检测

被动红外传感器（PIR）是家庭和大多数商业建筑常用的传感器。你可能在一个房间的角落里看到过这种传感器，间断地闪烁着红光。它将接收到人、动物或其他热源的红外辐射放出的热量。红外辐射是人眼不可见的，但传感器很容易区分出来。这种传感器类似于数码相机中的传感器，但是没有复杂的透镜可以捕捉详细的图片。本质上，红外传感器介于高分辨率光传感器和低分辨率摄像机之间。PIR 传感器上通常安装一个简单的镜头，以获得更宽广的可视角度。

通常情况下，这种类型的传感器，用于防盗警报器的运动检测。它实际上是检测温度的变化，而不是检测运动。温度的变化可以触发报警系统或做一些更有趣的事情，但是该传感器纯粹是监测环境变化的一种方式。

你有两种方式可以获得一个 PIR 传感器。第一种方法是拆开一个红外防盗报警器，但它可能使用镜头和传感器进行了预包装，所以难以辨认出传感器。第二种方法是购买一个专门用于微控制器项目的传感器。通常配置都是基本的、乒乓球大小的镜头和下方裸露的电路板。后者更容易使用，因为所有的细节都是已知的，本节将会详细地讲解。

你需要考虑以下情况。

◯ 复杂性：改造现有特定系统的 PIR 传感器可能会非常棘手，因为它需要与系统进行通信，当然，所述传感器通常在背面已经清楚地标记出了连接信号。使用现有传感器的优点是，它已经被包装过了，从而减少了你将组件连接在一起的时间。预包装系统通常设计得易于安装，因此可能还需要通过电位器或螺丝刀槽的方式进行人工调整，这种即时调整非常便利，而不必重新安装。

如果你使用的 PIR 传感器不是预先包装的，那么它在硬件和软件方面应该更加简单，但需要认真思考安装的问题。有些 PIR 传感器有自己像开关一样的板载逻辑电路和操作方法，当出现超过阈值的运动时，输出信号便会显示为高电平。这种传感器需要校准从而鉴别与正常情况之间的差别。

◯ 成本：一个家用 PIR 传感器的成本在 15 美元和 45 美元（10 ~ 30 英镑）之间。主要费用在于安装，这通常设计得很谨慎或显得非常高科技。单独 PIR 传感器只占成本价格的一小部分，约 10 美元（6.50 英镑），但需要一个合适的安装才能用于实际的应用。

◯ 位置：很多外壳可以让你巧妙地将传感器安装在墙上，或者你可以考虑本章上一节中提出的使用迷你三脚架。有些三脚架安装件还配备了吸盘支架，这可以完美地将传感器连接到如玻璃一样光滑的表面上。

大多数 PIR 传感器只需要有供电都会正常工作。它们依据所接收到的信息来进行改变，当它们发现变化时便会输出高低电平。这使得它们的编程非常容易，因为你只需要处理和按钮一样的信号。

实施 DigitalReadSerial 程序

在这个示例中，你将学习如何使用可从所有主要的 Arduino 零售商购买到的 SE-10 PIR 传感器。这个特定的红外传感器具有三根导线：红色，棕色和黑色。红线是电源，应该连接到 5 V。奇怪的是，黑线是信号线，而不是电源地（如图 12-10 所示，黑色是最左边的导线，褐色是在中间，红色在右边）。褐色线应该连接到电源地，黑色线连接到引脚 2。

图 12-10

接线颜色奇怪的 SE-10
传感器

信号输出引脚是一个开路的集电极，并且需要开始时拉到高电平。为此，你可以使用一个 10 kΩ 电阻连接到 5 V。因此，当没有发生运动时，该引脚输出高电平，当有运动时则会输出低电平。

完成本示例，你需要以下材料。

- 一块 Arduino Uno 控制板
- 一块面包板
- 一个 SE-10 PIR 运动传感器
- 一个 10 kΩ 电阻
- 跳线若干

按照图 12-11 的接线图和图 12-12 的电路原理完成电路搭建。

完成电路搭建之后，从 Arduino 的菜单中选择 File ⇨ Examples ⇨ 01.Basics ⇨ DigitalReadSerial 加载程序。这个程序是用于检测按钮的，但是其中的原理是相同的。如果你想让程序更加专业，则可以将它保存为一个更合适的名称和变量名。

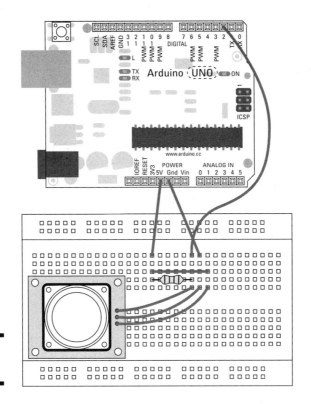

图 12-11

PIR 传感器接线图

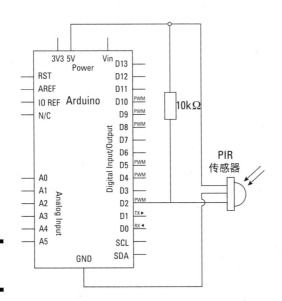

图 12-12

PIR 传感器原理图

```
/*
  DigitalReadSerial
 Reads a digital input on pin 2, prints the result to the serial monitor

 This example code is in the public domain.
 */

// digital pin 2 has a pushbutton attached to it. Give it a name:
int pushButton = 2;

// the setup routine runs once when you press reset:
void setup() {
  // initialize serial communication at 9600 bits per second:
  Serial.begin(9600);
  // make the pushbutton's pin an input:
  pinMode(pushButton, INPUT);
}

// the loop routine runs over and over again forever:
void loop() {
  // read the input pin:
  int buttonState = digitalRead(pushButton);
  // print out the state of the button:
  Serial.println(buttonState);
  delay(1); // delay in between reads for stability
}
```

点击编译按钮检查代码。当编译器发现错误时，将会高亮显示语法错误并用红色标示出来。如果程序编译正确，则点击下载将程序下载到 Arduino 控制板中。完成下载之后，将 PIR 传感器固定在不能移动的表面并打开串口监视器。打开串行监控将会复位程序，而且传感器本身将在 1~2 秒进行校准。当检测到运动的时候，你应该看到 buttonState 的值从 1（无运动）更改为 0（有运动）。

如果没有任何反应，再次仔细检查你的接线。

● 确保连接了正确的引脚。

● 检查面包板上的连接。如果跳线或元器件没有正确使用面包板上的行来连接的话，它们将无法正常工作。

● 尝试断开 GND 并重新连接来重新启动 PIR 感应器，并确保它在校准期间内不会移动。

解析 DigitalReadSerial 程序

唯一声明的变量是引脚 2，按钮所连接的引脚，此处也就是 PIR 传感器连接的引脚。

```
// digital pin 2 has a pushbutton attached to it. Give it a name:
int pushButton = 2;
```

在 setup 中，打开串口并设置波特率为 9600；将输入引脚设置为输入模式。

```
// the setup routine runs once when you press reset:
void setup() {
  // initialize serial communication at 9600 bits per second:
  Serial.begin(9600);
  // make the pushbutton's pin an input:
  pinMode(pushButton, INPUT);
}
```

在 loop 中，读取输入引脚并将其值存储在 buttonState 中。当没有运动发生时，读取的数值为高电平，因为上拉电阻从 5 V 引脚上提供了电压。当发生运动时，集电极开路将电压接地，从而读出低电平。

```
// the loop routine runs over and over again forever:
void loop() {
  // read the input pin:
  int buttonState = digitalRead(pushButton);
```

然后，输入数值被输出到串口监视器上。

```
  // print out the state of the button:
  Serial.println(buttonState);
  delay(1); // delay in between reads for stability
}
```

这是一个将现有代码用在不同硬件上的示例。从这一点来说，它有可能触发基于所述 PIR 传感器的 HIGH 或 LOW 信号的不同输出。要让他人容易并清晰地读懂你的代码，你应该将变量重新命名为更合适的名称，添加自己的注释，并保存程序，让大家可以轻松区分。

测量距离

两种测距传感器是非常流行的：红外接近传感器和超声波测距传感器。它们的工作方式类似，实现几乎一样的事情，但是为你所处的环境挑选正确的传感器是非常重要的。红外接近传感器包含一个光源和传感器。光源发射的红外光被物体反射回到传感器上，测量光返回的时间则表示了物体与传感器之间的距离。

超声波测距传感器则发射出高频声波，并监听声波击打到固体表面的回声。通过测量信号返回的时间，超声波测距传感器可确定声波所传播的距离。

红外接近传感器不是非常准确，并且其可测量的距离比超声波测距传感器要短很多。

你需要考虑以下情况。

● 复杂性：这两种传感器都非常容易集成到 Arduino 项目中。在现实世界中，它们被用于类似的电子应用，如汽车后面的声呐，当你接近路边时蜂鸣器就会响起来。其次，主要的问题在于如何有效地固定它们。红外线接近传感器，例如夏普制造的传感器在传感器主体的外侧有非常实用的螺丝孔。Maxbotix 制造的超声波测距传感器不具有安装座，但其圆筒形使得它们可以简单地通过钻个通孔，安装在物体表面。

- 成本：红外接近传感器的价格约为 15 美元（10 英镑），测量范围约为 59 英寸（150 厘米）或以下。超声波测距传感器具有更大的测量范围和精度，但是价格也比较昂贵，从 27 美元（18 英镑）测量距离 254 英寸（645 厘米）的传感器到 100 美元（65 英镑）测量距离 301 英寸（765 厘米）具有环境补偿功能的传感器。

- 位置：这些传感器的常见应用是监视一个人或一个物体在特定的地面空间里的存在，尤其是当压力垫太过明显或容易被识破的时候，这些情况下 PIR 传感器的应用非常广泛。接近传感器可以让你知道有人出现在传感器直线上的哪个位置，从而使其成为一个非常有用的工具。

红外接近传感器可以在黑暗的环境中使用，但是在阳光直射下的效果非常糟糕。MaxBotix 超声波传感器是我最喜欢的，也是最可靠的传感器。当使用超声波传感器时，你也可以选择你想要的多宽或多窄的波束。大的、水滴状的传感器非常适合检测大方向上大的物体，而窄波束则适合精密测量。

实施 MaxSonar 程序

在这个示例中，你将学习如何使用 MaxBotix LV-EZ0 来精确测量距离。EZ0、EZ1、EZ2、EZ3 和 EZ4 的工作方式相同，但每个都有一个稍窄的波束，因此需要为你的项目选择一个合适的传感器。

测距传感器需要进行一些组装。你可以选择焊接的接头插针来插在面包板上使用，也可以焊接一段长度的线材来使用传感器。

你有三种方式来连接你的传感器：模拟信号、脉冲宽度或串行通信。在这个示例中，你将学习如何测量脉冲宽度并将其转换为距离。模拟输出可以被模拟输入引脚所读取，但是精度没有脉冲宽度测量的精度高。这个示例不包括串行通信。

完成本示例，你需要以下材料。

- 一个 Arduino Uno 控制板
- 一个 LV-EZ0 超声波传感器
- 跳线若干

按照图 12-13 的接线图和图 12-14 的电路图完成电路搭建。传感器的引脚定义清楚地标记在 PCB 的下方。5 V 和 GND 引脚为传感器提供电源，应该连接到 Arduino 上提

供的 5 V 和 GND。PW 引脚是脉宽信号，将被 Arduino 的引脚 7 所读取。请确保你的测
距传感器贴在某种基座上，并指向所要测量的方向。

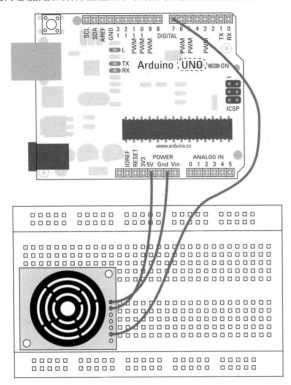

图 12-13

LV-EZ0 电路接线图

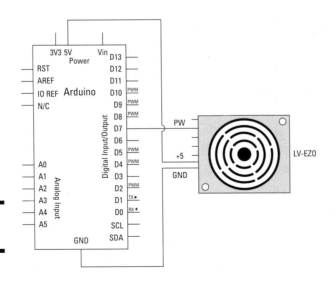

图 12-14

LV-EZ0 电路原理图

你可以在 Arduino 的游乐场 www.arduino.cc/playground/Main/MaxSonar 上找到 Bruce Allen 所写的 MaxSonar 代码，以及一些附加的注释和函数。创建一个新的程序，复制或键入代码，并保存为与众不同的名称，如 myMaxSonar。

```
//Feel free to use this code.
//Please be respectful by acknowledging the author in the code if
you use or modify it.
//Author: Bruce Allen
//Date: 23/07/09
//Digital pin 7 for reading in the pulse width from the MaxSonar device.
//This variable is a constant because the pin will not change throughout
            execution of this code.
const int pwPin = 7;
//variables needed to store values
long pulse, inches, cm;

void setup() {
  //This opens up a serial connection to shoot the results back to the PC console
  Serial.begin(9600);
}

void loop() {

  pinMode(pwPin, INPUT);

    //Used to read in the pulse that is being sent by the MaxSonar device.
  //Pulse Width representation with a scale factor of 147 uS per Inch.

  pulse = pulseIn(pwPin, HIGH);
  //147uS per inch
  inches = pulse/147;
  //change inches to centimetres
  cm = inches * 2.54;

  Serial.print(inches);
  Serial.print("in, ");
  Serial.print(cm);
  Serial.print("cm");
  Serial.println();

  delay(500);
}
```

点击编译按钮检查代码。当编译器发现错误时，将会高亮显示语法错误并用红色标示出来。如果程序编译正确，则点击下载将程序下载到 Arduino 控制板中。完成下载之后，打开串口监视器，你应该看到英寸和厘米两种单位的测量距离。如果测量值有波动，那么请尝试将传感器对着一个具有较大表面的物体。

这个程序可以让你准确地测量直线距离。如果你发现存在较大误差的话，请用卷尺测量实际的距离，并在代码中做出合适的修正。

如果没有任何反应，再次仔细检查你的接线。

⬤ 确保你连接了正确的引脚。

⬤ 检查面包板上的连接。如果跳线或元器件没有正确使用面包板上的行来连接的话，它们将无法正常工作。

解析 MaxSonar 程序

在声明中，引脚 7 被定义为 pwPin（脉冲宽度测量引脚）。

```
//This variable is a constant because the pin will not change throughout
            execution of this code.
const int pwPin = 7;
```

长整型变量用于存储脉冲宽度和英寸、厘米两种单位的距离。请注意，如果它们没有初始值的话，你可以声明三个初始值。

```
//variables needed to store values
long pulse, inches, cm;
```

在 setup 中，打开串口以输出测量的结果。

```
void setup() {
  //This opens up a serial connection to shoot the results back to the PC console
  Serial.begin(9600);
}
```

在主循环中，pwPin 被设置为输入。你可以在 loop 中设置输入，还可以将其移到 setup 中。

```
void loop() {

  pinMode(pwPin, INPUT);
```

使用 pulseIn 函数测量从发出脉冲到收到返回信号之间的时间，以微秒或 μs 为单位。

```
  //Used to read in the pulse that is being sent by the MaxSonar device.
  //Pulse Width representation with a scale factor of 147 uS per Inch.
  pulse = pulseIn(pwPin, HIGH);
```

声波在空气中每 147 μs 移动 1 英寸，这样你就可以通过时间计算英寸距离。下面便是，将输出的距离在不同的单位之间进行一个简单的转换。

```
//147uS per inch
inches = pulse/147;
//change inches to centimetres
cm = inches * 2.54;
```

测量结果被输出到串行监控器上，并且以 Serial.println 函数结尾，以实现每次读数之间启动新的一行。

```
Serial.print(inches);
Serial.print("in, ");
Serial.print(cm);
Serial.print("cm");
Serial.println();
```

增加延时，降低读数的速度以提高可读性，但是如果响应更重要的话，你也可以移除延时。

```
    delay(500);
}
```

这提供了一个精确的距离测量，你可以将其整合到自己的项目中。一个简单的利用方法是使用 if 语句。例如：

```
if (cm < 50) {
// do something!
}
```

喂，喂，有人能听到吗

声音是检测有没有人存在的另一种方式，而其最佳方式是使用驻极体麦克风。这通常需要考虑将模拟形式的数据转换为可识别的声音，我们每一天听到的很多声音都进行了或正在进行模拟到数字的转换。通过将声音转换成数字信号，使其可以被计算机或 Arduino 所处理。驻极体传声器与计算机耳机中的麦克风非常相似，也是极其敏感的，但是要使 Arduino 可以读取数据还需要一个放大器。

你需要考虑以下情况。

● 复杂性：有很多驻极体麦克风可供选择，但目前为止最简单的就是 Sparkfun 的驻极体麦克风接口板。它被安装在一块电路板上并且带有一个放大器，同时还可以很容易地作为模拟输入连接到 Arduino。它可以使用其他耳机或桌面话筒的驻极体麦克风，但这些都需要有自己的特定用途的放大器。除此之外还需要为麦克风制作一个合适的外壳，以保护其免受环境或人体接触，这可能仅仅是具有孔的外壳。

● 成本：麦克风本身非常便宜，Sparkfun（或其他经销商）上的价格为 90 美分（61 便士）。接口板的价格为 7.50 美元（5.10 英镑），这并不是一个节约劳动的巨大代价。

● 位置：作为环境传感器，麦克风可以放置在任何地方，用于测量房间的噪声水平。如果你正在搜寻像关门声一样的特定噪声，那么最好将麦克风靠近声源，以获得清楚的数据。

我曾经遇到过一个不寻常的麦克风用途，那就是监控人的呼吸。麦克风可以测量声音的振幅或大小，非常适合此项应用。将麦克风安装在一个管子的端部，当空气经过麦克风时，甚至可能监测呼吸的长度和强度。

驻极体麦克风非常适合测量声音的幅度或音量。这还可以作为各种输出的触发器。

实施 AnalogInOutSerial 程序

在这个示例中，你可以使用驻极体麦克风来监视声级。这个简单的传感器可以作为模拟输入传入到 Arduino 中。

完成本示例，你需要以下材料。

- 一个 Arduino Uno 控制板
- 一个驻极体麦克风接口板
- 跳线若干

按照图 12-15 的布局和图 12-16 的电路图搭建电路，将麦克风作为输入并将 LED 作为输出。驻极体麦克风接口板需要进行少量焊接，才能用在面包板或连接到 Arduino 上。你可以根据具体情况，焊接 3 头引脚或者焊接一定长度的电线。

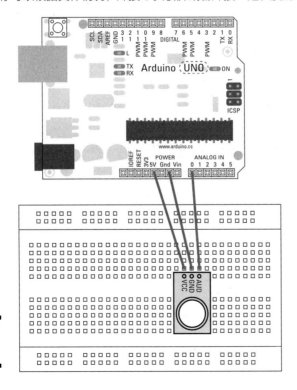

图 12-15

驻极体麦克风接线图

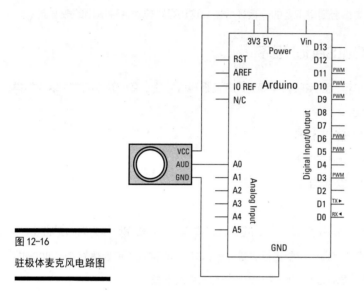

图 12-16

驻极体麦克风电路图

在 Arduino 软件菜单上选择 File ⇨ Examples ⇨ 03.Analog ⇨ AnalogInOutSerial 加载程序。

```
/*
  Analog input, analog output, serial output

Reads an analog input pin, maps the result to a range from 0 to 255
and uses the result to set the pulsewidth modulation (PWM) of an output pin.
Also prints the results to the serial monitor.

The circuit:
* potentiometer connected to analog pin 0.
  Center pin of the potentiometer goes to the analog pin.
  side pins of the potentiometer go to +5V and ground
* LED connected from digital pin 9 to ground

created 29 Dec. 2008
modified 9 Apr 2012
by Tom Igoe

This example code is in the public domain.

*/
```

```
// These constants won't change. They're used to give names to the pins used:
const int analogInPin = A0; // Analog input pin that the potentiometer
is attached to
const int analogOutPin = 9; // Analog output pin that the LED is attached to

int sensorValue = 0; // value read from the pot
int outputValue = 0; // value output to the PWM (analog out)

void setup() {
  // initialize serial communications at 9600 bps:
  Serial.begin(9600);
}

void loop() {
  // read the analog in value:
  sensorValue = analogRead(analogInPin);
  // map it to the range of the analog out:
  outputValue = map(sensorValue, 0, 1023, 0, 255);
  // change the analog out value:
  analogWrite(analogOutPin, outputValue);

  // print the results to the serial monitor:
  Serial.print("sensor = " );
  Serial.print(sensorValue);
  Serial.print("\t output = ");
  Serial.println(outputValue);

  // wait 2 milliseconds before the next loop
  // for the analog-to-digital converter to settle
  // after the last reading:
  delay(2);
}
```

　　点击编译按钮检查代码。当编译器发现错误时，将会高亮显示语法错误并用红色标示出来。如果程序编译正确，则点击下载将程序下载到你的 Arduino 板中。完成下载之后，打开串口监视器，你可以看到范围在 0～1023 的模拟值。

　　如果没有任何反应，则再次仔细检查你的接线。

　　● 确保连接了正确的引脚。

　　● 检查面包板上的连接。如果跳线或元器件没有正确使用面包板上的行来连接的话，它们将无法正常工作。

　　观察你从环境中获取的不同范围的声音数据，以及驻极体麦克风的灵敏度。可以考虑使用的另一个程序是第 11 章中的滤波程序。使用 if 语句，当声音超过某个阈值时可以执行某些操作。

解析 AnalogInOutSerial 程序

　　有关此程序工作的更多详细信息请参阅本书第 7 章 AnalogInOutSerial 的注释。你还可以在第 11 章找到滤波和校准不同的程序建议。

释放 Arduino 的潜力

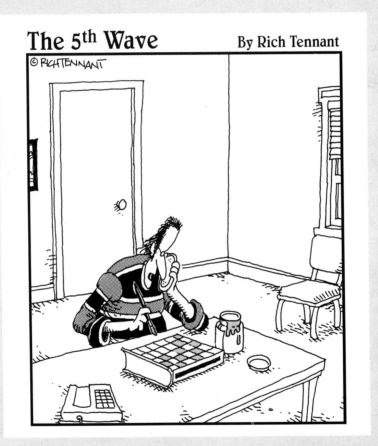

"我乐于忙碌。我告诉邻居我已修好了他的 PS2 游戏手柄，
他可以在上面玩游戏了。"

内容概要

第四部分是关于如何使用 Arduino 做更多的项目。你将学习如何使用 Arduino Mega 2560，和普通 Uno 相比，它可以控制更多的输出。你还将学习如何使用额外的硬件让你的 Uno 板做比你想象的要多的功能，比如移位寄存器和 PWM 驱动芯片。有了这些知识，你可以使用很多的 LED 设置动画，可以创造你自己版本的拉斯维加斯大道（或英国的黑池灯饰），并控制伺服电机的手臂来创建你自己的可以投标的机器人！

第13章
使用扩展板和库函数让你更加专业

本章内容

◆ 探索 Arduino

◆ 了解 Arduino 来自哪里，为何如此重要

◆ 介绍基础准则

随着对 Arduino 学习的深入，你开始想用它做更多的事情，就像当你学会了走路就希望能够奔跑一样。那些能够使你感兴趣的领域也许专业化程度非常高，或者需要你投入大量的时间来理解它们的工作原理。或许对于 Arduino 来说，最重要的一部分就是 Arduino 社区，当你想在学习 Arduino 的道路上走得更远的时候，这里会给你帮助。

传统的观点认为，用教育的方式来锤炼我们，是为了让我们对生活保留想法。但是幸亏有许多聪明的人活跃在 Arduino 社区，他们看到了传统观点的不足并且愿意分享他们努力工作的果实。通过这些知识的分享，Arduino 社区让硬件和软件变得更加容易理解，让更多的人可以使用。如果这些使用者还可以反馈他们的成果，那么这个社区就会成长，最终甚至可以创造并完成非常困难的工程。在这一章中，即使你是一个新手，你也将接触到许多强大的资源，包括扩展板和库函数。

打量一下扩展板

扩展板是一个能够插在 Arduino 主板上的硬件设备，通常被赋予了特殊的用途。比如，你可以使用扩展板轻而易举地连接并控制电机，或者将你的 Arduino 变成和手机一样复杂的设备。有一种扩展板是狂热的发烧友自己做实验使用的硬件扩展板，并且他们将其分享给社区。还有一种是由有进取心的个人（或公司）设计的，他们从 Arduino 社区中搜

集建议，然后将一些特定的功能集成在扩展板上让它们更容易使用。

扩展板可以非常简单，也可以非常复杂。它们既可以是已经装配完成的，也可以是套件的形式。套件允许你更加自由地组装扩展板，添加你所需要的功能。有一些套件需要你自行组装电路板，但通常其中大部分复杂的元件都已组装完成，你只需要添加排针即可。

扩展板允许你将 Arduino 作多种用途，非常方便地在不同的用途之间切换。它们的电路板接口和 Arduino 相互兼容。它们可以堆叠起来组成不同的功能。但是它们都将使用 Arduino 主控板上相同的引脚，所以如果你想要堆叠起来这些扩展板，需要特别注意那些需要使用同一个引脚的功能。它们通常也会连接 GND 引脚，因为任何建立在 Arduino 和扩展板之间的通讯都需要有一个共同的 GND 作为参考。

组合方式的考虑

理论上来说扩展板可以无休止的堆叠在彼此的顶部。但当你真的要这么做的时候，需要考虑下面的因素。

● 物理尺寸：有一些扩展板的顶部不支持堆叠其他的扩展板。它们可能因为顶层的元器件高度太高而触及到上层的扩展板。这种情况下，有可能造成短路，而短路将会非常严重地损毁你的主控板和扩展板。

● 输入 / 输出障碍：如果输入 / 输出信号被其他中间层的扩展板所阻挡，它们就失去了自己的功能。例如，将液晶屏幕或者触摸扩展板放在中间层是不可能实现的。

● 电源供给：有一些扩展板需要大量的电能。即便所有的扩展板可以使用同一组电源和地，但引脚有其所限制的最大电流。Input/ Output 引脚的电流一般 40 mA，峰值 200 mA。如果违背了这点，则将会有严重损坏主板和扩展板的风险。大多数情况下，使用外部电源来给扩展板供电就可以简单地解决这个问题，因为这样就不会让所有的电流都流过 Arduino。使用这种方法时，应确保你使用了相同的 GND，尤其是你需要使用 Arduino 和扩展板进行 I2C、SPI 或者串口通信的时候。

● 引脚：一些开发板需要使用固定的引脚，这时候需要确定其他的扩展板没有使用这些引脚。这种情况下，如果共用了引脚，轻则没有效果，重则损坏硬件。

● 软件：有一些扩展板需要特别的库函数作为支持。在库函中调用相同的函数是会引起冲突的，所以应确保你所使用的是扩展板所需要的。

● 无线电接口 WIFI/ GPS/ GSM：无线通信设备需要预留一定的空间才可以正常工

作。应将天线架设在远离电路板的地方来获取干净的信号。如果天线被部署在电路板上，则遮住它将是一个不可取的选择。这种情况下应尝试将它们堆叠在所有扩展板的最顶部。

章节要点

这一节中包含了市面上能够见到的大多数种类的扩展板的介绍，以帮助你找到适合你的项目的开发板。

请注意这里的价格都是我在写作本书时候的价格，当你查询的时候可能已经改变。但是我会给你一些花销的建议。指向商品的链接也有可能改变，当你发现打不开指向的链接时，可以尝试使用搜索引擎搜索相关的产品。商品的技术信息来自制造商网站，你也可以自己查询，看看它们的参数指标是否符合你的需要。扩展板会偶尔更新，你需要始终关注它们的最新版本。

最终，你可以在网站上找到许多关于产品的反馈信息，在你购买之前请仔细阅读用户的反馈信息和论坛内容，以确保你能够很好地理解它们。

这里所介绍的扩展板涵盖了许多不同的种类，它们极大地挖掘了 Arduino 的潜能。对于许多工程而言，一块扩展板就是所有你需要的东西了，与此同时，这块开发板还是在你将工程完善和小型化之前的一个非常有力的垫脚石。

不同的零售商对扩展板的报价范围会接近于其真实价值。如果你是一个精明的消费者或者希望大量购买，则可以很大程度地减少花销。

Proto Shield Kit Rev3

作者：Arduino

价格：欧时电子 $8.95；Mouser $12.95

引脚占用：未使用任何引脚

Proto Shield（见图 13-1）扩展板是一个让你自行为 Arduino 搭建外部电路的基础平台。本章中所列出的许多开发板都为 Arduino 添加了特殊功能，但是对于 Proto Shield 而言，你可以决定如何使用它。将你已经存在的面包板上的布局移植到这块开发板上，并将它们焊接在 Proto Shield 的表面上将会使它们更加经久耐用。除了一般的尺寸外，还提供了较大尺寸的 Proto Shield，用于适配 Arduino Mega 的引脚布局。这块扩展板的另一个易用特性就是它为你提供了焊接 SMD（贴片电子元件）的空间，如果没有它们，贴片电子元件将会难以焊接。Proto Shield 既是一个已经完全焊接完成的电子元器件，也是一个需要焊接才能完成的扩展板套件。

你可以在 Arduino 网站的产品页面找到更多关于 Proto Shield 的细节信息（http://arduino.cc/en/Main/ArduinoProtoShield）。

图 13-1

一个完全组装好的
Proto Shield 扩展板

ProtoScrew Shield

作者：WingShield Industries

价格：Proto-Pic ₤9.94 ；SparkFun $14.95

引脚占用：未使用任何引脚

ProtoScrew 扩展板与常规的 Proto 扩展板十分相似，但其拥有可以使用螺丝的接线端子。这个特性非常适合与那些拥有许多输入、需要经常改变或者切换的应用。抑或仅仅是便于组装和拆解。在这块扩展板上可以轻易地改变外部的电路连接，这就是接线端子比焊接好用的地方。记住这个特性，当你需要的时候使用它。

WingShield 是以套件的形式进行销售的，需要你自行焊接。

你可以在 SparkFun 网站的产品页面上找到更多的细节信息（www.sparkfun.com/products/9729）。

Adafruit Wave Shield V1.1

作者：Adafruit

价格：Oomlou ₤18.00 ；Adafruit $22.00

引脚占用: Uno R3 主板, 13、12、11、10、5、4、3、2 引脚

Wave Shield 扩展板（见图 13-2）是一个相对比较便宜的可以允许你使用 Arduino 播放音乐的套件。Wave Shield 允许你从 SD 卡播放 .WAV 的音频文件，简单地在 PC 端上载和更换音频文件。为了使用这个扩展板，你需要 WaveHC 的库函数作为支持，你可以在该产品的网页上下载或是通过 Google Code 下载代码（http://code.google.com/p/wavehc/ ）。

Wave Shield 以套件的形式进行销售并且需要自己焊接。其中的 SD 读卡器必须使用 12、13 和 11 引脚，因为它们使用了 Arduino 的 SPI 通信方式，它们通过协议快速地传输数据。引脚 10 用于与 SD 读卡器进行通信，引脚 5、4、3 和 2 用于与模数转换芯片（DAC）进行交互，它将会把数字的音乐信号转换成模拟的电压信号。

浏览 Adafruit 网站上的产品页面寻找更多的细节信息（www.adafruit.com/products/94 ），在这里你还可以找到详细的教程（www.ladyada.net/make/waveshield/ ）。

图 13-2

一个组装完成的 Wave Shield 扩展板

MP3 Player Shied

作者: SparkFun

价格: HobbyTronics £23.95；SparkFun $39.95

引脚占用: Uno R3 主板, 13、12、11、9、8、7、6、5、4、3、2 引脚

使用 MP3 Player 扩展板可以轻易地将 Arduino 变成一个 MP3 播放器。更重要的

是，它不仅能够播放 mp3 文件，还能够播放 Ogg Vorbis、ACC、WMA 和 MIDI 文件。MP3 Player 扩展板也含有一个 SD 卡插槽，可以简单地从 PC 端上传和更改文件，并且它使用了 3.5 mm 的耳机接口，可以和大多数的扬声器系统相兼容。

MP3 Player 扩展板（见图 13-3）虽然已经被组装完成，但其仍然需要一小部分的焊接来连接堆叠 Arduino 主板用的排针，SD 读卡器使用了引脚 13、12 和 11。你可以使用引脚 9 与 SD 读卡器进行交互。使用引脚 8、7、6 和 2 来与 MP3 音频解码芯片 VS1053B 进行交互，引脚 4 和 3 用于额外的 MIDI 功能。

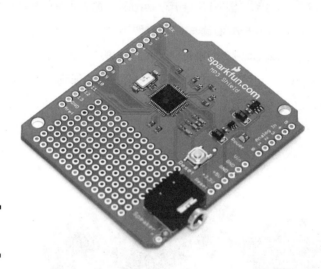

图 13-3

MP3 Player 扩展板套件

浏览 SparkFun 网站的产品页面查看更多细节信息（www.sparkfun.com/products/10628），这里也会有入门的教程（www.sparkfun.com/tutorials/295），但它是很久之前写的，现在已经过时。庆幸的是，在教程页面下方的评论中，有许多地方指出了这个教程的问题，并且有一个用户已经写了一个适用于它的库函数，使用它将会让你的开发变得更加轻松。这是一个非常有力的 Arduino 社区对扩展板产品支持的例子。

最好能够经常阅读这些关于产品的评论和论坛内容，它们通常包含了许多对于特定产品的细节信息。这些地方也同样适用于解决你自己的问题，在提问之前请确保在下面的评论和讨论中这个问题没有被重复提及过。否则你将会被建议去阅读产品手册。

MIDI Shield

作者：SparkFun

价格：HobbyTronics &13.90；SparkFun $19.95

引脚占用：Uno R3 主板，7、6、4、3、2、A1、A0 引脚

MIDI 是乐器数字接口的缩写，它是 20 世纪 80 年代初为解决电声乐器之间的通信问题而提出的。尽管时至今日它看起来非常古老，但是它仍是解决计算机和乐器连接的不二之选，不仅如此，它还适用于一些其他的舞台效果器和硬件设备。使用 MIDI 扩展板，你可以连接任何能够接收或发送 MIDI 信号的设备到 Arduino。

MIDI 扩展板以套件的形式进行销售，你需要购买后自行焊接。

在 SparkFun 网站的产品页面你可以了解到更多关于 MIDI 扩展板的信息（www.sparkfun.com/products/9595），在这里同样可以找到不错的入门教程（http://arduino.cc/en/Tutorial/Midi 和 http://itp.nyu.edu/physcomp/Labs/MIDIOutput）。这里有许多非常棒的参考资料（www.tigoe.net/pcomp/code/communication/midi/ 和 http://hinton-instruments.co.uk/reference/midi/protocol/）。

RGB LCD Shield wl16*2 character display

作者：Adafruit

价格：Adafruit $15.36 ；Adafruit $24.95

引脚占用：Uno R3 主板，A4、A5 引脚

这个易用的 LCD（液晶显示器）扩展板已经将所有你需要的东西集成在了一个印刷电路板上。液晶显示器通常存在于古老的移动电话和 NGB 游戏机中。它们是贴在固定颜色背光板上的一层薄片。通过 Arduino 的控制，薄片中的像素可以展现出形状、文本和图形。在扩展板的中间就是 RGB LCD 显示屏了，不同于普通的 LCD，这个 RGB LCD 可以允许你选择任意喜欢的颜色。RGB 背光可以由 Arduino 来控制。这个显示屏的参数 16×2 意味着你可以在 2 行中，每行最多显示 16 个英文字母。根据你所选择的显示屏的不同，有的显示屏是黑底白字，有的则是白底黑字。在购物页面，你有很多不同种类的 LCD 可以选择，它们拥有不同的背光颜色和尺寸，请务必仔细浏览。

这个 RGB LCD 扩展板是以套件的形式销售的，购买后需要自行焊接。与其他扩展板一个功能使用一个扩展板不同的是，这个扩展板上的 LCD 显示器、背光灯、按键全部只是用了两个引脚。通过 I2C 接口与扩展板通信，你可以只使用 A4 作为数据接口（SDA）和 A5 作为时钟信号（SCL）。这种通信协议被许多设备所使用，所以学习如何使用 I2C 通信非常有用。查看 John Boxall 的教程可以学习更多关于 I2C 的知识：http://tronixstuff.wordpress.com/2010/10/20/tutorialarduino-and-the-i2c-bus/。

查看 Adafruit 的产品页面了解更多关于 RGB LCD 扩展板的信息（http://adafruit.com/products/714）。这里也同样提供了教程（http://learn.adafruit.com/rgblcd-shield）。

这个扩展板不仅限于显示字母和数字，只要是基本原理相同的，都可以显示。如果需要一个能够显示图形的显示器，那么你可能会使用到 SparkFun 的 Color LCD 扩展板，它使用诺基亚 6100 显示器，或是选择更大的 TFT 触控液晶扩展板。

TFT Touch Shield

作者：Adafruit

价格：Proto-PIC ₤56.74；Adafruit $59.00

引脚占用：Uno R3 主板，5、6、7、8、9、10、11、12、13、A0、A1、A2、A3 引脚

如果上面提到的 LCD 显示器对于你来说不够大的话，那么尝试将这个 TFT 触控液晶显示屏扩展板加入到你的工程中，你可以使用全色彩和触控。这个显示屏是一个 TFT LCD 显示屏（该类显示屏上的每个液晶像素点都是由集成在像素点后面的薄膜晶体管驱动的，拥有极高的成像品质），分辨率 240*320 像素，拥有 18 bit 深度色彩，一共能够产生 262114 种不同的颜色。这个显示屏还配备了电阻式触摸传感器，可以检测手指按在了屏幕的哪个位置。

这个 TFT LCD 显示屏是全部组装好的，你不需要自行焊接和组装，它可以被轻易地插在 Arduino 主控板上。触控面板需要占用很多的引脚，仅为你留下了数字引脚中的 2 号和 3 号，模拟引脚中的 4 号和 5 号。如果你不使用 SD 读卡器，那么数字引脚 12 也可以被用作其他用途。

查看产品页面 www.adafruit.com/products/376，这里也提供了完整的教程 http://learn.adafruit.com/2-8-tft-touch-shield。Adafruit 还非常厚道地为我们提供了完整的库函数来操作 TFT 液晶屏上的像素、图形和文本（https://github.com/adafruit/TFTLCDLibrary）。这里还有一个适用于触摸面板的库函数，它可以检测 x、y 和 z 坐标，它们分别代表了横向移动、纵向移动和压力值（https://github.com/adafruit/Touch-Screen-Library）。

Joystick Shield

作者：SparkFun

价格：Proto-PIC ₤8.94；SparkFun $12.95

引脚占用：Uno R3 主板，2、3、4、5、6、A0、A1 引脚

Joystick 扩展板（见图 13-4）在一个与 Arduino 相兼容的板子上集成了全部游戏控制器所需要的功能。它不仅提供给 4 个可以赋予多种功能的按键，还提供了一个隐藏在摇杆中的按键。通过人体工程学的摇杆你还可以精确地控制 x 轴和 y 轴的移动。

Joystick 扩展板以套件的形式进行销售，你需要自行焊接它们。Joystick 扩展板仅占用了 5 个数字引脚和 2 个模拟引脚，为 Arduino 留下了许多可以自由使用的引脚。5 个轻触按键分别使用了数字引脚 2 号到 6 号。扩展板上摇杆的移动可以通过模拟端口测量两个电位计的电压值获得，A0 端口可以获取水平的运动信息，A1 端口可以获取垂直的运动信息。

图 13-4

Joystick 扩展板

你可以在 SparkFun 的产品页面上找到更多关于 Joystick 扩展板的细节信息（www.sparkfun.com/products/9760），这里可以找到它的深度组装教程（www.sparkfun.com/tutorials/161），快速开始指南（www.sparkfun.com/tutorials/171）。

Gameduino

作者：James Bowman

价格：Cool Components £41.99；SparkFun $52.95

引脚占用：Uno R3 主板，9、11、12、13 引脚

Arduino 主控板上的 Atmel AVR 单片机的性能已经远远比 20 世纪 80 年代时的 8 bit 游戏控制器强大了，所以 James Bowman 决定自己制作一款适用于 Arduino 的游戏适配器：Gameduino（见图 13-5）。通过这个 Gameduino 扩展板，可以将图形输出到显

示器、投影仪和任何与 VGA 接口兼容的设备。声音输出采用了 3.5 mm 接口的标准音频接口。你可以将它和上面提到的 Joystick 扩展板配合使用。

图 13-5

Gameduino 和 Joystick 扩展板相配合将会非常完美

　　Gameduino 扩展板已经被组装完成，上手就可以使用了。Gameduino 作为一个 SPI 设备与 Arduino 进行通信，占用了 4 个引脚。（http://en.wikipedia.org/wiki/Serial_Peripheral_Interface_Bus）这里有关于 SPI 通信的细节信息。你可以在这里找到 Arduino 的 SPI 说明内容。参考内容：9 号引脚是 SEL 或 SS 功能（从机选择），11 号引脚是 MOSI 功能（主机发送，从机接受），12 号引脚是 MISO 功能（主机接收，从机发送），13 号引脚是 SCK 功能（串行时钟信号）。

　　在 Gameduino 的产品页面，有一些非常有价值的参考资料（http://excamera.com/sphinx/gameduino/）。开始使用时，下载示例代码看看会发生什么 http://excamera.com/sphinx/gameduino/samples/。如果想要很好地使用这个 Gameduino 开发板，那么你需要仔细地阅读并理解这些说明内容，许多高级的问题也需要被考虑到。祝你好运！

Adafruit Motor/ Stepper/ Servo Shield Kit v1.0

作者：Adafruit

价格：Oomlout ₤16.00；Adafruit $19.50

引脚占用：Uno R3 主板，3、4、5、6、7、8、9、11、12 引脚

喜欢电机？想要把各种类型的电机都试一遍？那这个扩展板一定很适合你！Adafruit

Motor/ Stepper/ Servo 扩展板就如它的名字一样，可以允许你控制这些所有你喜欢的类型的电机。你可以同时连接两个 5 V 的电机、2 个步进电机和 4 个双向直流电机。接线端子可以根据需要轻易地选择或是更换不同的电机。当驱动电机时，还有一个重要的需要被考虑的因素就是电流，你必须有足够的电流来驱动它们，使用扩展板上的供电接线端子可以让它独立于 Arduino 来驱动电机。

Adafruit Motor/ Stepper/ Servo 以套件的形式进行销售，需要被焊接。如果任何的直流电机或者步进电机被使用，Arduino 主控板上的 4、7、8 和 12 号引脚将会被用于控制驱动芯片 74HC595。引脚 3、5、6 和 11 控制每个独立电机的速度。引脚 9 和 10 控制伺服电机（舵机）。剩余的数字引脚有 2 号和 13 号，模拟引脚未被占用。

你可以在 Adafruit 的产品页面找到更多关于 Adafruit Motor/ Stepper/ Servo 扩展板的细节信息（www.adafruit.com/products/81）。在 ladyada.net 有深度的详细教程（www.ladyada.net/make/mshield/）。使用时请观察负载的情况，因为这个扩展板设计的供电电流是每个电机 600 mA，峰值 1.2 A。如果你的电流接近 1 A，则请在驱动芯片上添加散热装置。

同样地，在 Adafruit 的网站上有人提供了帮助你控制电机的库函数（www.ladyada.net/make/mshield/download.html），祝你好运！

Motor Shield R3

作者：Arduino

价格：RS Componets $18.90 ；Arduino $36.25

引脚占用：Uno R3 主板，3、8、9、11、12、13、A0、A1 引脚

Motor 扩展板是一个由 Arduino 官方团队开发的扩展板，它能够控制普通的电机、两个直流电机或者一个单极步进电机，它每个通道的电流通过能力高达 2 A，这就允许你做一些大负载的应用。它还与 TinkerKit 套件相互兼容，这主要是为一些不方便焊接和连线的情况而准备的，你可以快速地使用不同的传感器来控制电机。

Motor 扩展板是一个完全焊接好的东西，拿到手就可以使用。扩展板上的引脚被分成 A 通道和 B 通道。每一个通道可以同时控制两个独立的直流电机，控制功能包括：速度控制、方向控制、制动控制和电流检测。数字引脚 12 和 13 分别独立控制每个通道的方向；3 号和 11 号引脚使用 PWM 控制每个电机的速度；9 号和 8 号引脚用于对电机进行制动，这种办法可以比断电更快地让电机停下来；模拟引脚 0 号和 1 号用于读取每个通道的电机

电流情况，当电流达到 2 A 时输出电压达到最大的 3.3 V。

控制电机的时候，需要使用额外的电源对扩展板进行供电，电源可以通过接线端子连接到扩展板。对于扩展板上与 TinkerKit 相兼容的插座，如果没有正确的接口会很难连接。

你可以在 Arduino 商城的网站上找到更多关于 Motor 扩展板的信息（http://store.arduino.cc/ww/index.php?main_page=product_info&cPath=11_5&products_id=204）。在 Arduino 的网站可以找到更加详细的资料（http://arduino.cc/en/Main/ArduinoMotorShieldR3）。如果你对 TnikerKit 套件好奇的话，不如看看这里 www.tinkerkit.com。

LiPower Shield

作者：SparkFun

价格：Proto-PIC £23.57 ；SparkFun $29.95

引脚占用：Uno R3 主板，3 引脚

如果想让你的 Arduino 项目移动性更强，电池是必不可少的部分。相比于使用普通的 AA 或 AAA 碱性电池，LiPower 扩展板可以允许你使用锂电池。尽管锂电池的最高电压只有 3.7 V，但是很多项目开发者使用硬件将它升压到 5 V 以便于有更充足的能量提供给 Arduino。

LiPower 扩展板虽然已经被组装完成，但仍然需要一些小规模的焊接，比如连接排针或者排座。因为 LiPower 扩展板是一个提供能量的部分，所以它并没有占用很多的引脚。唯一使用到的数字引脚 3 号，作为一个中断功能使用，当锂电池的电量低于 32% 的时候会触发这个中断。

你可以在 SparkFun 的产品页面找到更多关于它的细节信息（www.sparkfun.com/products/10711）。这里有许多关于锂电池充电的信息，所以请仔细的阅读产品描述下面所有的评论。锂电池充电器方面有很多可供选择，它们提供标准的 3.7 V 电压，比如 SparkFun 这款包含了锂电池和一个 USB 充电器的套件（www.sparkfun.com/products/9876）USB/DC 高聚合锂电池充电器，提供电压 5-12 V、3.7 V / 4.2 V（www.adafruit.com/products/280）。这些小型的锂电池非常适合与小型的低电压版本的 Arduino 相结合，使你的项目小型化。比如 Pro Micro - 3.3 v/8 Mhz（www.sparkfun.com/products/10999）或者 Arduino Pro 328 - 3.3 V/8 Mhz（www.sparkfun.com/products/10914）。

GPS Shield Retail Kit

作者：SparkFun

价格：Cool Components ￡60.59；SparkFun $79.95

引脚占用：Uno R3 主板，0、1 或 2、3 引脚（默认）

使用 GPS 扩展板（见图 13-6）可以很容易地将地理位置数据加入到你的工程中。它可以精确检测出你的位置，误差只有几米，你也许可以用它来创作 GPS 艺术或是记录下你这一个月的移动情况。这个模块同样可以为你获取极为精确的时间信息。

这个 GPS 扩展板已经组装完成，但需要你自行焊接排针或者排座。模块中的数据既可以被设置为使用 UART（串口）的 Rx 和 Tx 发送到 Arduino 的数字引脚 0 和 1，也可以选择 DLINE 模式，将数据发送到数字引脚 2 和 3（默认模式）。只有将它设置为 DLINE 的时候才能够传输编码。

请注意零售的套件包含 GPS 模块和接头。这个扩展板基于 EM-406a 模块设计（www.sparkfun.com/products/465）。你同样可以使用其他的模块，如 EM-408 或者 EB-85 A，但是你需要单独购买适配的插座。

你可以在 SparkFun 的产品页面找到更多的细节信息（www.sparkfun.com/products/10710），这里还有一个非常棒的 GPS 模块入门向导（www.sparkfun.com/tutorials/173/）；在 SparkFun 网站（www.sparkfun.com/pages/GPS_Guide）还提供了非常棒的 GPS 购买指南。

图 13-6

使用 EM-406a 型号模块的 GPS 扩展板

GPS Logger Shield Kit v1.1

作者：Adafruit

价格：Proto-PIC £20.53；Adafruit $19.50

引脚占用：Uno R3 主板，10、11、12、13 和任意的两个其他引脚

GPS Logger 允许你使用全球卫星定位系统跟踪和保存地理位置信息。它可以精确检测出你的位置，误差只有几米，你也许可以用它来创作 GPS 艺术或是记录下你这一个月的移动情况。这个模块同样可以为你获取极为精确的时间信息。数据信息会以 .txt 文件的形式存储到 SD 卡中，后续可以用这些数据在 Google 地图中标记出来或是通过其他的方式让这些数据可视。

因为 Arduino 的存储空间非常的小，所以需要使用 SD 卡来存储 Arduino 存储不了的内容。这个功能在你不想使用电脑记录数据时显得十分有用，它可以让你将庞大的笔记本电脑留在家中而把 Arduino 带到世界各地。

Adafruit 的 GPS Logger 模块以套件的形式销售，购买后需要自行焊接。引脚 10、11、12 和 13 用于 SD 卡通信，GPS 模块实际使用很少的引脚，你可以使用跳线连接任意两个你希望使用的引脚。Rx 和 Tx 引脚必须连接到数字端口，如 2 和 3。你可以开启其他可选择的功能，比如当数据进行记录的时候使用 LED 进行指示，用一个引脚检测 GPS 的同步时钟，用一个引脚监测 SD 卡是否插入。

请注意你需要为这个扩展板单独购买 GPS 模块和 SD 卡。虽然扩展板本身为 EM-406a 模块设计（www.adafruit.com/products/99）但是模块的选择是多样的，这里列出了可以选择的 GPS 模块（http://ladyada.net/make/gpsshield/modules.html）。

你可以在 Adafruit 的产品页面获取更多细节信息（www.adafruit.com/products/98）。在 Ladyada 的网站上查看深度教程（www.ladyada.net/make/gpsshield/），这个教程详细介绍了如何使用 Arduino 程序来控制 GPS 套件，包括 GPS 数据的使用。

Wireless Proto Shield and Wireless SD Shield

作者：Arduino

价格：RS Componets £12.20 和 £15.92；Arduino $27.00 和 $36.00

引脚占用：0 和 1 用于 Wireless Proto；0、1、4、11、12 和 13 用于扩展板的 SD 卡

Wireless Proto Shield and Wireless SD 扩展板可以让你使用 XBee 模块创建一

个网络设备。它们用途多样，性能可靠并且价格不高，非常适合与 Arduino 连接，创建你自己的传感器网络。Wireless SD 扩展板上的 SD 卡允许你存储网络中产生的数据，然后在计算机上重现。扩展板上有充足的空间让你添加额外的传感器和执行机构。

Wireless Proto Shield and Wireless SD 扩展板已经被组装完成，购买即可使用。这个扩展板既可以通过运行在 Arduino 上的代码操作，也可以通过 Arduino 连接到计算机的 USB 接口操作。这两种模式的切换可以通过串口进行选择。如果你有 Wireless SD 扩展板，那么数字引脚 4、11、12 和 13 将被用于与 SD 卡进行通信，不能用作其他用途。

请注意你需要单独购买 XBee 模块。XBee 1 mW 板载天线系列 1（802.15.4）是一个非常好的选择，可以在 RS Components（http://uk.rs-online.com/web/p/zigbee-ieee-802154/0102715/）和 SparkFun（www.sparkfun.com/products/8664）上购买。如果你是一个刚刚接触无线模块的新手，那么 SparkFun 上面有一个非常好的关于 XBee 的购买向导（www.sparkfun.com/pages/xbee_guide）。

在 Arduino 的产品页面有更多关于该模块的细节信息（http://arduino.cc/en/Main/ArduinoWirelessShield），在 Arduino 网站上还有一个关于使用 XBee 1 mW 板载天线系列 1（802.15.4）模块通信的教程（http://arduino.cc/en/Guide/ArduinoWirelessShield）。

Ethernet Shield R3 和 Ethernet Shield with PoE

作者：Arduino

价格：RS Componets ₤25.42 和 ₤36.82；SparkFun $45.95 和 $59.95

引脚占用：4、10、11、12、13 引脚

Ethernet 扩展板（见图 13-7）允许你的 Arduino 不通过计算机访问互联网。因此，你的 Arduino 可以通过互联网获取或贡献出有价值的数据。它能够监测 Twitter 上的恶意信息或是将传感器的数据上传到互联网。这块扩展板有一个 MicroSD 卡插槽，允许你存储从互联网获取的数据或文件。扩展板的最新版本是 R3，相较于上一个版本，它添加了个别引脚以能够适配 Uno R3 主板。

带有 PoE 接口的 Ethernet R3 扩展板相比于 Ethernet 扩展板多出来一个额外的 PoE 模块，这个 PoE 模块允许你使用网线对 Arduino 进行供电。这需要你的网线是 5 类（CAT5）网线，兼容 IEEE 802.3af PoE 标准并支持 PoE 端口的网络设备。请注意，一般的家庭网线接口或路由器接口不支持 PoE，所以这个功能并不是非常易用。

Ethernet R3 扩展板和带有 PoE 功能的 Ethernet 扩展板都是已经焊接完成的，购买后即可使用。数字引脚 4、11、12 和 13 用于和 SD 卡进行通信，它们不能够被用作其他用途。

在 Arduino 的产品页面可以找到更多的细节信息（http://arduino.cc/en/Main/ArduinoEthernetShield）同时也可以找到库函数（http://arduino.cc/en/Reference/Ethernet）。

图 13-7

不带有 PoE 模块的
Ethernet 扩展板

WiFi Shield

作者：Arduino

价格：Proto-PIC £74.39；SparkFun $84.95

引脚占用：4、10、11、12、13 引脚

WiFi 扩展板（见图 13-8）允许你无线连接热点。这个在你想将 Arduino 连接到互联网而又没有网口或者想让你的设备移动性更强时尤其适用。这块扩展板也搭载有 SD 卡读卡器，允许你存储结果或文件并将它们分享到互联网。

正在销售的 WiFi 扩展板已全部组装完成，买回即可使用。Arduino 使用 SPI 数据总线与扩展板上的 WiFi 控制芯片和 SD 卡通信，11、12 和 13 引脚就是 SPI 总线接口，10号引脚是 WiFi 控制芯片的片选信号，4 号引脚是 SD 卡的片选信号。7 号引脚是握手信号。所谓握手信号就是两个设备间交互数据前的联络信号，在这个扩展板上指的是 Arduino

和 WiFi 控制芯片的握手信号。

图 13-8

图 13-8

Arduino WiFi 扩展板

在 Arduino 的产品页面可以找到更多关于它的细节信息（http://arduino.cc/en/Main/ArduinoWiFiShield）。Arduino 网站上还有一个非常棒的关于如何使用这块 WiFi 扩展板的教程（http://arduino.cc/en/Guide/ArduinoWiFiShield）。Arduino 参考页面上有关于这块开发板的库函数资源（http://arduino.cc/en/Reference/WiFi）。

Cellular Shield with SM5100B

作者：SparkFun

价格：Proto-PIC ₤66.17；SparkFun $99.95

引脚占用：0、1 或 2、3（默认）引脚

Cellular 扩展板（见图 13-9）能够将你的普通 Arduino 变成一部多功能移动电话。通过这块扩展板，你可以拨打或接听电话、收发信息甚至是使用数据流量。你只需要准备一张 SIM 卡和天线就可以让它和全世界进行通信了。通过使用 Serial.print 你可以向 SM5100B 发送指令。

带有 SM5100B 控制核心的 Cellular 扩展板已经完全组装完成，购买即可使用。你还需要额外购买一个 SMA 接口的天线；SparkFun 提供了带有 SMA 接口的 Quad-band cellular Duck 天线。SM5100B 既可使用串口的 Rx（0 号引脚）、Tx（1 号引脚）与 Arduino 进行通信，也可以随时用普通的数字引脚模拟串口，2 号和 3 号引脚用于使用

软件模拟串口通信。默认的是使用普通数字引脚模拟串口与 Arduino 进行通信，你可以通过扩展板上的跳线开关改变串口通信模式。

图 13-9

能够与其他人进行通信的 Cellular 扩展板

当你进行操作的时候，需要保证 SIM 卡有充足的余额。这样做对于大量的文本信息尤其有帮助。其次你可能还需要一个麦克风和扬声器，如果没有它们，除了呼叫和挂起，你不能够做任何事情。

在 SparkFun 的产品页面可以找到更多关于它的细节信息（www.sparkfun.com/products/9607）。这个页面还包含了一个例程，至于真正的介绍，我还是推荐你到 John Boxall 的网站查看（http://tronixstuff.wordpress.com/2011/01/19/tutorial-arduino-andgsm-cellular-part-one/），他这里有一些很棒的关于 GMS 介绍的资源可供下载，请仔细阅读。

Gerger Counter – Radiation Sensor Board

作者：Liberium

价格：Cooking Hacks £110.80；MicroControler Pros $170

引脚占用：2、3、4、5、6、7、8、9、10、11、12、13

Radiation Sensor 扩展板（辐射传感器扩展板）可能是 Arduino 扩展板中最令人印

象深刻的了。它允许你监测空间环境中的是辐射水平。这个扩展板是 2011 年日本福岛地震后被制作出来的，以帮助人们监测周围环境的辐射泄漏情况。盖氏计量器可以使用多种多样的盖氏管来检测不同类型和不同水平的辐射。这块扩展板上还包含一个 LCD 显示屏和压电麦克风，用于数据的反馈。

这个扩展板配备了超高压（400～1000 V）的盖氏管，所以使用时请务必注意安全。最好能够将这个扩展板放在人所接触不到的绝缘外壳中。辐射很危险，高压电也是如此，所以如果你并不清楚怎么做，最好远离它。

辐射传感器连接到了数字引脚 2，它用于接收盖氏管产生的中断信号。这个信号的特点取决于你所选用的盖氏管和每分钟的计量次数，你可以通过每小时的西弗量来判断辐射水平。数字引脚 3 号到 8 号用于控制 LCD 显示测量的结果。数字引脚 9 号到 13 号用于控制 LED 条，它能够给出非常直观的测量结果。前三个 LED 是绿色的，最后两个 LED 是红色的，提示你当前辐射量非常高，可能正在无意识地接近辐射源。

你可以在 Cooking Hacks 的产品页面找到更多关于它的细节信息（www.cooking-hacks.com/index.php/documentation/tutorials/geiger-counter-arduino-radiation-sensor-board）。

检查最新版本

除了以上介绍的这些，还有很多功能强大的扩展板可供使用。以上介绍的这些扩展板也有可能随时被升级，你可以关注它们的最新动态。

定期查看下面的商城以获取最新的硬件版本。这些商店有点像 DIP 商城，你永远不知道你将会发现什么。

- Arduino Store (http://store.arduino.cc)
- Adafruit (www.adafruit.com)
- Maker Shed (www.makershed.com)
- Seeed Studio (www.seeedstudio.com)
- SparkFun (www.sparkfun.com)

同样地，定期查看 Arduino 官方网站相关的博客文章。Arduino 官网的新博客往往会展示一些最新的套件或是老套件的新用法，这是一个获得灵感的好地方。

- Arduino Blog (http://arduino.cc/blog)

- Adafruit (www.adafruit.com/blog)

- Hack A Day (http://hackaday.com)

- Make (http://blog.makezine.com)

- Seeed Studio (www.seeedstudio.com/blog)

- SparkFun (www.sparkfun.com/news)

还有一些人为开发扩展板做了详细的记录文件，查看下面的网站。

- Arduino Playground (www.arduino.cc/playground/Main/SimilarBoards#goShie)

- Arduino Shield List (http://shieldlist.org)

浏览库函数

虽然基本的例程代码可以帮助你解决很多问题，但如果你想做的更加深入，就必须借助库函数的帮助。相比于基础的例程，库函数提供了更多额外的功能，既可以用它来使用特殊的硬件，也可以向程序中添加那些你无法完成的复杂函数。和你去真正的图书馆学习新知识一样，将库函数包含在 Arduino 的代码中可以教会它做更多的事。通过在代码中使用库函数，你可以快速而简便地实现你的既定目标。

一开始就使用复杂的硬件和软件对于初学者而言是一件非常艰难的事情。幸运的是，有很多人花时间去整理并记录他们的编程过程，然后实现了库的封装，并带有简单的使用说明，这让它们非常容易就可以集成在你的 Arduino 代码中。这样的话就可以利用它们来完成一些工作，所以希望你能够很好地理解这种编程思维。在 Arduino 中这种边干边学的办法可以让你快速而简单地在软件和硬件上取得进展，否则这将是一个巨大的挑战。

回顾标准库函数

这一部分包含了最新版本的 Arduino 库函数（1.0.1）。标准的库覆盖面非常广并且都是一些非常实用的功能。你可以通过在 Arduino 主界面中选择 Sketch 中的 Import Library 发现它们。在程序的第一行选择并包含库函数，如 #include <EEPROM.h>。在你理解库函数之前，可以尝试一下示例代码。你可以通过 File 菜单中底部的 Examples 找到这些例子。

这里有一些关于库功能的简明介绍。

◎ EEPROM (http://arduino.cc/en/Reference/EEPRO)：Arduino 拥有一个电可擦除只读存储器，它是一个存储器件，像是计算机中的硬盘一样。即使 Arduino 掉电，数据也仍将被保存在这里。使用 EEPROM 库可以对这个存储空间进行读写操作。

◎ Ethernet (http://arduino.cc/en/Reference/Ethernet)：当你有了 Ethernet 扩展板以后，Ethernet 库可以让你快速而简单地与互联网进行交互。当你使用了这个库以后，Arduino 既可以是互联网中的一个服务器，用于响应请求，也可以是一个客户端，用于发送数据。

◎ Firmata (http://arduino.cc/en/Reference/Firmata)：通过 Firmata 能够让计算机控制 Arduino。它遵循一个通信的标准协议，这就意味着当你想要硬件和软件进行通信的时候，直接使用它要比你自己去设置这些协议来得容易多。

◎ LiquidCrystal (http://arduino.cc/en/Reference/LiquidCrystal)：LiquidCrystal 库允许你操作绝大多数的液晶显示器。这个库是基于 Hitachi HD44780 驱动的，你可以通过液晶屏幕自带的 16pin 接口来区分这些屏幕。

◎ SD (http://arduino.cc/en/Reference/SD)：SD 库能够让你读取连接在 Arduino 上的 SD 卡或 MicroSD 卡。SD 卡通信需要使用 SPI 来进行，Arduino 上的 SPI 通常占用 11、12 和 13 号引脚。除此之外，你还需要一路片选信号，当需要操作这个 SD 卡的时候用其进行选中操作。

◎ Servo (http://arduino.cc/en/Reference/Servo)：Servo 库最多允许在 Arduino R3 上连接 12 个伺服电机（在 Mega 上最多可以连接 48 个）。大部分的舵机是 180 度舵机，使用这个库可以设置你希望舵机转过的角度。

◎ SPI (http://arduino.cc/en/Reference/SPI)：Serial Peripheral Interface（串行外设接口）简称 SPI，它能够让你的 Arduino 快速地与一个或多个外围设备进行短距通信。它可以用于读取传感器的数据、读取 SD 卡的内容，甚至是与其他的微控制器进行通信。

◎ SoftwareSerial (http://arduino.cc/en/Reference/Software Serial)：SoftwareSerial 库函数是用软件的方法模拟串口，允许你使用任意的数字引脚来发送或接收串口数据。硬件的串口是数字引脚 0 号和 1 号。这个库最大的好处就是你可以使用硬件的串口与计算机进行通讯的同时与其他设备进行串口通信。比如你可以在用串口给其他设备发送数据的同时使用计算机下载程序，便于调试。

● Stepper (http://arduino.cc/en/Reference/Stepper)：Stepper 库可以让 Arduino 控制步进电机。这个库需要配合适当的硬件进行使用，所以在使用前请仔细阅读 Tom Igoe 提供的资料（www.tigoe.net/pcomp/code/circuits/motors/stepper-motors/）。

● WiFi (http://arduino.cc/en/Reference/WiFi)：WiFi 库基于前面所提到的 Ethernet 库，但不同的地方在于 WiFi 扩展板可以让你的 Arduino 无线连接到互联网。WiFi 库中还包含了一部分 SD 卡的库，用于将数据存储在扩展板的 SD 卡中。

● Wire (http://arduino.cc/en/Reference/Wire)：Wire 库可以让你的 Arduino 与 I2C 设备进行通信。这样的设备包括可寻址的 LED 模块和 Wii 的 Nunchuk 手柄。

安装附加库

许多库并没有被包含在 Arduino 的软件当中。有的库是专门为某种特殊的硬件或功能而服务的；还有一些是从现有库函数中根据开发经验精简、提炼出来的。幸运的是，Arduino IDE 中可以非常简单地添加这些库，所以你可以把上面提到的库快速安装一遍，看看有没有你需要的内容。

库文件通常以库的名称加上 .zip 结尾。例如电容传感器的库 CapSense 会被封装为 CapSense.zip 文件，压缩的时候需要将所有项目包含在名为 CapSense 的文件夹中。除了用库名来命名的方式外，还可以以版本号来命名。如 CapSense-1.0.1 或者 CapSense_20120930。这样的好处是能够让你随时发现最新版本以使用最新的功能。无论你选择了什么版本的库，请务必确定保存库的文件夹名包含了库本身的名字，如 CapSense。

在文件夹中有一些以 .h 和 .cpp 结尾的文件，如 CapPin.h 和 CapPin.cpp，可能还会包含一个保存了例程的文件夹，你需要将它们统一保存在用库名命名的文件夹中。有时候你会发现许多以 .h 和 .cpp 结尾的文件，它们在库中发挥了不同的功能，所以请确保它们都在库的文件夹中。

在最新发布的 Arduino IDE（写书时是 1.0.1 版本）中，可以非常方便地包含库。只要简单地将库文件夹移动到你的 Arduino 程序文件夹下即可。

在 Mac OSX 操作系统中，看起来像下面这样：

```
~/Documents/Arduino/libraries/CapSense/CapPin.h
~/Documents/Arduino/libraries/CapSense/CapPin.cpp
~/Documents/Arduino/libraries/CapSense/examples
```

在 Windows 操作系统中，看起来像下面这样：

```
My Documents /Arduino/libraries/CapSense/CapPin.h
My Documents /Arduino/libraries/CapSense/CapPin.cpp
My Documents /Arduino/libraries/CapSense/examples
```

当库被安装以后，重新启动 Arduino IDE，选择 Sketch 菜单中的 Import Library 检查你所添加的库是否在列表中，如图 13-10 所示。如果库被放进了错误的目录下或者文件名错误都可能不会显示出来，所以如果你没有看到它请仔细检查。

图 13-10

Arduino IDE 在 Import Library 的下拉菜单中显示库

如果库函数中包含 Example 文件夹，你应该可以在 File 菜单中的 Examples 下找到它们，如图 13-11 所示。

上面所提到的都是怎样安装一个 Arduino 库，其实移除一个 Arduino 库也一样简单，只要把包含库的文件夹从 Arduino 代码文件中移除就可以了。

图 13-11

如果库包含了例程，可
以在菜单中找到它们

获取 Arduino 库

在 Arduino library 的网页上（http://arduino.cc/en/Reference/Libraries），列出
了许多由社区贡献的库函数，在 Arduino Playround 网页上还有更加详细的名录（http://
arduino.cc/playground/Main/LibraryList）。

CapSense 和 TimerOne 是两个非常常用并有帮助的库，可以用它们两个来熟悉库。

◉ CapSense (www.arduino.cc/playground/Main/CapSense): CapSense 是
一个允许你将 Arduino 主板上的一个或多个引脚用作电容传感器的库。这可以让你在使
用简单硬件的条件下，快速实现简单的触摸、压力或者感测器。

Arduino Playround 页面上提供了很多的有用信息，但是最新版本的库代码被挂载
在 GitHub 上（https://github.com/moderndevice/CapSense）。

◉ TimerOne: TimerOne 或者 Timer 1 使用了 Arduino 上的硬件定时器来实现定
时功能。使用它可以让你在没有中断的情况下，在主循环中实现周期性地读取传感器数
据。在 Arduino Playround 页面上有关于它更为详细的介绍，最新的库代码在 Google
Code 上（http://code.google.com/p/arduinotimerone/）。

如果你热心学习库并有志于自己写库的话，这里有一些关于自己创建 Arduino 库的
说明信息：http://arduino.cc/en/Hacking/LibraryTutorial。

第14章
更多的输入和输出

本章内容

◆   使用 Mega2560 发送信号

◆   使用移位寄存器

◆   学习二进制计数法

一个独立的输入和输出是非常强大的，甚至在有些时候，它们就是你项目中所有必要的东西。但是你常常会遇到需要在同时有多个输入、输出的情况。很多为人们所熟知的电子艺术品或者电子装置其实内部的构造非常简单；难点在于能让这些简单的指令执行成百上千遍，从而产生不同的组合。

在本章中，你将会学习如何使用 Arduino 让许多事件同时发生。为了达到这一目的，你需要一个更大的核心板，如 Mega 2560，或者使用一些额外的硬件让常规的 Arduino Uno 胜任更多的工作。通过对进行每种方法辩证的学习，你可以同时了解到它们的优缺点。用这些知识武装自己，来建造自己的"Arduino 电子怪兽"。

控制多功能 LED

扩展你的 Arduino 最简单的办法是在项目中使用更大面积的 Mega 2560 型 Arduino 核心板。这个巨大的核心板相比于常规的 Arduino Uno 来说（见图 14-1），提供了更多的引脚选择：54 个数字输入输出引脚，15 个 PWM 输出引脚，16 个模拟输入引脚。使用 Mega 2560，可以接驳更多的输入输出外设。但是这还不是全部。Mega 拥有四组硬件串口引脚，可以与多个串口设备同时进行通信。这种功能可以让 USB 连接的串口始终与计算机进行通信，在下载程序时不会干扰到其他的串口设备。

图 14-1

Arduino Mega 2560

用它来控制多功能 LED 是完全可能的，因为在这个核心板上面有一个 ATmega2560 微处理器。如果你将 Mega 2560 和 Uno 进行对比，首先你会发现它们的物理尺寸不同。如果你看一下 Uno R3 核心板上的主控芯片 ATmega328，它长得像一个千足虫——这种形状的芯片我们也称之为双列直插封装（DIP），因为它有两列平行的引脚。更为特殊的是，这是一个塑料双列直插封装。如果你再看一下 Mega 2560 核心板的主控芯片，你将看到的是一个正方形的电脑芯片，这种形状的芯片我们通常称之为方型扁平封装（QFP），因为它有四个带有引脚的边，并且整个芯片呈扁平状。特别地，这块芯片采用的是薄塑料四角扁平封装（TQFP）。它们看起来可能还有其他不同的地方，你可以在图 14-2 中看到这两个芯片。

物理形状的不同只是它们两个不同点中的一部分；两个芯片的名字也是完全不同的。微控制器的名字一般会印刷在芯片的上层：Uno 的型号是 ATMEGA328P-PU，而 Mega 的型号的 ATMEGA2560 16-AU（两个名字在图 14-2 中都可见）。这个型号也是产品编号，它们与芯片的内存容量相关。两个重要的数字是 328 和 2560，它们所对应的是各自微控制器的内部闪存容量——32 KB 和 256 KB。内部的闪存主要用来存放程序代码，所以你看到 Mega 2560 的内部空间是 Uno 的 7 倍之多。较大的容量对于大型的程序，尤其是那些含有很多字符串的程序来说是非常有利的。

图 14-2

PDIP 封装和 TQFP 封装

首先看一下 Mega 的主板布局,熟悉一下它(见图 14-3)。这块板子的大部分和 Arduino Uno 相似,但是请注意,末尾的那一块引脚,它们并不是额外的 5 V 和 GND 引脚,而是数字引脚。同样地,很多扩展板要想在 Mega 2560 上使用,需要做适当的修改,具体内容请在使用它们前仔细阅读说明资料。

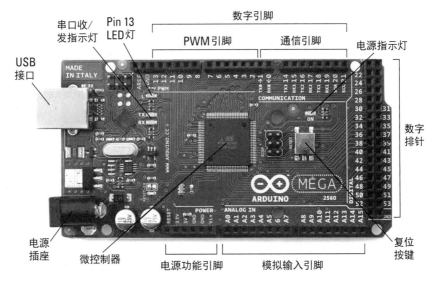

图 14-3

Mega 2560 的标注和布局

在 Arduino Mega 上实现 AnalogWriteMega 代码

在这个示例中，你将会学习如何制作一个 LED 条。Mega 2560 拥有 15 个可用的 PWM 引脚，这对于精确控制多个模拟输出是再好不过的。AnalogWriteMega 代码允许你在不同的 LED 间自由切换。

本工程中你将会使用到以下材料。

- 1 个 Arduino Mega 2560 核心板
- 1 个面包板
- 12 个 LED 珠
- 12 个 220 Ω 直插电阻
- 杜邦线若干

这个电路重复性非常强，所以最好能够找到一盒彩色杜邦线，或者自己制作等长的导线。当选择 LED 珠和电阻的时候，请注意计算电路参数。大多数套件中所包含的 3 mm 或 5 mm LED 珠大概需要 2.5 V 的电压，消耗电流 25 mA，Arduino 数字引脚能够提供的最大电压是 5 V。

使用下面的计算式计算限流电阻：

(5 V - 2.5 V) / 0.025 A = 100 Ω

一个 100 Ω 的电阻可以精确地将 LED 电流限制在最大值，但是我们通常使用 220 欧姆电阻，这是为了使 LED 工作电流保持在限制范围内，让 LED 的寿命更长。如果找不到合适阻值的电阻，较为常用的办法是用阻值比其需要值略高的电阻代替。如果你觉得 LED 亮度不够，可以使用较为接近计算式的阻值、使用亮度更高的 LED 珠或者使用电压参数更高（接近 5 V）的 LED。

当你准备好了 LED 珠、电阻和杜邦线后，可以将它们按照图 14-4 和图 14-5 进行组装。这个电路中的 12 个小电路基本上是相同的，每个 Arduino Mega 的数字引脚都串联了一个 220 Ω 的电阻和 LED 正极引脚，所有 LED 的负极连接 GND（直插封装的 LED 珠，引脚较长的一端为正极，也称阳极；引脚较短的一端为负极，也称阴极）。

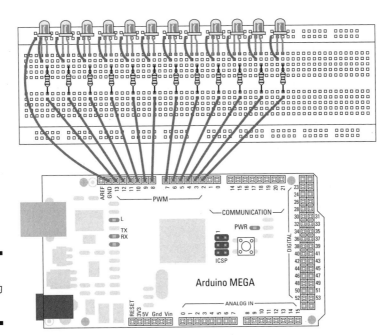

图 14-4

LED 和 Arduino Mega 的
连接图

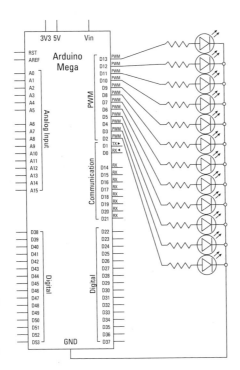

图 14-5

LED 控制电路的原理图

将电路组装完成后，可以在 Arduino IDE 的菜单中，选择 File ⇨ Examples ⇨ 03.Analog ⇨ AnalogWriteMega 中找到适用的代码。这个代码将会展现给你很多个 analogWrite() 函数。代码如下：

```
/*
Mega analogWrite() test

This sketch fades LEDs up and down one at a time on digital pins 2 through 13.
This sketch was written for the Arduino Mega, and will not work on previous
boards.

The circuit:
* LEDs attached from pins 2 through 13 to ground.

created 8 Feb 2009
by Tom Igoe

This example code is in the public domain.

*/
// These constants won't change. They're used to give names
// to the pins used:
const int lowestPin = 2;
const int highestPin = 13;

void setup() {
  // set pins 2 through 13 as outputs:
  for (int thisPin =lowestPin; thisPin <= highestPin; thisPin++) {
    pinMode(thisPin, OUTPUT);
  }
}

void loop() {
  // iterate over the pins:
  for (int thisPin =lowestPin; thisPin <= highestPin; thisPin++) {
    // fade the LED on thisPin from off to brightest:
    for (int brightness = 0; brightness < 255; brightness++) {
      analogWrite(thisPin, brightness);
      delay(2);
    }
    // fade the LED on thisPin from brithstest to off:
    for (int brightness = 255; brightness >= 0; brightness--) {
      analogWrite(thisPin, brightness);
      delay(2);
    }
    // pause between LEDs:
    delay(100);
  }
}
```

如果你的代码上传正确，则将会看到每个 LED 的光渐强，然后渐弱，如此往复循环。

如果你没有看到这个现象，则请再次确认你的代码。

● 确认你使用了正确的引脚。

● 检查面包板上的连接，是否有元器件没有连接，如果在面包板上搞错了行，它们是不会工作的。

● 检查你的 LED 是否正确的连接了。较长的引脚为阳极，连接电源正极；较短的引脚为阴极，连接电源负极。

深入理解 AnalogWriteMega 代码

这个代码与控制一个单独的 LED 非常相似，就像第 7 章中所提到的 AnalogWrite() 函数一样，但是这个代码需要将这个步骤做很多次。使用 for 循环来代替对每个 LED 进行单独的操作更为简单。

在代码开始时，声明了两个常数整型变量。相比于定义 12 个独立的 PWM 引脚值，只定义最小值和最大值显得更为简单，这里定义了 PWM 引脚的范围从 2 号到 13 号。其余的 3 个 PWM 引脚是 44、45 和 46，很显然它们并不是十分方便进行这种操作。

```
const int lowestPin = 2;
const int highestPin = 13;
```

在 setup() 函数中，用 for 循环将每个引脚设置为输出模式。因为这里所使用的引脚是连续的，中间没有被打断，所以使用 for 循环可以更简单的从第一个引脚计算到最后一个引脚并将每个都设置为 OUTPUT。在 for 循环中，声明了一个局部变量 thisPin，它的值等于 lowestPin，是循环的开始点，如果 thisPin 的值小于等于 highestPin，对应的数字引脚将会被设置为输出模式并且 thisPin 自加 1。这个过程快速而高效，仅用了两行就完成了 12 行的工作量。

```
void setup() {
  // set pins 2 through 13 as outputs:
  for (int thisPin =lowestPin; thisPin <= highestPin; thisPin++) {
    pinMode(thisPin, OUTPUT);
  }
```

在主循环 loop() 函数中，有一个双重 for 循环。你能够看到每个循环的缩进。在 Arduino IDE 中可以自动对代码进行排版，菜单 Tools 中的 Auto Format 选项能够实现这个功能（或是使用快捷键，Windows 平台 Ctrl + T；Mac 平台 Command + T）。如果你对于循环嵌套感到不解，则可以将光标移动到 {} 的右边部分，左边的部分会自动地被高亮显示出来，可以用此方法检查代码，确保每一个括号都在正确的位置。首先我们从最外层的循环来进行分析，它内部包含了另一个 for 循环。这个外层循环用来循环引脚，从 2 号到 13 号，每一次引脚号自加 1，直到达到 14 后跳出循环。

```
void loop() {
  // iterate over the pins:
  for (int thisPin =lowestPin; thisPin <= highestPin; thisPin++) {
    // fade the LED on thisPin from off to brightest:
```

最外层的循环提供了当前的引脚号，而这个引脚号将会被内层 for 循环所使用。内层循环创建了一个局部变量 brightness。这个 brightness 变量和前面的 thisPin 一样，也是递增的，范围从 0 到 255，每循环一次增加 1。伴随着每一次变量 brightness 的增加，analogWrite() 函数都将这个 brightness 值输出到当前外层循环所对应的引脚 thisPin。完成输出后，延迟 2 ms 后继续这个内层循环。

```
for (int brightness = 0; brightness < 255; brightness++) {
  analogWrite(thisPin, brightness);
  delay(2);
}
```

当 brightness 变量达到最大值 255 后，下一个 for 循环中的 brightness 变量将会逐渐减小至 0。这种方式显然和前面的让 brightness 逐渐增加的方式一样，brightness 在每一次循环中被减小 1，直到 brightness 等于 0 跳出循环。

```
for (int brightness = 255; brightness >= 0; brightness--) {
  analogWrite(thisPin, brightness);
  delay(2);
}
```

在内层循环的结尾处有一个 100 ms 的延迟，它会在程序返回外层循环前执行。接下来的循环会使 thisPin 变量自增 1，然后内层循环对这个引脚做同样的操作，直到外层循环变量 thisPin 的值到 13，外层 for 循环的条件不再正确，程序将会返回 loop() 函数并很快重新重复上面的过程。

```
    // pause between LEDs:
    delay(100);
  }
}
```

这段代码对 2～13 引脚上连接的每个 LED 进行渐强和渐弱的操作，这种方式非常适合于检查电路是否工作正常。但是在实际应用中这么做并没有什么意思，因此，下一个环节中你将会学习到更多的知识。

对 AnalogWriteMega 代码稍作修改

给这个 LED 排灯赋予生命的话，整个工程会变得更加有趣。给 LED 排灯赋予生命与简单的将它们打开关闭有非常大的不同，当 LED 被赋予生命后，你将可以欣赏它们而不是观察。

第一步可以通过改变序列来让它们看起来更加有趣。在程序中添加一个新的 for 循环，并且把其中的一个 delay 注释掉，这样就得到了一个漂亮的新循环。创建一个新的 Arduino 代码文件，然后将下面的代码输入并保存，注意文件保存的名字要便于记忆，如 myLedAnimation。同样，你可以可以直接打开 AnalogWriteMega 代码文件，然后直接修改这里面的代码，最后选择 File ➯ Save As 来另存为新的文件。

修改了代码以后，请相应修改代码中的注释，这是编程时非常必要的好习惯。新的代码如下。

```
/*
myLedAnimation
 This sketch fades LEDs up one at a time on digital pins 2 through 13
 and then down one at a time on digital pins 13 through 2.

 This sketch was written for the Arduino Mega, and will not work
on previous
 boards.

 The circuit:
 * LEDs attached from pins 2 through 13 to ground.

 Original code by Tom Igoe (2009) - Mega analogWrite() test
 Modified by [Your_Name] (20__)

*/

const int lowestPin = 2;
const int highestPin = 13;


void setup() {

  for (int thisPin =lowestPin; thisPin <= highestPin; thisPin++) {
    pinMode(thisPin, OUTPUT);
  }
}

void loop() {

  for (int thisPin =lowestPin; thisPin <= highestPin; thisPin++) {
    // fade the LED on thisPin from off to brightest:
```

```
      for (int brightness = 0; brightness < 255; brightness++) {
        analogWrite(thisPin, brightness);
        delay(2);
      }
    }

  for (int thisPin =highestPin; thisPin >= lowestPin; thisPin--) {

      for (int brightness = 255; brightness >= 0; brightness--) {
        analogWrite(thisPin, brightness);
        delay(2);
      }
        // pause between LEDs:
// delay(100);
    }
  }
```

运行这个修改后的文件，你会发现 LED 排灯将会逐一点亮，再逐一关闭，然后循环整个过程。

这样虽然看起来比第一次的代码更加有趣，但是你还可以做得更好。接下来的代码可以让你的 LED 排灯看起来像是《霹雳游侠》里面大卫·哈塞尔霍夫的霹雳战车。

创建一个新的代码文件，输入下面的代码，同样地用一个便于记忆的名字保存它，如 myKnightRider。同样，你也可以在 AnalogWriteMega 代码的基础上进行修改，然后通过菜单中的 File ⇨ Save As 将其用新的名称另存为新的代码文件。

```
/*
myKnightRider

  This sketch quickly fades each LED up then down on digital pins 2 through 13
  and returns on 13 through 2, like KITT from Knight Rider.
  Unfortunately it won't make your car talk.

  This sketch was written for the Arduino Mega, and will not work on previous
  boards.

  The circuit:
  * LEDs attached from pins 2 through 13 to ground.

  Original code by Tom Igoe (2009) - Mega analogWrite() test
Modified by [Your_Name] (20__)
 */

// These constants won't change. They're used to give names
// to the pins used:
const int lowestPin = 2;
const int highestPin = 13;


void setup() {
```

```
  // set pins 2 through 13 as outputs:
  for (int thisPin =lowestPin; thisPin <= highestPin; thisPin++) {
    pinMode(thisPin, OUTPUT);
  }
}

void loop() {
  // iterate over the pins:
  for (int thisPin =lowestPin; thisPin <= highestPin; thisPin++) {
    // fade the LED on thisPin from off to brightest:
    for (int brightness = 0; brightness < 255; brightness++) {
      analogWrite(thisPin, brightness);
      delay(2);
    }
    for (int brightness = 255; brightness >= 0; brightness--) {
      analogWrite(thisPin, brightness);
      delay(2);
    }
  }
  for (int thisPin =highestPin; thisPin >= lowestPin; thisPin--) {
    // fade the LED on thisPin from brightest to off:
    for (int brightness = 0; brightness < 255; brightness++) {
      analogWrite(thisPin, brightness);
      delay(2);
    }
    for (int brightness = 255; brightness >= 0; brightness--) {
      analogWrite(thisPin, brightness);
      delay(2);
    }
    // pause between LEDs:
    // delay(100);
  }
}
```

这段代码向你展现了一个帅气的 LED 排灯效果。排灯每次点亮一个，并且从最左边移动到最右边，然后重复这个循环。除此之外，你还能进一步修改它，调节 delay() 的时间和 brightness 变量的上下限，可以获得更加准确的时序。为了能让这个装置更加逼真，你可以尝试 Google 一下关键词 " 霹雳游侠战车（KITT from Knight Rider ）"，你可以看到很多关于玩家自制的 DIY 装置的视频，从中获取灵感。

通过移位来控制更多的 LED

有些时候即使 Mega 2560 配备了 70 个引脚，也仍然是不够用的，这时你需要一种能让你操作更多输入输出的方式。幸运的是，这可以通过外部芯片来实现，它可以让 Arduino 控制更多的输出。移位寄存器就是其中的一种。

移位寄存器有很多种，这里所介绍的 74HC595 是较为常见的一种，它拥有 8 位串行输入，带有锁存功能的串行或并行输出移位寄存器，三态端口，更多的信息请参考 datasheet (http://www.nxp.com/documents/data_sheet/74HC_HCT595.pdf)。上面所提到的 8 位关系到芯片可以控制的输出，所以要想理解移位寄存器是如何工作的，首先需要理解二进制、位和字节的含义。下面的补充内容中详细解释了它们。74HC595 移位寄存器如图 14-6 所示。

图 14-6

74HC595 移位寄存器

理解二进制、位和字节的含义

二进制数字系统中只有两个值，0 和 1。因为它只使用了两个值，所以它的基数是 2。通常情况下你所使用的十进制数字系统的基数是 10，使用数字 0 ~ 9 来描述；十六进制数字系统的基数为 16，使用了数字 0 ~ 9 和字母 A ~ F 来描述。

但是如何能让二进制在控制复杂的事情中发挥作用呢？答案是大量使用二进制变量。

如你所看到的，即使是一个极大的数字也同样可以仅使用 0 和 1 进行表示。在这种情况下，如果这个二进制数有 8 位，那么能够表示的最大十进制数字就是 255。当与内存进行交互时，二进制数的每一个位都占用内存中的一个位，八位的二进制数称之为一个字节。接下来的例子能够让你知道字节大概是什么概念，一个空的 Arduino 代码使用了 466 个字节。Arduino Uno 的

二进制	1	0	1	0	1	1	0	1	
换算方法	1×2^7	0×2^6	1×2^5	0×2^4	1×2^3	1×2^2	0×2^1	1×2^0	Total
十进制	128	0	32	0	8	4	0	1	173

如果你得到一个二进制数字，如 10101101，你可以使用一个速查表来将其转为十进制数。二进制数是典型的需要从右向左阅读的数字，因为二进制的基数是 2，每一位都需要与 2 相乘，得到 $n*(2^x)$，其中 n 是该位的二进制数，x 是二进制数位的序号（从右到左，第一位为 0）。如下所示，第 4 位的二进制值等于 1*(2*2*2) 等于 8。

总存储空间是 32,256 个字节，Arduino Mega 的总存储空间是 258,048 个字节。

图 14-7 给出了 74HC595 的引脚定义图，其中的引脚解释在表格 14-1 中。

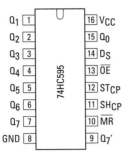

图 14-7

74HC595 的引脚定义图

就 74HC595 来说，一共有 8 个输出，方便的是八位正好是一个字节。整个二进制
数每次只向移位寄存器发送 1 位。当时钟引脚 SH_CP 被设置为高的时候，所有的位移动
1 位，最后的一位值被丢弃，新产生的一位值来自于串行数据输入引脚 DS。这些数据将会
被暂时存储在寄存器中，直到锁存引脚 ST_CP 被拉高后，这些数据会被发送到输出引脚。

表 14-1　　　　　　　　　　　　74HC595 引脚说明

引脚名称	描　　述	使　　用
Q0-Q7	输出引脚	这些引脚被连接到 LED
GND	电源负极	连接到 Arduino 的 GND 引脚
Q7'	串行输出	串行输出用于向下一级的 74HC595 输出数据
MR	主动清除数据（低有效）	如果该引脚为低，则寄存器中的数据全部被清除
SH_CP	移位寄存器时钟	如果信号为高，则将寄存器中的数据整体移 1 位
ST_CP	存储寄存器（锁存引脚）	当被拉高时，将新获得的移位数据发送到输出引脚，这个操作需要在 SH_CP 被拉低后进行
OE	输出使能（低有效）	拉低后启动输出功能；拉高后关闭输出功能
DS	串行数据输入	新数据的输入引脚
Vcc	电源正极	连接到电源，这些电压将会被提供给 LED 使用

8 个输出位能够输出的所有数据表示了移位寄存器中所有的二进制组合，这就是移位
寄存器和输出引脚之间的通信关系。如果你发送 11111111，那么所有的输出引脚都将是
高电平；如果你发送 10101101，那么引脚 0、2、3、5 和 7 将会输出高电平。你还可以级
联 74HC595 芯片，级联的意思就是可以使用多个芯片来达到更多输出的效果，它们之
间使用串行输出进行数据传送。如果你发送一个 16 位的数据（或是 2 字节、十进制范围
0~511），则当它们被移位时，数据流将先通过第一个移位寄存器，再通过第二个移位寄存器。

执行 shiftOutCode、Hello World 代码

在这个例子中，你将会看到使用一个 74HC595 来控制 8 个 LED。它们从 0 数到 255。你需要以下材料。

- 1 个 Arduino Uno 主板
- 1 个大面包板
- 1 片 47HC595
- 8 个 LED
- 8 个 220 Ω 电阻
- 杜邦线若干

74HC595 跨接在面包板的中间槽上面，尺寸应该正好合适。这是因为面包板就是为了接驳这种元器件而设计的。中间的间隔将两边引脚隔开，可以更加方便地连接导线。这种设计对本工程来说更是如此，与此同时，最好能够让面包板两边的电源槽都连接到电源。将 Arduino 的 5 V 和 GND 引脚分别连接到面包板两边所对应的电源插槽，如图 14-8 的电路图所示。

除了输出引脚 0 之外的所有输出引脚都在面包板的一侧，这便于查找和连接。对于这个例子来说，最好能够使用多种不同颜色的杜邦线或是将导线分组排放，以便看到每根导线的走向。完成后的电路图如图 14-8 和图 14-9 所示。

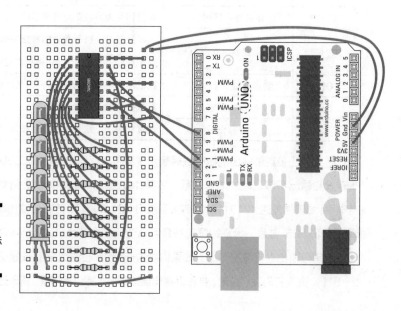

图 14-8

使用 74HC595 的实际电路布局

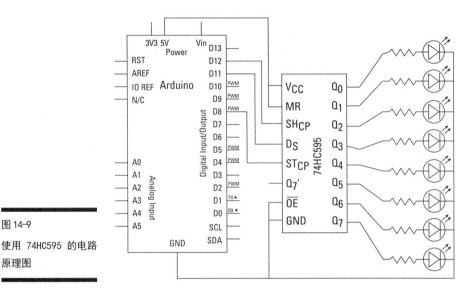

图 14-9

使用 74HC595 的电路
原理图

电路组装完成后，需要合适的代码来驱动它。创建一个新的 Arduino 代码文件，输入下面的代码，然后使用便于记忆的文件名保存。同样，你可以直接下载示例程序 http://arduino.cc/en/Tutorial/ShftOut11。

```
//*************************************************//
// Name : shiftOutCode, Hello World
// Author : Carlyn Maw,Tom Igoe, David A. Mellis
// Date : 25 Oct, 2006
// Modified: 23 Mar 2010
// Version : 2.0
// Notes : Code for using a 74HC595 Shift Register //
// : to count from 0 to 255
//*************************************************

//Pin connected to ST_CP of 74HC595
int latchPin = 8;
//Pin connected to SH_CP of 74HC595
int clockPin = 12;
////Pin connected to DS of 74HC595
int dataPin = 11;


void setup() {
  //set pins to output so you can control the shift register
```

```
  pinMode(latchPin, OUTPUT);
  pinMode(clockPin, OUTPUT);
  pinMode(dataPin, OUTPUT);
}

void loop() {
  // count from 0 to 255 and display the number
  // on the LEDs
  for (int numberToDisplay = 0; numberToDisplay < 256; numberToDisplay++) {
    // take the latchPin low so
    // the LEDs don't change while you're sending in bits:
    digitalWrite(latchPin, LOW);
    // shift out the bits:
    shiftOut(dataPin, clockPin, MSBFIRST, numberToDisplay);

    //take the latch pin high so the LEDs will light up:
    digitalWrite(latchPin, HIGH);
    // pause before next value:
    delay(500);
  }
}
```

你应该看到的现象是 LED 排灯从 0 一直计数到 255。通常情况下，二进制数从右向左阅读，右边的是最低有效位（LSB），表示 1；左边的是最高有效位（MSB），表示 128。计算出前面几个数的二进制码，来观察结果是否正确。表 14-2 显示了十进制数 0 到 9 的二进制编码。

表 14-2　　　　　　　　　十进制 - 二进制对应表

十 进 制 数	二 进 制 数
0	00000000
1	00000001
2	00000010
3	00000011
4	00000100
5	00000101
6	00000110
7	00000111
8	00001000
9	00001001

如果没有看到任何事情发生，请再次检查你的代码。

● 检查面包板的连接情况，如果跳线或是元器件没有被正确连接，它们将不会工作。

○ 确保你的 LED 方向正确、顺序正确，Arduino 的引脚和 74HC595 正连接正确。

深入理解 shiftOutCode、Hello World 代码

在代码开始的地方，声明了 3 个被用于控制移位寄存器的引脚。8 号引脚用于控制移位寄存器的锁存信号；12 号引脚用于控制时钟信号；11 号引脚用于向移位寄存器发送新的数据。

```
//Pin connected to ST_CP of 74HC595
int latchPin = 8;
//Pin connected to SH_CP of 74HC595
int clockPin = 12;
////Pin connected to DS of 74HC595
int dataPin = 11;
```

在 setup() 函数中，这 3 个引脚被设置为输出模式。

```
void setup() {
  //set pins to output so you can control the shift register
  pinMode(latchPin, OUTPUT);
  pinMode(clockPin, OUTPUT);
  pinMode(dataPin, OUTPUT);
}
```

你可能已经立即注意到了这个 loop() 函数中的代码和前面复杂的任务描述比起来显得非常简短。for 循环用于从 0 到 255 计数，这里定义了一个局部变量 numberToDisplay 作为循环变量。

```
void loop() {
  // count from 0 to 255 and display the number
  // on the LEDs
  for (int numberToDisplay = 0; numberToDisplay < 256; numberToDisplay++) {
```

锁存引脚被设置为低电平，这就意味着当你改变寄存器中的内容时不会立即被输出。

```
// take the latchPin low so
// the LEDs don't change while you're sending in bits:
digitalWrite(latchPin, LOW);
```

shiftout 函数已经被包含在了 Arduino 的基础库中，它的功能十分明确，就是用于外部移位寄存器。该函数一共需要 4 个参数，第 1 个是 dataPin 数据输出引脚；第 2 个是 clockPin 时钟信号引脚；第 3 个是说明二进制序列的描述顺序，最低有效位优先或最高有效位优先；第 4 个是需要被发送的二进制数据，在这个工程中，我们使用了循环变量

numberToDisplay。这个函数的主要功能就是将我们需要发送的二进制码转换为移位寄存器所需要的形式，然后发送给移位寄存器。

```
// shift out the bits:
shiftOut(dataPin, clockPin, MSBFIRST, numberToDisplay);
```

然后将输出引脚拉高，将更新过的数据发送给 LED 排灯。

```
//take the latch pin high so the LEDs will light up:
digitalWrite(latchPin, HIGH);
```

在开始下一次循环的时候，用 delay() 函数设置了一个 500 ms 的短暂延迟。延迟过后循环变量自加 1，继续同样的工作。

```
    // pause before next value:
    delay(500);
  }
}
```

这个循环会一直将 numberToDisplay 从 0 累加到 255 然后跳出，从 LED 的角度看就是从都不亮，到全都亮的过程。这是一个非常好的二进制例子，但仍然不够，下一节中我将会提炼代码，教你如何对每一个 LED 进行寻址。

对 shiftOutCode、Hello World 代码稍作修改

前面的二进制操作过程非常有助于理解移位寄存器是如何工作的，但如果你想不把 LED 号转换成二进制再去操作一个特定的 LED，是否可以实现？很显然不可以。下面这段代码与上面的代码使用了相同的电路，但它可以让你使用串口独立地选择每个 LED。

创建一个新的代码文件，并用新的文件名保存，如 mySerialShiftOut。同样，也可以在 Arduino 网站找到例程 http://arduino.cc/en/Tutorial/ShftOut12。

```
/*
  Shift Register Example
  for 74HC595 shift register

This sketch turns reads serial input and uses it to set the pins
of a 74HC595 shift register.

Hardware:
* 74HC595 shift register attached to pins 2, 3, and 4 of the Arduino,
as detailed below.
* LEDs attached to each of the outputs of the shift register
```

```
    Created 22 May 2009
    Created 23 Mar 2010
    by Tom Igoe

    */

//Pin connected to latch pin (ST_CP) of 74HC595
const int latchPin = 8;
//Pin connected to clock pin (SH_CP) of 74HC595
const int clockPin = 12;
////Pin connected to Data in (DS) of 74HC595
const int dataPin = 11;

void setup() {
  //set pins to output because they are addressed in the main loop
  pinMode(latchPin, OUTPUT);
  pinMode(dataPin, OUTPUT);
  pinMode(clockPin, OUTPUT);
  Serial.begin(9600);
  Serial.println("reset");
}

void loop() {
  if (Serial.available() > 0) {
    // ASCII '0' through '9' characters are
    // represented by the values 48 through 57.
    // so if the user types a number from 0 through 9 in ASCII,
    // you can subtract 48 to get the actual value:
    int bitToSet = Serial.read() - 48;

  // write to the shift register with the correct bit set high:
    registerWrite(bitToSet, HIGH);
  }
}

// This method sends bits to the shift register:

void registerWrite(int whichPin, int whichState) {
// the bits you want to send
  byte bitsToSend = 0;

  // turn off the output so the pins don't light up
  // while you're shifting bits:
  digitalWrite(latchPin, LOW);

  // turn on the next highest bit in bitsToSend:
  bitWrite(bitsToSend, whichPin, whichState);

  // shift the bits out:
  shiftOut(dataPin, clockPin, MSBFIRST, bitsToSend);
```

```
    // turn on the output so the LEDs can light up:
    digitalWrite(latchPin, HIGH);

}
```

当代码上传到 Arduino 后，打开 Arduino IDE 中的 Serial monitor（串口监视器）。首先输出的应该是 reset，它将会在 setup() 函数执行完成后输出。然后输入一个介于 0~7 之间的数字，点击发送（或按回车键），就可以直接实现操作指定的 LED 了。

在这段代码中，你将二进制的地址系统转换成了十进制。不必输入所有的二进制，取而代之的是输入一个介于 0~7 之间的十进制数，就可以对每个 LED 进行独立的操作了。

主循环 loop() 函数中，if 检查的是串口上是否有需要读取的数据。Serial.available() 指示数据的状态，如果该条件为真，则执行下面的检测、读写环节。

```
if (Serial.available() > 0) {
```

串口发送的数据是基于 ASCII 码的，所以当使用 Serial.read() 读取时，实际是读取到了发送字母或数字所对应的 ASCII 码。在 ASCII 码表中，0~9 所对应的位置是 48~57，所以如果想要在下面程序中使用正确的位置信息，这里需要将接收到的值减去 48。

```
int bitToSet = Serial.read() - 48;
```

自定义函数 registerWrite() 用来将输入的十进制数转化成需要的字节码，里面通过调用相应的 Arduino 标准库函数从而简单的实现转换。这个函数在主循环 loop() 外面，在这段代码底部。

```
// write to the shift register with the correct bit set high:
    registerWrite(bitToSet, HIGH);
}
```

这个函数声明了两个变量 whichPin 和 whichState。这两个变量和其余包含在这个函数中的变量都是局部的，不可以被主循环 loop() 所使用。

```
void registerWrite(int whichPin, int whichState) {
```

定义字节型变量并将初始值设为 0。

```
// the bits you want to send
    byte bitsToSend = 0;
```

和前面的例程中一样，当需要对寄存器进行移位操作时，应将锁存引脚拉低。

```
// turn off the output so the pins don't light up
// while you're shifting bits:
digitalWrite(latchPin, LOW);
```

这时候，使用了一个新的函数 bitWrite()，它一共有 3 个参数：需要被写入的变量，这个例子中是 bitsToSend；需要改写变量中的哪一位，从 0（最低有效位，二进制码最右边一位）到 7（最高有效位，二进制码最左边一位）；需要写入的状态，高电平（HIGH）或低电平（LOW）。

```
// turn on the next highest bit in bitsToSend:
bitWrite(bitsToSend, whichPin, whichState);
```

举个例子，如果字节型变量 bitsToSend 等于 0，则它的二进制码是 00000000。当你用参数 whichPin 等于 4 并且 whichState 为 HIGH（或 1）来调用 bitWrite 函数时，变量 bitsToSend 将会变为 00010000。

当 bitWrite 更新了字节型变量 bitsToSend 后，该变量将会被代入 shiftOut() 函数的参数中，从而达到更新移位寄存器的目的。

```
// shift the bits out:
shiftOut(dataPin, clockPin, MSBFIRST, bitsToSend);
```

最后将锁存引脚拉高，LED 的状态将会被更新。

```
    // turn on the output so the LEDs can light up:
   digitalWrite(latchPin, HIGH);
  }
```

关于这个电路的更多内容

刚才的例子能够让你用串口进行变量通信，当然你也可以简单地使用 for 循环来实现。这里所使用的变量不仅可以用来控制 LED，同样可以用来操作传感器，比如电位计，当你旋转它时使用 map 函数显示一个进度条。类似于此的可能性是无穷的，Arduino 网站上还有许多其他的例子 (http://arduino.cc/en/Tutorial/ShiftOut)，它们比简单的代码更进一步，功能也更加复杂，包括移位寄存器的级联。

当你使用级联法连接移位寄存器时，超过两级后最好对 LED 和移位寄存器芯片进行独立供电，因为随着电流的增大，总电流可能超过 Arduino 的额定电流值。当你使用大量的 LED 时，电流很容易超过 200 mA 的最大值，所以当你添加 LED 时，应使用万用表检查电流情况以避免电路过载。

这一章节中所述说的内容只用到了一个芯片。但实际上你可以找到很多的类似于

74HC595 的芯片，如 TLC5940，它能够控制 16 路 PWM 输出，工作原理和移位寄存器类似。Google Code 页面上有更多的细节信息，还有 Alex Leone 贡献的库函数代码 (http://code.google.com/p/tlc5940arduino/)。你同样可以将这个移位寄存器的原理反过来使用，用不同的芯片可以获取更多的输入。Arduino 网站上还有更多关于移位的概念和应用可以供你使用 http://arduino.cc/en/Tutorial/ShiftIn。

第 15 章
通过 I²C 总线控制更多设备

本章内容

◆　I²C 总线介绍

◆　控制多个传感器

◆　正确选择电源

　　这一章节所讲述的内容是教你使用 I²C 总线（全称 Ai Fang Sie，英文读音：eye-two-see 或 eye-squared-see）来控制更多的外部设备。这个通信协议在硬件的发展史中有着重大的意义，比如相比于第 14 章中所讲的用 GPIO 控制一组 LED，这个通信接口可以让你控制大量的伺服电机。也因为有了 I²C，使 Arduino 具备了同时控制几百个伺服电机的潜能，这一章中还将通过讨论多样的应用情形来为你介绍如何正确的选择电源。

什么是 I²C?

　　在电子硬件领域，I²C 是一个伟大的通信协议，它能够让信号获得更多的输出（在第 14章中我还讲到了获取更多输出的其他方式）。幸运的是，不是只有我这么认为。PCA9685是一款使用 I²C 通信协议的芯片，它是一个 PWM 驱动器，可以同时让你控制 16 路伺服电机。它是一个 16 通道、12 位精度的 PWM/ 伺服电机控制器（ 见图 15-1），具备 I²C通信接口（http://www.adafruit.com/products/815），可以在 Adafruit 上购买到这个驱动板套件，用它可以方便地同时控制多个电机、LED 或是其他电路单元。

　　这块驱动板为控制伺服电机而设计，适用于 3 线的伺服电机（GND，5 V，控制信号），所以你看到板子上有 16 个 3Pin 的插头，可以方便连接 3 线伺服电机。物理布局上，这些 3Pin 引脚被分为 4 组，每组 4 个；侧面的 6Pin 引脚是 PCA9685 的通信接口。

图 15-1

I²C PWM/ 伺服电机主控板

伺服电机，如第 8 章中所提到的那样，是由一个直流电机和一个解码电路构成的，它们被封装在一个小盒子内，其运动可以精确控制。标准直流电机是一个适用于快速启动、单向持续旋转的大负荷电机，就像它们控制汽车、飞机那样。伺服电机适用于精确控制；它们可以连续旋转，但是一般来说都有自己能够旋转的范围，在任何场合这种类型的电机都表现出色，比如行走机器人或者帆船上的绞盘。

两侧的引脚从上到下分别如下。

- GND: 电源地
- OE: 输出使能
- SCL: 串行信号
- SDA: 串行数据
- VCC: PCA9685 电源
- V+:伺服电机电源

这些引脚就是所有你需要用到的，VCC 和 GND 用于对芯片 PCA9685 供电，SCL 和 SDA 用于和 Arduino 或支持 I²C 的设备通信。因为这个驱动板的两边放置了相同的引脚，所以非常方便串联扩展它们。每个驱动板都可以通过右上角的跳线焊盘设置物理地址。这个特性允许你使用多个驱动板的时候设置顺序，每一组跳线焊盘被连接后相当于置 1，不连接相当于置 0，所以当你需要的时候只要将一组焊盘焊到一起就可以了，关于二进制的级数规则和方法，请参考第 14 章的内容。这种连接方式是半永久性的，当你想要断开两个焊盘时，使用吸锡器去除它们之间的连接就可以了。

V+ 引脚会被一致连接到最后一个驱动板，接线端子位于驱动板的中上方。这是这个驱动板的一个非常重要的特性，虽然可以用同一个电源同时为芯片和伺服电机供电，但通常不建议这么做。电机通常情况下需要很大的电流和电压来驱动。有些时候，电机所消耗的电流取决于并联的电机数量和电机上的负载情况。这种情况下如果电机和驱动芯片 PCA9685 使用同一个电源将会对芯片构成威胁，所以这块驱动板上将两部分的供电电源进行了分离。比如电机部分可以使用大电流 12 V 电源供电，而驱动芯片部分则使用 Arduino 核心板提供的 5 V 电源。

与 74HC595 移位寄存器、TLC5940 PWM 控制器不同的是，PCA9685 有内部时钟，因此不需要 Arduino 持续不断地提供控制信息，这时 Arduino 可以用于处理其他任务。

在下面的例子中，你将会通过学习如何组装并控制 I²C PWM/ 伺服电机驱动板来创作自己的多电机工程。

组装 I²C PWM/ 伺服电机驱动板

所有难以手工焊接的元器件在驱动板上均已被组装完成，但是你仍然需要一些诀窍来完成最后的工作。在开始焊接之前，最好能用手先摆一摆这些元器件。

这个套件中包含如下部分。

● 1 个 I²C PWM/ 伺服电机驱动板

● 4 个 3×4 排针

● 1 个长排针

● 1 个接线端子

跟着下面的步骤先预演一下整个组装过程。

1. 使用一副导线钳，将较长的排针切成两个部分，每个部分的规格是 1×6，用于两侧的通信接口（见图 15-2）。

这个接口既被用于连接 Arduino 也被用于连接扩展的驱动板。

2. 将所有的元器件插在驱动板上，检查尺寸是否合适。

排针插在驱动板上时，应保证较长的部分向上，接线端子的接口应该朝向驱动板的外侧，这样更加方便连接线缆。清楚每个排针和接线端子的位置后，就可以开始焊接了。

3. 确保周围的工作空间干净整洁，打开电烙铁，浸湿海绵，准备好焊锡。

可以选择泡杯茶或咖啡，通常建议你这么做。

图 15-2

将长排针切割成合适
的长度

在焊接之前请注意，data 引脚对热非常敏感，如果这个引脚在焊接时过热，可能会损坏芯片。这类排针是单排的，同样，伺服电机信号线的插头也是单排的。我的建议是将电烙铁设置在较高的温度，这样在焊接时可以快速融化焊锡。这就意味着在接触焊点时焊锡丝可以快速完成焊接，这样热量还没有来得及传导到芯片焊点就已经冷却了。如果你不习惯使用高温度焊接，那么在焊接之前最好先使用面包板和备用的排针练习几遍。

3×4 的排针的焊接是最困难的，所以请务必认真对待。为了能够让排针固定在电路板上，你可以使用腻子稍稍将它们粘合在一起，还可以借助"第三只手"，用辅助架夹住电路板，然后用另一只手扶持排针进行焊接。在焊接时，建议先焊接 GND 引脚和 V+ 引脚，因为电路板上的 GND 和 V+ 网络可以承受比 signal 引脚更多的热量，最后快速焊接完成 signal 引脚。

当焊接 3×4 排针中间的焊点时，应将电烙铁保持一定的角度，避开已经焊接完成的焊点，从一个方向向另一个方向逐个焊接。如果你是右手使用电烙铁，那么推荐从左到右焊接。请注意不要让电烙铁接触到已经完成的焊点，同时注意不要将两个焊点连在一起。

如果两个焊点连接在了一起，应使用吸锡器将连在一起的焊锡去除，重新焊接。

完成了 3×4 排针的焊接后，就可以焊接另外一端的单排排针了。相比起来这个要简单得多。经过反复的练习和焊接，你的焊接技能将会有所提高。

最后，连接接线端子。请注意电路板上面的焊盘孔要比接线端子的引脚粗得多。这是因为这个端口需要为接在这个模块上的每个伺服电机提供电源，所以这里需要有较多的焊锡覆盖来保证大电流能够通过。如果这个焊点过小，则会产生热量。所以使用较多的焊锡覆盖焊点、使用较粗的导线进行连接都是非常必要的，这样可以避免在大电流通过时产生热量。因为这个焊点需要较多的焊锡，你会发现需要更多的时间来加热和融化焊锡，但是这个过程不能够太长，因为时间过长会将接线端子的塑料外壳也融化掉，所以在焊接时焊锡融化后应该快速完成，然后将烙铁头移开焊点。

这些听起来是不是很简单？现在你的 I²C PWM/ 伺服电机驱动板已经可以使用了。使用驱动板之前请务必再次检查焊点有没有短路，当你不确定或是不便目测时，应使用万用表的通断测试档进行检查。两排 V+ 和 GND 引脚，每一排应该都是连接在一起的，因为它们使用一个电源为这些伺服电机供电。以目前的情况，你不需要焊接地址选择焊盘，不焊接是因为这是你的第一个驱动板，它的地址应该是 0。

使用 I²C PWM/ 伺服电机驱动板

在前面的环节中，我们搞清楚了如何组装 I²C PWM/ 伺服电机驱动板。在这个部分，你将会学习到如何让它工作。本节中的案例将会向你展示如何向驱动板发送控制信号从而来控制连接在它上面的每一个伺服电机。你可以通过一个伺服电机来测试结果，在大多数 Arduino 套件中都包含有这种类型的伺服电机，当测试成功后，你需要额外购买更多的伺服电机来充分发挥驱动板的性能。

这个工程中你将会用到以下物品。

- 1 个 Arduino Uno 主控板
- 1 个伺服电机
- 杜邦线若干
- 1 个外部电源
- 1 个尺寸合适于接线端子的螺丝刀

虽然这块驱动板上面有用于连接 Arduino 的接口，但接口排针的顺序并不能让你直接插在 Arduino 上面。使用杜邦线来连接它们是个不错的选择，这里使用的杜邦线型号应该是公头－母头，公头插在 Arduino 端，母头插在驱动板上。Cool Components 的杜邦线（http://www.coolcomponents.co.uk/catalog/jumper-wires-male-female-p-355.html）和 SparkFun 的杜邦线（https://www.sparkfun.com/products/9140），如图 15-3 所示。

图 15-3

杜邦线

如果你觉得自己是内行的话，也可以使用散装杜邦线和接头自己定制这些导线。Technobots（http://www.technobotsonline.com/cable-and-accessories/cable/pre-crimped-wires.html 和 http://www.technobotsonline.com/connectors-and-headers/cable-assembly-housings.html）或是 Pololu（http://www.pololu.com/catalog/category/71 和 http://www.pololu.com/catalog/category/70）提供了这些可供定制的导线，当你需要整卷的杜邦线时，可以在 RS Components 找到它们（http://uk.rs-online.com/mobile/p/cable-spiral-wrapping/6826842/）。

直流稳压电源

直流稳压电源（见下图）非常适合于快速测试电路，它允许你设置电压范围和最大电流值（如果你的直流稳压电源是高级版的话），监测电路功耗。为了对比，你可以在英国的 Maplin 网站上找到很多不同型号的直流稳压电源，有贵的也有比较便宜的，如 3-12 V 3 A Cornpact Bench 电源是较为便宜的一款，参考页面：http://www.maplin.co.uk/dc-3-12v-3a-compact-benchpower-supply-96963。这款电源不具备电路的功耗监测功能。或者购买较为昂贵的，带有 LCD 显示屏的：

http://www.maplin.co.uk/bench-power-supply-with-lcdscreen-219129。这款电源可以显示电路中消耗的电流。如果你选择直流稳压电源，就可以十分简单地引出正极和负极，将它们分别接在驱动板的接线端子的正负极上。

在打开直流稳压电源之前，应当首先确保断开了它与驱动板的连接，检查电流电压参数的设置。因为直流稳压电源上的旋钮很容易被意外地转动，如果电流电压范围不正确很有可能烧坏驱动电路。

对于直流稳压电源来说，请确保你的供电参数适用于你想要驱动的伺服电机的数量。有一些小的伺服电机使用 5 V 电源，有一些使用 12 V 电源，但其实伺服电机的电压参数是多种多样的。对于供电电源你有两种不同的选择：使用直流稳压电源连接驱动板；改装手机或电动工具的充电器，这种电源称之为外部供电电源。请看"直流稳压电源"和"外部供电电源"的内容了解更多信息。

外部供电电源

当你选购外部供电电源时，需要选购正规的产品，因为那些不正规产品的电压控制并不准确，所以它们非常便宜，但同时也意味着更大的风险。查看电源的外壳和铭牌可以辨别哪一个是正规的产品，哪一个是不正规的。它们通常可以有一个固定的电压值或者多个电压值，固定电压值的电源提供固定的电压和电流；多个电压值的电源可以允许你进行选择（如 3 V、4 V、5 V、6 V、9 V、12 V 等），同样，不同的电压值对应的电流也是不相同的。

英国 Maplin 网站上的 High Power Muti-Voltage Desktop 电源就是一个非常好的例子：http://www.maplin.co.uk/high-power-multi-voltagedesktop-power-supply-48517。它看起来虽然很贵，但是却拥有丰富而实用的多个电压挡（5 V、6 V、12 V、13.5 V 和 15 V），最大电流可以达到 4 A，这个电流值已经能够胜任大部分的应用场合。你可以在 RadioShack 网站上找到类似的电源产品，如 EnercellUniversal 1000 mA AC Adapter（http://www.radioshack.com/product/index.jsp?productId=3875403）。

正常情况下，这些电源适配器都附送了种类繁多的通用转换接头，如适用于 Arduino 上面的标准 2.1 mm 电源接头。这种类型的电源接口适合低电流的应用（最大 500 mA），连接 Arduino 后，它可以通过主控板上的 Vin 针脚驱动外部设备。然而要控制多个伺服电机需要的电流会超过 1 A，所以我不建议使用 Arduino 来驱动它们。

取而代之的，你可以自己拨开导线，将它们连接到驱动板的电源接线端子上。首先查看看总的电源线是否已经断开。从电源连接器开始算起，在 10 cm 的地方开始裁剪导线（这样保证总是有富余的导线可以让你裁剪掉的部分重新接回来）。电源上面的导线通常有两种：双轴导线，两根多股导线并肩走线；同轴导线，一根导线在中间，另外一根环绕在这根导线周围。

双轴导线的制作较为的简单，可以直接使用剥线钳拨开外皮，用烙铁将多股导线束紧。正极的导线通常会被标注，白色或是红色，但是这种情况也有例外，所以在使用前请用万用表再次确认。

相比之下同轴导线的制作过程略微复杂。如果你使用剥线钳拨开电线外表的绝缘皮，通常你只能够看到外层的网状缠绕的导线。将这些网状缠绕的导线拨直，使中心的导线露出。将拨直后的导线搓成一束，放置在中心导线的一侧，然后再拨开中心导线，请注意要为中心导线保持一定长度的绝缘外皮以保证两根导线不会接触。接下来就可以用电烙铁来将这两根多股组成的导线束紧，然后连接到接线端子。外围的网状缠绕导线通常连接的是地线，但也有例外情况，请使用万用表再次确认。当你用烙铁束紧导线时，请注意不要融化导线的绝缘皮，那样容易导致短路。

为了测试电源导线的极性，首先清理干净工作台，这样可以防止不必要的误触和短路。将万用表打到直流电压测试挡，将表笔连接到两根线的末端。两根表笔通常是明确的红色和黑色。如果在万用表上面读到的是负电压，则说明现在的连接方式是错误的，转换表笔，找到正确的正负极。将它们连接到驱动板的接线端子时请务必确保电源断开；不使用电源的时候应使用绝缘胶布包裹好裸露的导线接头，以防止意外情况。

在每次使用电源前都别忘记首先使用万用表测试电压值（如第 5 章中所提到的），因为电源的供电电压很容易被遗忘。另外，通过使用前的测试也可以确保使用过一段时间的电源仍然可以达到所要求的标准。

如果你使用外部供电电源或是直流稳压电源，那么将万用表串联在电源线或者地线，可以监测电路中的电流，如第 5 章中所介绍的那样。确定正极和负极后，关闭电源，然后使用螺丝刀将其连接到驱动板的接线端子。驱动板上已经明确标明了接线端子的极性，所以请确保正确地连接正极和负极。

电路图（见图 15-4）和原理图（见图 15-5）中有关于 PWM 驱动板的细节信息。连接可以分为三个部分。第一个部分是驱动板上 I²C 芯片的供电，VCC 和 GND 必须被连接到 Arduino 的 5 V 和 GND 引脚。为了传输数据到驱动芯片，SCL 和 SDA 应该连接到 Arduino 的 SCL 和 SDA 引脚。如果你使用了比 Uno R3 更早版本的 Arduino 主板，则会找不到关于 SDA 和 SCL 的标注，因为这是在最新版本上才新增的。取而代之的是，你可以使用模拟引脚 4 和引脚 5 来作为 SDA 和 SCL。最后一部分和这两个部分是分开的，因为它为伺服电机提供电源，用螺丝刀将你使用的驱动电源的正极和负极连接到接线端子上。

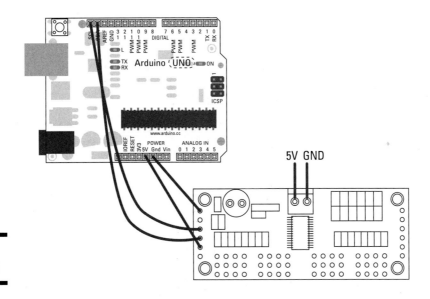

图 15-4

PWM 驱动板的电路图

当电路装配完成后，你需要合适的控制程序。跟着下面的步骤完成它们。

1. 从 Github 下载 Adafruit I²C PWM/ 伺服电机驱动板库函数。

https://github.com/adafruit/Adafruit-PWM-Servo-Driver-Library。

2. 在工程页面，下载 .zip 格式的文件并解压库文件夹。

3. 将文件夹重新命名为 Adafruit_PWMServoDriver，放置在你的 Arduino 库目录下。

4. 重新启动 Arduino IDE，点击 File ⇨ Examples 就可以找到 Adafruit_PWMServoDriver 的示例了。

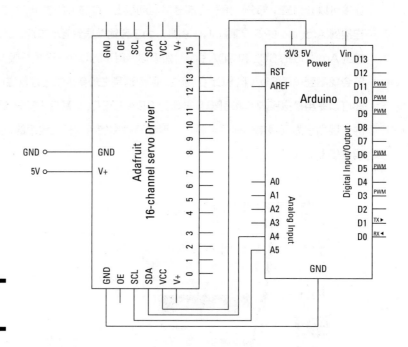

图 15-5

PWM 驱动器原理图

下面是这个示例的代码:

```
/***********************************************
This is an example for our Adafruit 16-channel PWM & Servo driver
Servo test - this will drive 16 servos, one after the other
Pick one up today in the adafruit shop!
------> http://www.adafruit.com/products/815

These displays use I2C to communicate, 2 pins are required to
interface. For Arduino UNOs, thats SCL -> Analog 5, SDA -> Analog 4

Adafruit invests time and resources providing this open source code,
please support Adafruit and open-source hardware by purchasing
products from Adafruit!

Written by Limor Fried/Ladyada for Adafruit Industries.
BSD license, all text above must be included in any redistribution
***********************************************/
#include <Wire.h>
#include <Adafruit_PWMServoDriver.h>

// called this way, it uses the default address 0x40
Adafruit_PWMServoDriver pwm = Adafruit_PWMServoDriver();
// you can also call it with a different address you want
//Adafruit_PWMServoDriver pwm = Adafruit_PWMServoDriver(0x41);
```

```
// Depending on your servo make, the pulse width min and max may vary, you
// want these to be as small/large as possible without hitting the hard stop
// for max range. You'll have to tweak them as necessary to match the servos you
// have!
#define SERVOMIN 150 // this is the 'minimum' pulse length count (out of 4096)
#define SERVOMAX 600 // this is the 'maximum' pulse length count (out of 4096)

// our servo # counter
uint8_t servonum = 0;

void setup() {
  Serial.begin(9600);
  Serial.println("16 channel Servo test!");

  pwm.begin();

  pwm.setPWMFreq(60); // Analog servos run at ~60 Hz updates
}

// you can use this function if you'd like to set the pulse length in seconds
// e.g. setServoPulse(0, 0.001) is a ~1 millisecond pulse width. its not
//              precise!
void setServoPulse(uint8_t n, double pulse) {
  double pulselength;

  pulselength = 1000000; // 1,000,000 us per second
  pulselength /= 60; // 60 Hz
  Serial.print(pulselength); Serial.println(" us per period");
  pulselength /= 4096; // 12 bits of resolution
  Serial.print(pulselength); Serial.println(" us per bit");
  pulse *= 1000;
  pulse /= pulselength;
  Serial.println(pulse);
  pwm.setPWM(n, 0, pulse);
}

void loop() {
  // Drive each servo one at a time
  Serial.println(servonum);
  for (uint16_t pulselen = SERVOMIN; pulselen < SERVOMAX; pulselen++) {
    pwm.setPWM(servonum, 0, pulselen);
  }
  delay(500);
  for (uint16_t pulselen = SERVOMAX; pulselen > SERVOMIN; pulselen--) {
    pwm.setPWM(servonum, 0, pulselen);
  }
  delay(500);

  servonum ++;
  if (servonum > 15) servonum = 0;
}
```

上传代码，打开供电电源。伺服电机将会移动到它的最大角度然后再回到 0 度。如果你只有一个伺服电机，则由于它要刷新 16 路输出，会有一定的延迟。监测电路中的电流情况，如果电流值保持在电源的额定范围内，那么可以添加更多的伺服电，观察同时工作的效果。如果你想要知道当前是在控制哪一个电机，则可以打开 Arduino IDE 的串口监视器，它将会显示从 0 到 15 号伺服电机的详细控制情况。

如果你没有看到任何现象或是运动异常，请再次检查代码。

◉ 确定你使用了正确的引脚号。

◉ 如果你看到伺服电机只是抽动，而不是持续运动，那么这很有可能是电源提供的电流不足。用万用表检测电路的峰值电流，与电源参数进行比对。

◉ 如果你听到伺服电机传出刺耳的噪声，则应立即切断电源！检查代码中的 SERVOMAX 和 SERVOMIN 变量值。

深入理解 I²C PWM/ 伺服电机驱动板的代码

在 setup 函数之前，两个基本的库函数需要被包含在程序内，Wire.h 包含了 I²C 通信接口所需要的必要内容，Adafruit_PWMServoDriver.h 包含了适用于这块 PWM 驱动板的特殊功能。

```
#include <Wire.h>
#include <Adafruit_PWMServoDriver.h>
```

这个新建的名为 pwm 的对象使用 Adafruit_PWMServoDriver.h 中定制的特殊函数。这个对象设置了被操作的驱动板的地址信息，默认的地址参数是 0x40，代表驱动板 0。如果要操作驱动板 1，则使用参数 0x41，如下所示：

```
// called this way, it uses the default address 0x40
Adafruit_PWMServoDriver pwm = Adafruit_PWMServoDriver();
// you can also call it with a different address you want
//Adafruit_PWMServoDriver pwm = Adafruit_PWMServoDriver(0x41);
```

下面使用两个 #define 设置了 PWM 脉冲宽度的最大值和最小值，实际上这对于伺服电机来说意味着旋转的角度。如果实际中你发现伺服电机的旋转幅度不够或者过大，可以通过调整这两个参数达到目的。

```
// Depending on your servo make, the pulse width min and max may vary, you
// want these to be as small/large as possible without hitting the hard stop
// for max range. You'll have to tweak them as necessary to match the servos you
```

```
// have!
#define SERVOMIN 150 // this is the 'minimum' pulse length count (out of 4096)
#define SERVOMAX 600 // this is the 'maximum' pulse length count (out of 4096)
```

这里的术语 uint8_t 是一个 C 语言的数据类型，即无符号型 8 位数据。无符号型意味着它只有正值，8 位意味着它可以表示十进制数 0 到 255。此处，它用来声明变量 servonum，该变量用于存储当前的伺服电机编号。一个标准的 int 类型在 Arduino 代码中是 2 个字节（可以表示十进制范围：–32768～32767），它还可以被称为 int16_t。这里可以找到关于 int 类型的更多信息：http://arduino.cc/en/Reference/Int。

```
// our servo # counter
uint8_t servonum = 0;
```

在 setup 函数中，设置并开启了串口功能，通信速率为 9600，并发送开启数据 "16 channel servo test" 来标记程序开始的地方。使用 pwm.begin() 对象 pwm（或称之为驱动板 0）进行初始化，伺服电机的控制频率为 60 Hz。

```
void setup() {
  Serial.begin(9600);
  Serial.println("16 channel Servo test!");

  pwm.begin();

  pwm.setPWMFreq(60); // Analog servos run at ~60 Hz updates
}
```

接下来定义了一个自定义函数 setServoPulse()，它设置脉宽的单位是秒，而不是赫兹。在示例程序中并未用到这个函数。

```
// you can use this function if you'd like to set the pulse length in seconds
// e.g. setServoPulse(0, 0.001) is a ~1 millisecond pulse width. its not
//               precise!
void setServoPulse(uint8_t n, double pulse) {
  double pulselength;

  pulselength = 1000000; // 1,000,000 us per second
  pulselength /= 60; // 60 Hz
  Serial.print(pulselength); Serial.println(" us per period");
  pulselength /= 4096; // 12 bits of resolution
  Serial.print(pulselength); Serial.println(" us per bit");
  pulse *= 1000;
  pulse /= pulselength;
  Serial.println(pulse);
  pwm.setPWM(n, 0, pulse);
}
```

在 loop() 函数中首先打印出来当前操作的伺服电机号，方便在串口监视器中查看。

```
void loop() {
  // Drive each servo one at a time
  Serial.println(servonum);
```

现在已经知道了要控制的伺服电机，接下来就是驱动它。使用 for 循环来将当前操作伺服电机的 pwm 脉宽从最小值增加到最大值。当到达最大值后，程序等待半秒钟，然后将 pwm 脉宽从当前的最大值减小到最小值。当减小到最小值后，再次延迟半秒钟。for 循环每次将脉宽控制变量增加 1，以便使伺服电机的旋转更加平滑。请注意这里声明了一个 uint16_t 型的本地变量 pulselen；这个类型的变量等同于常规 Arduino 代码中的无符号型 int 变量。这里有关于无符号型 int 变量的更多内容：http://arduino.cc/en/Reference/UnsignedInt。

```
for (uint16_t pulselen = SERVOMIN; pulselen < SERVOMAX; pulselen++) {
  pwm.setPWM(servonum, 0, pulselen);
}
delay(500);
for (uint16_t pulselen = SERVOMAX; pulselen > SERVOMIN; pulselen--) {
  pwm.setPWM(servonum, 0, pulselen);
}
delay(500);
```

当一个伺服电机完成了移动之后，servonum 增加 1。当 servonum 变量大于 15 时，将会被重新置零，因为 15 是最后一个伺服电机的编号。这里有一个 C 语言中的常用表达方式，当 if 条件后只有一条语句的时候，可以省略花括号（{}）。

```
  servonum ++;
  if (servonum > 15) servonum = 0;
}
```

这段代码非常适用于测试 Arduino 和驱动板的通信，pwm.setPWM(servounm, 0 , pulselen) 可以让你以任何想要的方式控制伺服电机。与大多数的库函数一样，这段代码也是基于库函数的，可能你发现了很多问题但是找不到答案，或是这个库函数还可以进一步精炼和改良。解决这些问题最好的地方应该是 Adafruit 论坛，你能够找到和你有同样问题的用户，并且有热心的用户尝试去回答它们。把目光转向 Adafruit 论坛 http://forums.adafruit.com，这里你还能够找到关于其他产品的话题。

购买伺服电机

现在你已经学习到了如何同时控制多个伺服电机，接下来的内容就告诉你在哪里购买和如何选购伺服电机。如果 Google 一下，你就会发现有很多在线销售伺服电机的网站。伺服电机在实际中主要用于机器人、机械臂和飞行器控制，所以只要是与这几个领域相关的在线商城，都有种类繁多的伺服电机供你选择。

伺服电机的力量，或者说扭力叫做扭矩，单位为千克／厘米（kg/cm）或者磅／英寸（lb/in）。伺服电机的扭矩范围涵盖较广，有用于控制模型飞机副翼的小型舵机，一般提供 0.2 kg/cm 的扭矩，也有用于控制航模帆船舵片的大型舵机，一般能够提供 9.8 kg/cm 的扭矩。作为参考，成年男子的单手能够产生的扭矩大概为 8 kg/cm（美国宇航局发布的人类表现图表 http://msis.jsc.nasa.gov/sections/section04.htm）。

很显然，一个伺服电机能够产生的扭矩取决于它的电机性能和质量好坏。一般的伺服电机控制电压范围在 4～12 V，这已经能够满足大多数应用了。这些伺服电机主要的不同是工作时所需要的电流，通常它们的参数电流都是在负载范围内测得的。当电机过载后，所需要的电流比低负载或零负载的时候更大。所以在使用之前，对独立的伺服电机进行电流测试是有必要的。将万用表打到电流测试挡，串联接在电源线或地线上，改变负载，观察电流的变化。另一个需要注意的地方是，一般的电源平均效率在 70%～80%，这就是说，理论输出 1 A 的电机可能只有 700～800 mA 的实际输出。即使实际可能获得 1 A 的输出，也通常是瞬间电流，然后电流会逐渐衰减。在实际应用中并不推荐这样使用。

伺服电机所能够提供的扭矩大小并不完全意味着价格的高低，在种类繁多的伺服电机中你可以找到很多扭矩非常小，但是价格非常高的。这主要是因为伺服电机本身的构造。伺服电机中的齿轮是非常重要的部分，由于制造材料的不同，它们的价格和性能有很大差别。大多数的小型伺服电机使用尼龙材质的齿轮。这种材料是非常好的，即使在上千次使用后，仍然能够保持最初的形态，几乎没有磨损和脱落。尼龙本身具有润滑的能力，因此并不需要添加过多额外的润滑油。相比之下，对性能要求更好的伺服电机一般使用金属齿轮，它们能够带动更大的负载，这是因为金属材质没有尼龙那样容易变形，如果使用尼龙材质的齿轮带动大的负载很有可能导致齿轮碎裂。

伺服电机还可以根据旋转控制的方式被分为数字伺服电机和模拟伺服电机。这两种伺服电机拥有同样的组成部分，同样的 3 根控制线。数字伺服电机内置了微控制器，可以对上级的控制信号进行分析，与模拟伺服电机相比具有更高的控制频率。更高的控制频率也就意味着更快的响应速度。因为控制信号为 PWM 波，每一个脉冲都是一个电压，所以脉冲的持续时间也就意味着电压的持续时间，更高的控制频率也就意味着将会消耗更多的电流，因此更高的控制频率有利于提供更大的扭矩，更好地驱动负载。数字伺服电机的缺点是价格较高、能耗较大，但是如果你决定使用它，它绝不让你失望。

关于伺服电机的品牌，有很多可供选择，最好的办法是选择前先研究一下它们。www.servodatabase.com 是一个非常好的网站，它会给你一些参考意见，如市面上大多数可购买到的舵机的性价比对比以及购买指南。

如果你想要寻找的伺服电机是那种比最小的舵机大一些、包含在大多数套件中的，那么你一定不能错过 Futaba S3003（http://www.gpdealera.com/cgi-bin/wgainf100p.pgm?I=FUTM0031）。在这种情况下，你是不能够直接从制造商处购买的，而需要去其他的在线商城购买。英国的供应商 Servo Shop(http://www.servoshop.co.uk/index.php?pid=FUTS3003) 和美国的供应商 Servo City(http://www.servocity.com/html/s3003_servo_standard.html) 都提供种类繁多的伺服电机产品，祝你购物愉快。

I²C 的其他用途

不只有伺服电机可以使用 I²C 进行控制。在其他可以被用于 Arduino 项目的设备中，可寻址的 LED 条也使用了 I²C 通信，如图 15-6 所示。LED 条是一个可以变形的、布满了 LED 的柔性电路板，它可以粘贴在物体表面进行大范围照明。灯条本身是一种柔性PCB 材料，上面贴满了 LED、电阻和触点，这种产品目前被广泛应用而且价格不贵。你可能已经在一些场所见过它，它通常被布置在屋子周围作为氛围灯使用。

图 15-6

可寻址 LED 条

就像独立的 LED 一样，它既可以单条使用，也可以拼接使用，它们有不同的颜色或者 RGB 可控颜色。LED 条有独立的电路，换句话说你可以改变整个灯条的亮度或者颜色，这种操作与灯条上独立的 LED 无关。可寻址 LED 条的不同之处，则在于你可以操作灯条上不同的 LED 的亮度或是颜色，它们之间互不干涉，这个特性可以帮助你做出非常炫酷的应用。

　　网上有许多可供你使用、实用的关于可寻址 LED 条的教程。如果想了解更多信息，请参考 Adafruit (http://learn.adafruit.com/digitalled-strip) 和 SparkFun(https://www.sparkfun.com/products/11272) 的产品页面。

第五篇

探索软件世界

"收到，请检查缝纫机和计算机的联接状况，我要用 E-mail 缝补窗帘了。"

内容概要

那么，到现在这个阶段，你一定已经掌握了大部分用于物理世界的技能技巧，如接线、焊接和上传代码。但是我想告诉你的是，独立于物理世界之外的，还有一个完全虚拟的世界。感兴趣吗？现在，将你丰富的电子知识和软件结合在一起成为了可能，你可以在计算机上创造出一个美妙而丰富的虚拟视觉交互系统。这个系统既可以装载在你的计算机中，也可以使用计算机中或互联网上的数据，在现实的世界中创作出声光电相互结合的美妙作品。

第 16 章
了解 Processing

在前面的章节中，你学习到的所有内容都是将 Arduino 当做一个独立的设备来对待。当程序被下载到 Arduino 后，它会一直执行，直到程序被终止或电源被切断。在目前你的认识中，Arduino 是一个简单的、明了的电子设备，只要没有外围的影响、编译错误和硬件故障，它可以非常可靠地执行用户编写的代码。这种极其简单的特性让 Arduino 不仅适用于研发产品时的快速实现，还可以作为一个可靠的工具与其他产品或装置一起协作成为一个交互设备，这种用途已经在很多博物馆得以实现。

虽然这种简单的特性值得夸耀，但是对于 Arduino 来说还是有太多的事情超出了它的处理范围。至少现在来说，Arduino 不能运行计算机程序。即使 Arduino 是一个基础的小型计算机，但是它的能力相较大型计算机，如你的笔记本电脑而言还是不能够胜任复杂的计算机程序。这些计算机程序都有着高度专一化的功能。如果你能将它们与 Arduino 联系在一起，也就意味着你能够将计算机软件和实体世界联系在一起，那么这对你来说将会取得很大的进步。

Arduino 可以直接连接到计算机并且使用串口监视器的功能，因此其他软件也是有可能做到这一点的。其实计算机能够与打印机、扫描仪或照相机一起工作和这是同一个道理。所以对于 Arduino 来说，它是一个非常适合与实体世界进行交互的设备，而对于计算机而言，它非常擅长运行大型的计算机程序，进行数据处理。如果能将二者相结合，则能够为你的项目带来大量而丰富的输入、输出和进程。

许多专业的程序是为了处理某一项特定任务而设计的，但当你想变得专业时，最好能够找到一个帮助你实验它们的软件，以便将 Arduino 的实体世界和计算机的软件世界联系在一起。幸运的是 Processing 是一个非常好的工具，它可以做到。

在这一章节中，你将会学习到关于 Processing 的知识，它是和 Arduino 同时进行的一个子项目。Processing 是一个软件环境，就像 Arduino 能够快速测试硬件电路一样，它能够快速测试软件代码。Processing 是开源软件中非常重要的一部分，它的操作方式和 Arduino 十分类似，学习它并不会非常困难。

揭开 Processing 的面纱

Arduino 可以作为一个串口设备使用串口进行通信，而对于程序来说，支持串口的程序可以读取串口的内容。许多程序都可以做到这一点，但 Processing 是其中最流行的。

Processing 在应用的广度上有非常强大的兼容性，它可以创建一个用网络摄像头捕获动作信息的艺术作品。这仅仅是一个应用，你可以在 Processing 展览网站上找到更多优秀的作品实例，网址为 http://processing.org/exhibition/。

Processing 是一个基于 Java 语言的程序，Java 语言和 C 语言（Arduino 的主要编程语言）、C++ 语言非常相似。它可以运行在 Windows、Mac OS 和 Linux 上。Ben Fry 和 Casey Reas 开发了这款应用程序，它允许艺术家、设计师或是任何想要使用代码和 Arduino 的人，甚至是开发者、工程师们使用它快速地进行代码实验。就像在开始项目前预先打草稿一样，Processing 用于为软件打草稿，这样可以仅投入少量时间就快速开发出应用程序。

Processing 是一个基于文本的集成开发环境（IDE），与 Arduino 的集成开发环境非常相似（实际上，在 Arduino 团队开发 Arduino 集成开发环境应用程序的时候，借鉴了 Processing）。主窗口中显示了一段 Java 小程序，如图 16-1 所示。如 Arduino 一样，Processing 拥有强大的社区支持，在那里人们分享代码，参与者可以完善现有的 Processing 代码，这些代码是完全开源的，你可以修改或使用它们。

在这一章节中，你将会学习如何开始使用 Processing，如果想了解到更多关于 Processing 的信息，请访问网站：http://processing.org/。

还存在许多可以与 Arduino 进行结合的编程语言，我在后面的说明框里面简单介绍了 Max/Pure Data 和 OpenFrameworks，在 Arduino Playgound 可以找到关于它们的更多信息

http://arduino.cc/playground/Main/Interfacing。

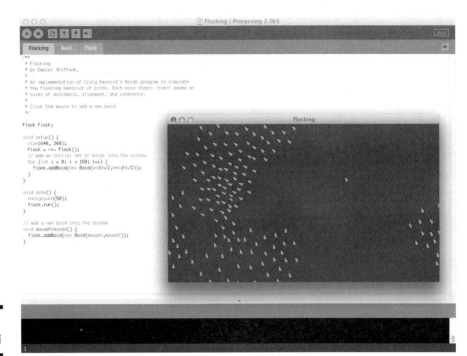

图 16-1

Processing 的典型界面

Max/Pure Data

　　Max（之前的版本称为 Max/MSP）是一个功能强大的可视化编程语言，一般用于音频、音乐和声音合成。它提供有 Windows 版本、Mac OS 版本和 Linux 版本，还有适用于一些不著名操作系统的版本。

　　与传统的基于文本的编程语言不同，Max 使用了图形用户界面来对可视化的模块进行相互连接，就像是传统的音乐合成器可以使用电缆与乐器连接在一起一样。软件公司 Cycling '74 在 1990 年基于早前的 Miller Puckette 软件实现了后来的商业化软件 Max，它创建了一个交互式计算机音乐系统。但是这个软件并不是开源的，只提供了应用程序接口（API），以此来让开发人员开发出一些供专业用户使用的功能。Miller Puckette 也开发了一个开源的、免费的 Max 版本，叫做 PureData，但是它已经完全被重新设计过了。

　　你可以在官方网站找到更多关于 Max 和 PureData 的细节信息，它们各自的网站：http://cycling74. com/products/max/ 和 http://puredata.info。为了能够使 Max 和 Arduino 之间进行通信，请检查合适的版本 Maxuino（http://www.maxuino.org/archives/category/updates），对于 PureData 和 Arduino 而言，检查 Pduino（http://at.or.at/hans/pd/objects. html）。

　　在 Arduino Playground 上面也有很多有用的内容（http://www.arduino.cc/playground/interfacing/MaxMSP 和 http://www.arduino.cc/playground/Interfacing/PD）。

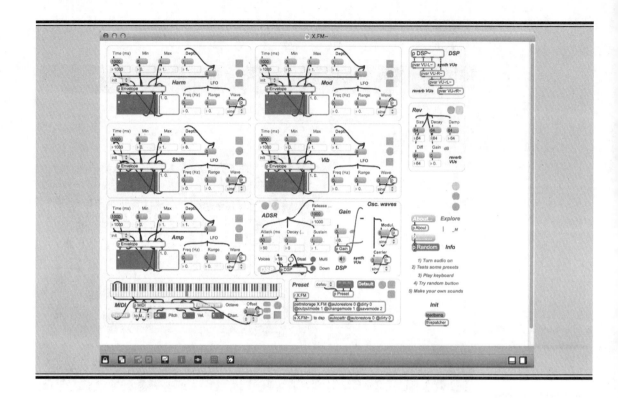

安装 Processing

Processing 可以在 http://processing.org/ 免费下载。进入页面后，选择 Download 页面，然后选择相对应的系统平台。在写这本书的时候，Processing 的最新版本是 2.0 Beta 5，支持 Mac OS X、Windows 32 位、Windows 64 位和 Linux 32 位、Linux 64 位平台。请记住当你看到这本书的时候该版本可能已经不是最新版本了。

不同操作系统的安装步骤如下。

● Mac 平台：.zip 文件会自动解压，然后被放置在 ~/Applications/Processing 目录下。或者你也可以将它放在桌面上。可以将 Processing 的图标拖入 Dock 栏，方便访问。

● Windows 平台：解压 .zip 文件，将文件夹放置在桌面上或是其他有意义的目录下，如你的 Program Files 文件夹下：C:/Program Files/Processing/。创建一个 Processing.exe 的快捷方式，然后将它放置在便于访问的地方，如桌面或开始菜单中。

openFrameworks

openFrameworks 是一个开源的 C++ 工具套件，用于调试代码。它由 Zachary Lieberman、Theo Watson、Arturo Castro 和其他 openFrameworks 社区成员共同开发。openFrameworks 可以运行在 Windows、Mac OS、Linux、IOS 和 Android 平台。openFrameworks 并不像 Processing 那样基于 java 开发，它实际上是一个 C++ 的库，是可视化音乐程序的原始骨架。

openFrameworks 在图形方面尤其强大，它可以让你很轻松地将 OpenGL 用于一些视频应用。与 Processing、Max 和 PureData 相比较，openFrameworks 并不算拥有自己的语言，实际上，它更像是一个开源库函数的集合，其软件架构尤其出名，所以它以此来命名。

因为 openFrameworks 没有它自己的集成开发环境，所以其代码书写和编译与平台有很大关系。这个特点让它在开始学习的时候有一点难度，没有统一的 IDE。但好的一点是，C++ 是一个用途非常广泛的语言，它几乎可以兼容所有的操作系统平台，包括移动平台的操作系统。

这里有教程和更多的细节信息：http://www. openframeworks.cc/ 和 http://www.openframeworks. cc/tutorials/introduction/000_introduction.html。 SparkFun 也提供了使用 Arduino 和 openFrameworks 的教程，是 Windows 版本的，网址：http://www. sparkfun.com/tutorials/318。

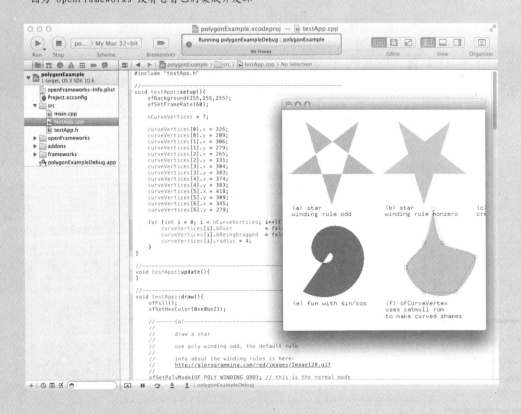

预览 Processing

安装 Processing 后，运行程序。Processing 会打开一个类似于 Arduino IDE 的空白的代码窗口，如图 16-2 所示，它一共被分为 5 个部分。

- 工具栏
- 标签栏
- 文本编辑区域
- 信息输出区
- 主控台

这个窗口还包含有一个菜单栏，它的下拉菜单包含 Processing 的设置选项、加载代码、加载库和一些其他功能。

图 16-2

Processing 的主窗口类似 Arduino IDE，但又有所不同

这里重点介绍一下 Processing 的工具栏。

- 运行：在新窗口中执行文本编辑框中的代码。Windows 下的快捷键是 Ctrl+R，Mac OS 下的快捷键是 Cmd+R。

- 停止：停止运行中的程序并关闭程序窗口。

- 新建：新建一个空白的代码，该代码的默认名称包含日期和用于与其他代码区分的字母。

- 打开：打一个目录下的代码文件或示例程序。

- 保存：保存当前代码文件。保存时最好用一个容易记忆的名字取代默认的文件名。

- 导出程序：可以将程序打包导出。这个功能适用于当你想要开机就启动程序或将它分享给那些没有安装 Processing 的人时。

- 模式：可以选择 Java(标准)、Android（适用于平板电脑或智能手机）或 JavaScript（适用于在线应用程序）模式。这个功能是在最新版本中才加入的，这里有关于它的更多细节信息：http://wiki.processing.org/w/Android 和 http://wiki.processing.org/w/JavaScript。

- 标签：用于组织管理多个代码文件。当编辑大型工程时，最好能够将不同的代码块分开放在不同的文件中，这时候标签栏非常有用。

- 文本编辑区域：编辑代码的区域。这里会高亮显示程序中的关键字、函数名等，与 Arduino IDE 原理相同。

- 信息区域：显示错误、反馈或当前任务的信息。你可能会看到代码文件保存成功的信息，但是大多数情况下这里主要显示在程序中出现的错误。

- 主控台：显示代码的更多细节信息。可以使用 println() 函数在这里显示代码中的变量值；程序中的错误也一样会出现在这里。

尝试第一个 Processing 程序

不同于 Arduino，使用 Processing 时你不需要额外的套件，这个特性让 Processing 非常适合学习代码，你可以只写下一行或者两行代码，然后点击运行，就可以看到结果。

根据下面的步骤运行第一个程序。

1. 按下快捷键 Ctrl+N（在 Windows 中）或 Cmd+N（在 Mac OS 中）打开一个新的代码文件。

2. 点击下面的文本编辑器，输入如下代码：

```
ellipse(50,50,10,10);
```

3. 点击运行按钮。

一个新的 Java 窗口被打开，在正中显示了一个白色的小圆圈，如图 16-3 所示。

很好！你已经完成了第一个 Processing 程序。

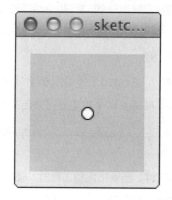

图 16-3

程序代码画下了一个小圆圈

你的圆圈画得怎么样？上面的那一行代码实际上是绘制一个椭圆。正常情况下椭圆是不圆的，但是可以通过参数的控制来绘制圆形。关键字 ellipse 在文本框中用橙色高亮显示了，表明它是一个被编辑器认可的函数名。参数中的前两个数字是椭圆的坐标值，在这个例子中坐标为（50，50），数值的单位是像素。因为默认的窗口大小是 100 像素 ×100 像素，坐标 50, 50 表示椭圆在区域的中心。后面的 10, 10 表示椭圆的长半径和短半径，这里得出了一个圆。该函数函数的代码表达方式如下：

```
ellipse(x,y,width,height)
```

对于椭圆（ 或其他的形状、点 ）来说，坐标都是用 x，y 表示的。这种坐标表示了一个二维空间，在这个例子中，我们用像素来衡量二维空间中的长度。横向位置与 x 相关，纵向位置与 y 相关。在三维空间中，使用 z 变量来表示深度。在现在的 ellipse() 代码的上方加入如下代码：

```
size(300,200);
```

点击运行按钮，你将得到一个矩形窗口，圆形图案在窗口中的左上部分，如图 16-4 所示。size() 函数用来定义窗体的大小，这里我们定义的大小为长 300，宽 200。如果你的窗口不像是图 16-4 中的样子，则很有可能是这两个参数的顺序错了。程序的执行是顺序的，如果将 ellipse() 放在 size() 的前面，空白的窗口将会覆盖圆形图案。从这个矩形窗口中你还可以看出 size 的测量方式是以窗口的左上角为基点。

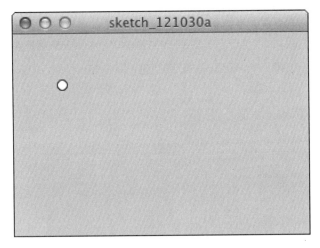

图 16-4
重新绘制的窗口可以
容纳更多的东西

在这个窗口中，实际上有一些看不见的小格子来测量坐标，这些小格子就是像素点，从 0，0 点开始（三维从 0，0，0 点开始）。这是基于笛卡尔坐标系统来建立的，你可能已经在学校中学习过这方面的知识。坐标参数可以是正值，也可以是负值，符号取决于它位于坐标轴的右边或左边。计算机屏幕的原点在左上角，刷新的时候从上到下，每次一行，如图 16-5 所示。这就说明 size(300, 200) 意味着该窗口从左到右有 300 个像素点，从上到下有 200 个像素点。

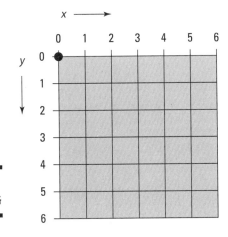

图 16-5
计算机上面的显示网格

绘制图形

为了让你能够更好地绘制图形，我们先来了解一下几个基本形状。

● point()

点是最基本的图形，其他复杂图形的最基本的构成元素都是点。输入下面的代码，然后点击运行按钮。仔细观察，在程序窗口的最中央有一个黑色的像素点，如图 16-6 所示。这就是你画出来的点。

```
size(300,200);
point(150,100);
```

图 16-6

仔细看，中心有一个黑色的像素点

典型的 point() 函数写法

```
point(x,y);
```

● line()

直线由两个点连接而成，在绘制的时候也是如此，我们只需要指定起始点和终止点即可。输入下面的代码，点击运行，会出现如图 16-7 所示的窗口。

```
size(300,200);
line(50,50,250,150);
```

典型的 line() 函数写法

```
line(x1, y1,x2,y2);
```

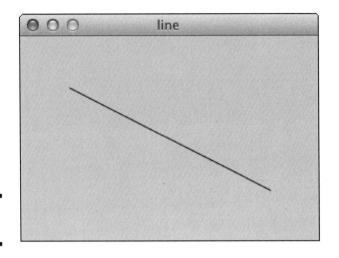

图 16-7

介于两点之间的直线

○ rect()

绘制矩形有很多不同的方式。在第一个例子中，通过定义矩形的起始点和长宽来绘制矩形，输入下面的代码，点击运行，窗口的中间会绘制出一个矩形。

```
size(300,200);
rect(150,100,50,50);
```

在这种情况下，这个矩形的起始点为 150，100，位于窗口的正中央。这个点是矩形的左上角，从这里开始，矩形宽 50，向右行进 50；高 50，向下行进 50。这种方法非常适合绘制面积一定的矩形，只要改变初始位置即可。典型的 rect() 函数写法：

```
rect(x,y,width,height);
```

除了上面介绍的方法，还可以选择不同的方式来绘制矩形，如图 16-8 所示。如果给定一个中心，矩形可以围绕中心绘制，而不是从某一点来出发。输入下面的代码，点击运行，你会发现当 rectMode 改变为 CENTER 以后，屏幕中出现的矩形的位置会发生变化。

```
rectMode(CENTER);
size(300,200);
rect(150,100,50,50);
```

你可以看到这个矩形是居中的，以窗口中心为原点，该矩形的长和宽都被这一点均匀平分。典型的 rect() 函数写法（此时 x, y 为中心点坐标）：

```
rect(x,y,width,height);
```

还可以通过定义矩形对角线上的两个角来绘制矩形，输入下面的代码，点击运行，这一次 rectMode 改变为 CORNERS。

```
rectMode(CORNERS);
size(300,200);
rect(150,100,50,50);
```

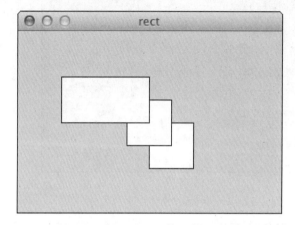

图 16-8
不同的绘制模式绘制出
的矩形

这次你看到一个与其他完全不同的矩形，因为它的一个角位于窗口中心点 150, 100，而另一个角位于 50, 50。典型的 rect() 函数写法（此时 x1, y1 为第一个角的坐标；x2, y2 为第二个角的坐标）：

```
rect(x1,y1,x2,y2);
```

⚪ ellipse()

本章所介绍的第一个内容就是如何绘制椭圆，这个函数可以方便地绘制椭圆。输入下面的代码，点击运行，屏幕的中心将会绘制出一个圆形：

```
ellipse(150,100,50,50);
```

很明确，椭圆的默认绘制方式是环绕中心绘制，也就是 CENTER，不像矩形绘制函数的默认值为 CORNER，典型的 ellipse() 函数写法：

```
ellipse(x,y,width,height);
```

和 rectMode() 函数一样，椭圆绘制函数也是可以使用 ellipseMode() 改变绘制方式的，如图 16-9 所示。输入下面的代码，以 CORNER 代替默认的 CENTER，点击运行。

```
ellipseMode(CORNER);
size(300,200);
ellipse(150,100,50,50);
```

这次绘制的椭圆从其左上边界开始，长半径和短半径值都为 50。典型的 ellipse() 函数写法（x,y 为椭圆左上边界的坐标值）：

```
ellipse(x,y,width,height);
```

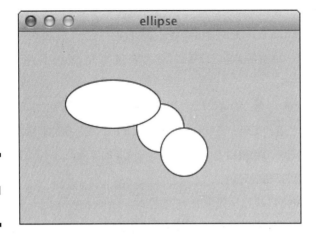

图 16-9
不同的绘制模式绘制
出的椭圆

对于椭圆而言，使用多个角来绘制也是可以的。输入下面的代码，将 CORNER 更换成 CORNERS，点击运行。

```
ellipseMode(CORNERS);
size(300,200);
ellipse(150,100,50,50);
```

与绘制矩形时使用 rectMode(CORNERS) 相似，你可以看到一个完全不同的椭圆，它一边坐落在窗口中心点 150,100，另一边坐落在坐标点 50,50 的位置。

改变颜色和透明度

理解了如何绘制图形后，可以对具体的图形做一些事情了。最简单的方式就是改变这些图形的透明度和颜色。实际上，使用这些特性，可以让现有的图形组合叠加出更丰富的图形。

详细描述如下。

⚪ background(0)

这个功能能够改变窗口的背景颜色，可以选择灰度颜色或彩色。

● 灰度颜色

打开一个新的代码文件，输入下面的代码可以将窗口的背景颜色设置为黑色。

```
background(0);
```

将函数中的参数从 0 改为 255，背景颜色将会变成白色。

```
background(255);
```

任何介于 0～255 之间的值都是一个灰度值，之所以范围是 0～255，是因为这个灰度级使用了 8-bit 数据类型进行存储（参考第 14 章），也就是说存储灰度级需要一个字节。

- 彩色

使用彩色作为窗口的背景颜色会让程序看起来更加有活力。取代 8-bit 灰度值的是 24-bit 的颜色值，实际上它包含了三个 8-bit 的数据。因为彩色的三原色是红、绿、蓝，所以这个 24-bit 颜色值由 8-bit 的红色、8-bit 的绿色和 8-bit 的蓝色构成，而不是只有一个 8-bit 值的灰度。

```
background(200,100,0);
```

这个代码将会把背景设置成为橙色。橙色的组成成分中有 200 的红色，100 的绿色，没有蓝色。虽然有很多种色彩模式，但是在本例中，函数的表达方式如下：

```
background(red,green,blue);
```

- fill()

想改变绘制出的图形的颜色吗？使用 fill() 函数可以对绘制图形的颜色和透明度进行设置。

- 颜色

fill() 函数将会设置在它之后绘制的图形的颜色。在绘制图形的代码前面，分别调用 fill() 函数就可以对每一个不同的图形分别进行颜色设置。输入下面的代码，它将会绘制三个不同颜色的椭圆，如图 16-10 所示。

```
background(255);
noStroke();

// Bright red
fill(255,0,0);
ellipse(50,35,40,40);

// Bright green
fill(0,255,0);
ellipse(38,55,40,40);

// Bright blue
fill(0,0,255);
ellipse(62,55,40,40);
```

背景颜色被设置为白色，noStroke 函数去除了所绘制图形的边线（可以通过注释掉该行语句观察图形的变化）。第一个圆形将会是红色，因为在代码中填充的颜色被设置为只有红色，而且为最大值。第二个圆将会是绿色，因为这一次的填充颜色只有绿色，同样被设置为了最大值。同理第三个圆为蓝色。如果在最后一行代码后继续绘制图形而不重复调用 fill() 函数的话，那么它们的颜色也都将会是蓝色。

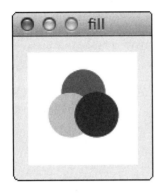

图 16-10

不同颜色的三个圆

● 透明度

同样可以设置的还有颜色的透明度，你可以创建一个半透明的图形。在 fill() 函数中加入一个参数，最后一个参数就是透明度了，透明度的取值也是 0~255，共 256 级，0 表示完全透明，255 表示完全不透明。修改前面的代码，参考下面代码加入透明度参数。

```
background(255);
noStroke();

// Bright red
fill(255,0,0,100);
ellipse(50,35,40,40);

// Bright green
fill(0,255,0,100);
ellipse(38,55,40,40);

// Bright blue
fill(0,0,255,100);
ellipse(62,55,40,40);
```

了解交互功能

虽然以上的这些内容都非常有趣，但是它们都是静态的。在这个例子中，你将会学习如何快速地以鼠标为输入，与程序进行一些交互动作。为了做到这一点，需要将现有程序中的代码不断循环，不断地使用新数据进行更新。输入下面的代码来创建一个具有交互功能的程序。

```
void setup() {
}

void draw() {
ellipse(mouseX,mouseY,20,20);
}
```

这段代码将会以鼠标为中心点画一个半径为 20 像素的圆，当你移动鼠标时，圆形将会跟随鼠标移动，如图 16-11 所示。函数 mouseX 和 mouseY 用蓝色高亮显示，它可以读取鼠标当前在窗口中的位置信息。数值是鼠标所处坐标的横坐标值和纵坐标值。

幸运的是，这段代码你非常熟悉。在 Arduino 中，基本框架我们使用了 void setup() 和 void loop() 函数，而在 Processing 使用了 void setup() 和 void draw() 取而代之。其实这两个程序最终的运行方式基本是完全一致的，setup() 中的代码只会在程序开始时运行一次，而 loop() 中的程序将会被无限次的循环执行，直到断电为止。

图 16-11
当你移动鼠标时会画
出很多圆形

稍稍改动程序，可以不显示那些圆形轨迹，只显示当前最新位置的圆形（见图 16-12）。

```
void setup() {
}

void draw() {
background(0);
```

```
ellipse(mouseX,mouseY,20,20);

}
```

图 16-12

当你移动鼠标时只显
示一个圆形

　　关于 Processing 有太多的知识，我不能在这本书里一一介绍，但是这些知识已经足
够你来理解代码和可视化图形是如何联系在一起的。在 Processing 的网站上你可以发现
更多有价值的信息。最好的学习方式就是运行这些示例代码，然后在它们上面稍作修改，
看看结果有什么变化。通过实验你将会更快地理解所学习到的知识，而且这里不涉及硬件，
你也不用担心你的修改会烧坏硬件。

第 17 章
用 Processing 走进实体世界

本章内容

◆ 使用虚拟开关打开电灯

◆ 数据图表化

◆ 实现 Arduino 和 Processing 的信号交互

在前面的章节中，你学习到了一些关于 Processing 的基础知识，以及它与 Arduino IDE 的相似和不同之处。这一章，将把这两个工具结合，将物理和虚拟世界联系在一起。本章中的基础例程将教会你如何让 Arduino 和 Processing 进行通信，有了这样的基础后，你就可以自由发挥，将它们用在自己的小项目中。你可以将传感器获得的物理数值传输到计算机，然后用一个虚拟的图形化界面显示出来；也可以制作一个电灯开关，当有人在 Twitter 上提到你时，使电灯自动点亮。

制作一个虚拟按钮

在这个例子中，你将会学到如何在 Processing 中制作一个虚拟按钮，使用它来控制实体 LED。作为入门，这是一个非常好的例子。它将让你体会到怎样让虚拟世界和实体世界发生联系，如何将 Arduino 和 Processing 结合在一起。

你将会需要以下材料。

● Arduino Uno 核心板

● LED

对于 Processing 和 Arduino 的设置比较简单，只需要额外的一个 LED。

如图 17-1 和图 17-2 所示，将 LED 的长脚插入到 Arduino 的 13 号引脚，短脚插入 GND。如果你没有 LED 的话，可是使用板载的贴片 LED，该 LED 在 Arduino 核心板上的元器件标注为 L。

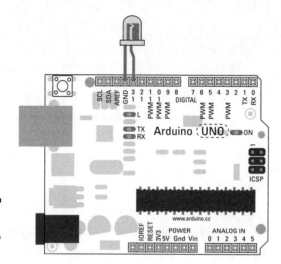

图 17-1

连接有 LED 的 Arduino 主控板

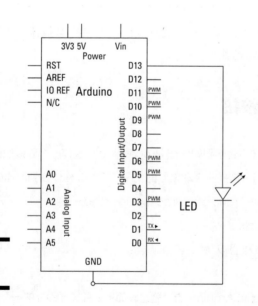

图 17-2

电路原理图

设置 Arduino 代码

当电路组装完成后，你需要合适的软件来驱动它。在 Arduino IDE 的菜单中，依次选择 File ⇨ Examples ⇨ 04.Communication ⇨ PhysicalPixel 打开代码。

这段代码既包含了 Arduino 代码，也包含了相关的 Processing 代码（同时提供了 Max 5 的代码）。Processing 代码在 Arduino 代码下方的注释中，这是为了防止两段代码混在一起。

在旧版本的 Arduino 中，代码文件的结尾扩展名为 .pde，它是 Processing 的文件后缀。因为这个地方经常被混淆，所以新版的 Arduino 将代码文件扩展名修改为了 .ino。因为这两个文件的文件扩展名不同，所以可以将它们保存在一个地方。如果你在 Arduino 中打开 .pde 文件，Arduino IDE 会自动将其识别为旧版本的代码文件，然后询问是否要将扩展名更换为 .ino。

```
/*
  Physical Pixel

An example of using the Arduino board to receive data from the
computer. In this case, the Arduino boards turns on an LED when
it receives the character 'H', and turns off the LED when it
receives the character 'L'.

The data can be sent from the Arduino serial monitor, or another
program like Processing (see code below), Flash (via a serial-net
proxy), PD, or Max/MSP.

The circuit:
* LED connected from digital pin 13 to ground

created 2006
by David A. Mellis
modified 30 Aug 2011
by Tom Igoe and Scott Fitzgerald

This example code is in the public domain.

http://www.arduino.cc/en/Tutorial/PhysicalPixel
*/

const int ledPin = 13; // the pin that the LED is attached to
int incomingByte; // a variable to read incoming serial data into

void setup() {
  // initialize serial communication:
  Serial.begin(9600);
```

```
    // initialize the LED pin as an output:
  pinMode(ledPin, OUTPUT);
}

void loop() {
  // see if there's incoming serial data:
  if (Serial.available() > 0) {
    // read the oldest byte in the serial buffer:
    incomingByte = Serial.read();
    // if it's a capital H (ASCII 72), turn on the LED:
    if (incomingByte == 'H') {
      digitalWrite(ledPin, HIGH);
    }
    // if it's an L (ASCII 76) turn off the LED:
    if (incomingByte == 'L') {
     digitalWrite(ledPin, LOW);
    }
  }
}
```

现在可以上传代码了。

Arduino 已经设置完成，它将从 Processing 接收信息，现在可以设置 Processing，让它通过串口对 Arduino 发送信息。

设置 Processing 代码

这段代码文件在 Arduino 示例代码的下面，被注释符号包括。将注释框中的代码拷贝到新建的 Processing 文件中，取一个合适的名字并保存。

```
// mouseover serial

// Demonstrates how to send data to the Arduino I/O board, in order to
// turn ON a light if the mouse is over a square and turn it off
// if the mouse is not.

// created 2003-4
// based on examples by Casey Reas and Hernando Barragan
// modified 30 Aug 2011
// by Tom Igoe
// This example code is in the public domain.


import processing.serial.*;

float boxX;
float boxY;
int boxSize = 20;
boolean mouseOverBox = false;
```

```
Serial port;

void setup() {
size(200, 200);
boxX = width/2.0;
boxY = height/2.0;
rectMode(RADIUS);

// List all the available serial ports in the output pane.
// You will need to choose the port that the Arduino board is
// connected to from this list. The first port in the list is
// port #0 and the third port in the list is port #2.
println(Serial.list());

// Open the port that the Arduino board is connected to (in this case #0)
// Make sure to open the port at the same speed Arduino is using (9600bps)
port = new Serial(this, Serial.list()[0], 9600);

}
void draw()
{
background(0);

// Test if the cursor is over the box
if (mouseX > boxX-boxSize && mouseX < boxX+boxSize &&
mouseY > boxY-boxSize && mouseY < boxY+boxSize) {
mouseOverBox = true;
// draw a line around the box and change its color:
stroke(255);
fill(153);
// send an 'H' to indicate mouse is over square:
port.write('H');
}
else {
// return the box to it's inactive state:
stroke(153);
fill(153);
// send an 'L' to turn the LED off:
port.write('L');
mouseOverBox = false;
}

// Draw the box
rect(boxX, boxY, boxSize, boxSize);
}
```

　　点击运行按钮，执行代码，这时会出现一个窗口。窗口的背景为黑色，在中间区域会出现一个小方块，这就是虚拟按钮了（见图 17-3）。如果你移动鼠标到小方块的上面，可以看到其边缘的变化。这时请注意你的 LED，它会随着鼠标移上移下小方块而打开或关闭。

如果在移动鼠标时 LED 没有跟随变化，请注意以下问题。

● 确定 LED 使用了正确的引脚。

● 确定 LED 的连接方式正确。

● 检查当前 Arduino 上面上传的程序是否正确，检查 Processing 的代码有无错误。

请注意当 Processing 和 Arduino 在进行通信的时候是不能够上传代码的，所以上传代码前请先关闭 Processing 程序。

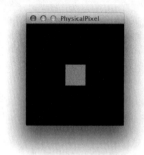

图 17-3
Processing 代码生成的窗口

深入理解 Processing PhysicalPixel 代码

将大工程拆分成小的部分更有助于理解。如果工程中有很多的输入和输出，则将它们单独拿出来更便于理解和发现问题。因为 Processing 程序算是这个工程的输入部分，所以我们先从这里看起。

Processing 代码的结构和 Arduino 类似，都是在代码开始的地方包含所需要的库，声明全局变量，在 setup() 函数中对变量进行赋值或对程序进行初始化。下面的 draw() 函数将会持续不断地更新窗口中的内容，直到窗口被关闭。

Processing 和 Arduino 一样可以通过调用库函数让代码功能更加丰富。在这个例子的情况中，我们需要使用串口通信库中的一些功能，来与 Arduino 进行交互。在 Arduino 中，使用 #include <libraryName.h> 语句来实现这个功能，但是在 Processing 中，需要使用关键字 import 后接库的名字，最后接 * 符号，表示在程序中加载与该库相关的全部内容。

```
import processing.serial.*;
```

float 类型是一个浮点数，浮点数包含小数部分。如 0.5、10.9 等。在这里，使用两个浮点类型的数 boxX 和 boxY，作为按钮的坐标值。

```
float boxX;
float boxY;
```

接下来，定义了整型变量 boxSize，该变量用于控制按钮的尺寸，因为是正方形，所以一个值就够了。

```
int boxSize = 20;
```

布尔数（只能为真或者假）变量 mouseOverBox 用来记录鼠标是否经过按钮的上方。默认值为假。

```
boolean mouseOverBox = false;
```

最后创建一个 Serial 类的目标 port。计算机通常会有很多个串口可以进行通信，所以将这些不同的串口进行命名非常重要。在这个例子中，我们只需要使用其中的一个串口。关键字 serial 是串口类的一个类名，该类包含在最初加载的库中，port 则是对这个类进行实体化，也就是目标的名字。这个就像给你的猫戴上项环。如果一个屋子里有很多只猫，它们看起来没什么区别并且行为相似，但它们仍然是一个个独立的个体。如果你给每只猫都戴上不同颜色的项环，则可以轻易地分辨出它们。

```
Serial port;
```

在 setup() 函数中，第一件事情就是定义窗体的大小，这里设置为长宽为 200pixels 的正方形。

```
void setup() {
size(200,200);
```

变量 boxX 和 boxY 与窗口的长宽成比例，比例系数为 1/2。接下来将 rectMode 设置为 RADIUS，这个模式和 CENTER 相似，CENTER 指定了矩形完整的长和宽，而 RADIUS 指定了半宽，这有些类似于直径和半径的区别。本按钮框居中对齐。

```
boxX = width/2.0;
boxY = height/2.0;
rectMode(RADIUS);
```

计算机通常拥有多个串口，使用下面的语句可以看到 Arduino 连接在了哪一个串口。

```
println(Serial.list());
```

最近使用的串口通常会被列在第一个。如果你已经将 Arduino 连接在计算机上，则打印结果中的第一个一般就是该 Arduino 使用的串口号。如果没有使用 Serial.

list 函数，则可以使用 Serial.list()[0] 代替，结果将会被打印在主控台窗口中。当然也可以直接使用串口名 /dev/tty.usbmodem26221 或是 COM5，当有多个 Arduino 同时连接到计算机时，最好能够制定一个确定的名字。输出的数字 9600 是该串口与 Arduino 通信的速率。

如果串口的通信速率在两个设备上（发送设备和接收设备）的设置不相同，那么数据将不会被接收。

```
port = new Serial(this, Serial.list()[0], 9600);
}
```

在 draw 中，第一个任务是绘制黑色的背景颜色。

```
void draw()
{
  background(0);
```

Processing 和 Arduino 使用了同样的条件判断语句。if 条件判断鼠标是否经过了按钮的区域，如果 mouseX 的值处于按钮坐标的区域内，则将 mouseOverBox 的值设置为真。

```
// Test if the cursor is over the box
if (mouseX > boxX-boxSize && mouseX < boxX+boxSize &&
  mouseY > boxY-boxSize && mouseY < boxY+boxSize) {
  mouseOverBox = true;
```

为了指示鼠标位于按钮上，即 mouseOverBox 为真，下面的代码在按钮的周围绘制了白色的边框。为了绘制这个白色边框，只要将 stroke 设置为 255 即可（stroke 在图形软件中一般通用）。

```
// draw a line around the box and change its color:
stroke(255);
```

将 fill 设置为 153，中度灰色，下一个目标将以这个颜色进行绘制。

```
fill(153);
```

接下将会发送重要的数据。port.write 和 Serial.print 类似，但是前者用于向串口输出数据，后者用于显示串口信息。当鼠标经过按钮时，Processing 向串口发送字符 H，此时 LED 应该打开。

```
// send an 'H' to indicate mouse is over square:
port.write('H');
}
```

如果鼠标未经过按钮区域，则执行 else 中的语句。

```
else {
```

将描边值设置为了 153，与按钮颜色相同。按钮则使用 fill 填充颜色 153。

```
// return the box to its inactive state:
stroke(153);
fill(153);
```

然后将字符 L 发送到串口，此时 LED 应该关闭。

```
// send an 'L' to turn the LED off:
port.write('L');
```

然后将布尔数型变量 mouseOverBox 设置为假。

```
  mouseOverBox = false;
}
```

最后绘制这个矩形。它的坐标总是位于中心点，大小也保持不变。唯一不同的地方是颜色是由前面的 if 条件决定的。如果鼠标在按钮上面，则描边的颜色为白色，指示为触发；如果鼠标不在按钮上，则描边的颜色和按钮颜色相同，指示为未触发。

```
  // Draw the box
  rect(boxX, boxY, boxSize, boxSize);
}
```

深入理解 Arduino Physical Pixel 代码

在 Processing 的环节中，我们已经了解到 Processing 是如何工作的，如何给 Arduino 提供控制信号。控制信号通过串口发送到 Arduino，在这一章节中，我们将通过分析 Arduino 代码来看看它是如何处理这个控制信号的。在这个例子中，Arduino 部分的代码相比本书中的其他代码而言比较简单，所以非常容易理解它的工作原理。我通常建议如果想学习 Processing 和 Arduino 之间如何通信的话，就从这个例子开始。这个例子算是一个基础，让软件和硬件首先协同工作起来，然后就可以在代码中添加自己的部分了。

首先声明了一个 int 型常量 ledPin，并将其赋值为 13，因为这个数字代表引脚号，而且我们从始至终也不会改变，所以这里使用常数类型。另外声明了一个 int 型变量 incomingByte，这个值在后面需要被改变。请注意这里声明的类型是 int 而不是 char，我将会在后面解释为什么这样声明。

```
const int ledPin = 13; // the pin that the LED is attached to
int incomingByte;      // a variable to read incoming serial data into
```

在 setup 函数中，初始化了串口，并将通信速率设置为 9600。

请记住在 Processing 和 Arduino 程序中，如果改变了发送速度，就必须相应地改变接收速度。与计算机通信的话，有下面的通信速率可以选择：300、600、1200、2400、4800、9600、14400、19200、28800、38400、57600 或 115200。

```
void setup() {
  // initialize serial communication:
  Serial.begin(9600);
```

第 13 号引脚，或者说 ledPin，应该被设置为输出。

```
  // initialize the LED pin as an output:
  pinMode(ledPin, OUTPUT);
}
```

在 loop 中第一个应该做的事情是判断是否有数据可读。Serial.available 用于读取串口数据寄存器状态，当有数据通过串口发送给 Arduino 后，在被读取之前它们都存储在串口数据寄存器中。

通过检查该值是否大于 0，来判断是否有数据可读，这样大幅减少了操作时间。在 Arduino 中读取数据会减慢它的运行速度，所以这里只检查大小。

```
void loop() {
  // see if there's incoming serial data:
  if (Serial.available() > 0) {
```

如果该值大于 0，则读取其中的数据，将读取的数据存储到 int 型变量 incomingByte 中。

```
  // read the oldest byte in the serial buffer:
  incomingByte = Serial.read();
```

现在在你需要知道接收到的数据是否符合期望。Processing 发送了字符 H，这是一个字节的数据，可以被读取为字符也可以被读取为数字。在这个例子中，我们将其视为整数。这个 if 条件就是用来判断这个整数的值是否等于 72，72 为字母 H 在 ASCII 码表中的序号。单引号说明我们要的是字母 H 的 ASCII 码，该写法等效于 incomingByte == 72。

```
  // if it's a capital H (ASCII 72), turn on the LED:
  if (incomingByte == 'H') {
```

如果这个条件成立，则第 13 号引脚被置高。

```
    digitalWrite(ledPin, HIGH);
  }
```

如果收到的值为 L，即数值 76，则将该引脚置低。

```
        // if it's an L (ASCII 76) turn off the LED:
        if (incomingByte == 'L') {
            digitalWrite(ledPin, LOW);
        }
    }
}
```

这是一个非常基本的 Processing-Arduino 交互程序，但它是很多大工程的必要组成部分。在这个例子中，屏幕上的交互作为输入，这个方法可以被延伸出更多的可能。如用脸部跟踪进行输入，当你的脸移动到屏幕的中间时，发送开启信号。在 Arduino 端的代码中，可以添加更多的可能，而不仅仅是点亮一个 LED。例如，可以连接一个红外发射二极管来遥控音乐播放器，当收到开启的时候，开始播放音乐，当收到关闭的时候暂停音乐（　在这里可以找到更多关于光电二极管的内容 www.dummies.com/go/arduinofd ）。

绘制一个图形

在前面部分中，我们学习了如何从 Processing 向 Arduino 发送数据，那么想知道如何从 Arduino 向 Processing 发送数据吗？在这个例子中，我们将会介绍如何使用 Processing 来图形化地显示一个电位计的值。

你将会需要以下材料。

- 1 个 Arduino Uno 核心板
- 1 个面包板
- 1 个电位计
- 若干杜邦线

这个基本的电路使用电位计向 Processing 发送模拟信号，该信号会被图形化地显示在屏幕上。组装电路时，将电位计的中间引脚连接到模拟 0 号，如图 17-4 和图 17-5 所示。电位计的另外两个引脚分别连接到 5 V 和 GND。将这两个引脚调换顺序可以改变电位计旋转时电压的变化方向。

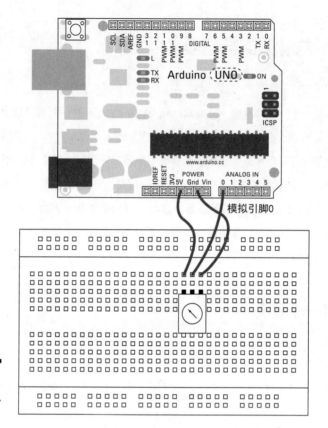

模拟引脚0

图 17-4

电位计输入的实物电
路图

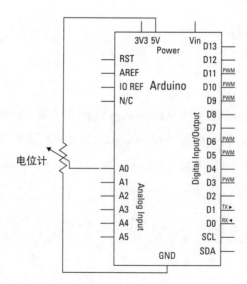

图 17-5

电位计输入的电路原
理图

设置 Arduino 代码

当电路组装完成后，需要合适的代码来驱动它。在 Arduino IDE 的菜单中，依次选择 File ⇨ Examples ⇨ 04.Communication ⇨ Graph 打开代码。这段代码既包含了 Arduino 代码，也包含了相关的 Processing 代码（同时提供了 Max 5 的代码）。Processing 代码在 Arduino 代码下方的注释中，这是为了防止两段代码混在一起。

```
/*
  Graph

  A simple example of communication from the Arduino board to the computer:
  the value of analog input 0 is sent out the serial port. We call this "serial"
  communication because the connection appears to both the Arduino and the
  computer as a serial port, even though it may actually use
  a USB cable. Bytes are sent one after another (serially) from the Arduino
  to the computer.

  You can use the Arduino serial monitor to view the sent data, or it can
  be read by Processing, PD, Max/MSP, or any other program capable of reading
  data from a serial port. The Processing code below graphs the data received
  so you can see the value of the analog input changing over time.

  The circuit:
  Any analog input sensor is attached to analog in pin 0.

  created 2006
  by David A. Mellis
  modified 9 Apr 2012
  by Tom Igoe and Scott Fitzgerald

  This example code is in the public domain.

  http://www.arduino.cc/en/Tutorial/Graph
*/

void setup() {
  // initialize the serial communication:
  Serial.begin(9600);
}

void loop() {
  // send the value of analog input 0:
  Serial.println(analogRead(A0));
  // wait a bit for the analog-to-digital converter
  // to stabilize after the last reading:
  delay(2);
}
```

现在上传 Arduino 端的代码。

现在 Arduino 已经可以向串口发送数据了，接下来我们来设置 Processing 端的代码，来从串口接收这些信息。

设置 Processing 代码

这些代码被包含在 Arduino 代码底部的注释中，将注释符中的内容拷贝到新建的 Processing 代码文件中，取一个名字并保存。

```
// Graphing sketch


// This program takes ASCII-encoded strings
// from the serial port at 9600 baud and graphs them. It expects values in the
// range 0 to 1023, followed by a newline, or newline and carriage return

// Created 20 Apr 2005
// Updated 18 Jan 2008
// by Tom Igoe
// This example code is in the public domain.

import processing.serial.*;

Serial myPort; // The serial port
int xPos = 1; // horizontal position of the graph

void setup () {
  // set the window size:
  size(400, 300);

  // List all the available serial ports
  println(Serial.list());
  // I know that the first port in the serial list on my mac
  // is always my Arduino, so I open Serial.list()[0].
  // Open whatever port is the one you're using.
  myPort = new Serial(this, Serial.list()[0], 9600);
  // don't generate a serialEvent() unless you get a newline character:
  myPort.bufferUntil('\n');
  // set inital background:
  background(0);
}
void draw () {
  // everything happens in the serialEvent()
}
void serialEvent (Serial myPort) {
  // get the ASCII string:
  String inString = myPort.readStringUntil('\n');

  if (inString != null) {
```

```
// trim off any whitespace:
inString = trim(inString);
// convert to an int and map to the screen height:
float inByte = float(inString);
inByte = map(inByte, 0, 1023, 0, height);

// draw the line:
stroke(127, 34, 255);
line(xPos, height, xPos, height - inByte);

// at the edge of the screen, go back to the beginning:
if (xPos >= width) {
  xPos = 0;
  background(0);
}
else {
  // increment the horizontal position:
  xPos++;
}
}
}
```

点击运行按钮，执行代码，这时会出现一个窗口。窗口的背景为黑色，紫色的区域用于指示 Arduino 的模拟输入信号（见图 17-6）。当你旋转电位计时，紫色的图形会随之改变。图形会随着时间的变化而不断更新，紫色区域会填充横向的区域。当图形抵达窗口的边缘时，整个图形会被重新初始化，然后重新从左边开始。

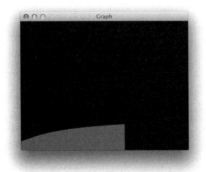

图 17-6
紫色区域指示电位计
的模拟输入

如果你没有看到图形，请再次检查如下内容是否正确。

● 确定电位计的中间引脚连接到了正确的 Arduino 引脚。

● 确定电位计的其他两个引脚分别连接到了电源和地。

● 检查当前 Arduino 上面上传的程序是否正确，检查 Processing 的代码有无错误。

请注意当 Processing 和 Arduino 在进行通信的时候是不能够上传代码的，所以上传代码前请先关闭 Processing 的程序。

深入理解 Arduino Graph 代码

在 setup 函数中，初始化了串口，通信速率 9600，这个速率必须和 Processing 中的接收速率相匹配。

模拟引脚默认是输入功能，所以这里不用特意使用 pinMode 来进行初始化。

```
void setup() {
  // initialize the serial communication:
  Serial.begin(9600);
}
```

在 loop 函数中，第一行正式代码用于输出传感器当前的值到串口。这里直接使用了引脚名而没有再特地给它取名字，因为后面的程序中不再需要。这里的 A0 意味着模拟引脚 0 号。

```
void loop() {
  // send the value of analog input 0:
  Serial.println(analogRead(A0));
```

模拟读取非常的快，比转换成数字量的时间还要快。有些时候因为太快还会出现错误，所以这里使用一个短暂的延迟 2 毫秒，让输出更加稳定。这里可以理解为像阀门可以控制水流量一样。

```
  // wait a bit for the analog-to-digital converter
  // to stabilize after the last reading:
  delay(2);
}
```

深入理解 Processing Graph 代码

当数据被发送到串口后，Processing 需要读取这个数据并将它显示出来。首先需要加载串口库到代码中。然后创建一个新的对象，在这个例子中，新的对象名叫 myPort。

```
import processing.serial.*;

Serial myPort; // The serial port
```

这里声明了一个整型变量，叫做 xPos，这个用于保存当前进度条的最新位置。

```
int xPos = 1; // horizontal position of the graph
```

在 setup 函数中，显示串口被定义为 400×300pixels。

```
void setup () {
  // set the window size:
  size(400,300);
```

为了找到正确的串口，使用 Serial.list 和 println 在主控台中列出当前使用的串口。println 函数和 Arduino 中的 Serial.println 类似，但是在这里用于在主控台输出变量而不是发送到串口。

```
// List all the available serial ports
println(Serial.list());
```

最近使用的串口通常会被列在第一个。如果你已经将 Arduino 连接在计算机上，则打印结果中的第一个一般就是该 Arduino 使用的串口号。如果没有使用 Serial.list 函数，可以使用 Serial.list()[0] 代替，结果将会被打印在主控台窗口中。当然也可以直接使用串口名 /dev/tty.usbmodem26221 或是 COM5，当有多个 Arduino 同时连接到计算机时，最好能够制定一个确定的名字。输出的数字 9600 是该串口与 Arduino 通信的速率。

```
myPort = new Serial(this, Serial.list()[0], 9600);
```

在这个例子中，有一种新的办法来区分有效和无效的数据。serialEvent 函数在每次新数据到达串口的时候触发。这一行代码用于检查发送的字母后面是否是换行符，如同 Arduino 端执行 Serial.println(100)。换行符或返回键盘值是一个 ASCII 字符，如 \n。这一行代码还可以检查其他的符号，如 tab,\t。

```
// don't generate a serialEvent() unless you get a newline character:
myPort.bufferUntil('\n');
```

在开始绘制整个界面前，将背景颜色设置为黑色。

```
  // set inital background:
  background(0);
}
```

在 draw 函数中什么都不需要做，所有的任务都会在 serialEvent 函数中完成。串口中有新的数据时会自动进入 serialEvent 函数。这里的注释也说明了不需要填充内容。

```
void draw () {
  // everything happens in the serialEvent()
}
```

serialEvent 函数是串口库的一部分，在串口中有新的数据时自动触发。因为前面用了 bufferUntil('\n')，所以这里直到串口接收到换行符后触发 serialEvent 函数。

```
void serialEvent (Serial myPort) {
```

这里声明了一个局部 String 类型的变量，用于存储接收到的数据。这个变量会一直被读取，因为 Arduino 是不断在发送的，发送一个整数，一个换行符，再一个整数，如此间隔，每个数据都是独立的。

```
// get the ASCII string:
String inString = myPort.readStringUntil('\n');
```

这里使用 if 条件来检查字符串里面包含的数据是否为空。

```
if (inString != null) {
```

为了确保没有异常存在，这里 trim 函数用来移除字符串中的空格、tab 等部分，让字符串更容易处理。

```
// trim off any whitespace:
inString = trim(inString);
```

现在将处理过的字符串强制转化成浮点型，该变量叫做 inByte。在等式的左边定义了该变量，右边将字符串的值强制转换后赋给该变量。

```
// convert to an int and map to the screen height:
float inByte = float(inString);
```

紧接着这个浮点型变量需要被标记。Arduino 模拟读取的范围是 0～1023，而显示屏也是有范围的，所以这里使用 map 的目的就在于让传感器的值和显示屏的范围形成一定的显示比例，不超出显示的范围的同时又能真实地反应数值大小的变化。

```
inByte = map(inByte, 0, 1023, 0, height);
```

这个图形条非常的精细，一条就是一列像素。这里使用了 line 函数来创建图形条。使用 stroke 来改变图形条的颜色，可以设置 RGB 颜色。为了绘制该图形，需要知道起止的坐标点。就像你所看到的，起始坐标点的值始终由当前绘制列的横坐标和窗口高度组成，而终止坐标则由当前绘制列的横坐标和高度减去当前传感器的值组成。

```
// draw the line:
stroke(127, 34, 255);
line(xPos, height, xPos, height - inByte);
```

请注意，如果你在选择颜色的时候遇到问题，则可以借助 Processing 菜单中的 Tool ⇨ Color Selector 工具来选择颜色。该工具可以让你自由选择颜色，然后显示出 RGB 分别对应的值，也可以输入 RGB 颜色值来验证颜色，如图 17-7 所示。

图 17-7

Processing 内建的取
色工具

接下来的代码控制横坐标的移动。当横坐标到达右边界时，将横坐标重新设置回原点，然后绘制新的背景来覆盖已经绘制的图形。

```
// at the edge of the screen, go back to the beginning:
  if (xPos >= width) {
    xPos = 0;
    background(0);
  }
```

如果横坐标的值没有到达边界，则每次将其自加 1。

```
  else {
    // increment the horizontal position:
    xPos++;
  }
 }
}
```

这个例子对于熟悉 Arduino 和 Processing 之间如何协同工作非常有帮助。Arduino 可以很容易将模拟传感器获取的值发送到 Processing，比如声音监测、移动监测或者光强监测等。相比之下 Processing 的代码稍稍有些复杂，但是就大部分难度而言都在图形绘制上。其实简单而言，图形也可以只绘制一个圆圈，根据发送数据大小的不同而改变圆圈的大小，为什么不试一下呢？

发送多种信号

比发送单一信号更有意思的是同时发送多个信号。发送多个信号并不是一件容易的事情，即使从多个传感器获取多种不同的信号值很容易，但是将它们按顺序发送出去，并同时保证接收端能够按顺序处理它们并不容易。在这个例子中，你将会学到如何将三个分离的传感器数据通过 Arduino 发送到 Processing。

你将会需要以下材料

- 1 个 Arduino Uno 主控板
- 1 个面包板
- 2 个 10 kΩ 电位计
- 1 个轻触开关
- 1 个 10 kΩ 电阻器
- 杜邦线若干

基本电路是三个输入的组合。即使它们都使用同样的电源和 GND，但给出的输出不同。两个电位计可以提供两个电压值。如果你想连接光线或者温度传感器，则接线方式是完全一样的，一般都是三个引脚，一个连接 5 V，一个连接 GND，一个连接 Arduino 的模拟输入。只要是具有类似可变电阻性质的模拟传感器都可以通过这种方式连接。轻触开关提供了一个数字输入，它的一端连接 5 V 或者 GND，另一端连接 Arduino 的数字引脚。如图 17-8 和图 17-9 所示完成电路连接。

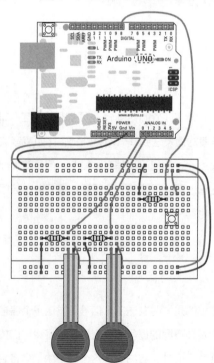

图 17-8

具有两个模拟输入和一个数字输入的电路实物图

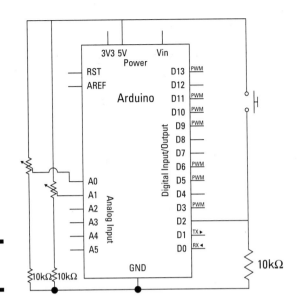

图17-9

电路原理图

设置 Processing 代码

这些代码被包含在 Arduino 代码底部的注释中，将注释符中的内容拷贝到新建的
Processing 代码文件中，取一个名字并保存。

设置 Arduino 端代码

当电路组装完成后，需要合适的代码来驱动它。在 Arduino IDE 的菜单中，依次选
择 File ⇨ Examples ⇨ 04.Communication ⇨ SerialCallResponse 打开代码。这
段代码既包含了 Arduino 代码，也包含了相关的 Processing 代码（同时提供了 Max
5 的代码）。Processing 代码在 Arduino 代码下方的注释中，这是为了防止两段代码
混在一起。

```
/*
  Serial Call and Response
  Language: Wiring/Arduino

This program sends an ASCII A (byte of value 65) on startup
and repeats that until it gets some data in.
Then it waits for a byte in the serial port, and
sends three sensor values whenever it gets a byte in.

Thanks to Greg Shakar and Scott Fitzgerald for the improvements
```

```
   The circuit:
 * potentiometers attached to analog inputs 0 and 1
 * pushbutton attached to digital I/O 2

 Created 26 Sept. 2005
 by Tom Igoe
 modified 24 April 2012
 by Tom Igoe and Scott Fitzgerald

 This example code is in the public domain.
 http://www.arduino.cc/en/Tutorial/SerialCallResponse

 */


int firstSensor = 0; // first analog sensor
int secondSensor = 0; // second analog sensor
int thirdSensor = 0; // digital sensor
int inByte = 0; // incoming serial byte

void setup()
{
   // start serial port at 9600 bps:
  Serial.begin(9600);
  while (!Serial) {
    ; // wait for serial port to connect. Needed for Leonardo only
  }

  pinMode(2, INPUT); // digital sensor is on digital pin 2
  establishContact(); // send a byte to establish contact until receiver
                      // responds
}

void loop()
{
  // if we get a valid byte, read analog ins:
  if (Serial.available() > 0) {
    // get incoming byte:
    inByte = Serial.read();
    // read first analog input, divide by 4 to make the range 0-255:
    firstSensor = analogRead(A0)/4;
    // delay 10ms to let the ADC recover:
    delay(10);
    // read second analog input, divide by 4 to make the range 0-255:
    secondSensor = analogRead(1)/4;
    // read switch, map it to 0 or 255L
    thirdSensor = map(digitalRead(2), 0, 1, 0, 255);
    // send sensor values:
    Serial.write(firstSensor);
    Serial.write(secondSensor);
    Serial.write(thirdSensor);
  }
```

```
  }

void establishContact() {
  while (Serial.available() <= 0) {
  Serial.print('A'); // send a capital A
    delay(300);
  }
}
```

现在Arduino已经可以向串口发送数据了，接下来我们来设置Processing端的代码，来从串口接收这些信息。

```
// This example code is in the public domain.

import processing.serial.*;

int bgcolor; // Background color
int fgcolor; // Fill color
Serial myPort; // The serial port
int[] serialInArray = new int[3]; // Where we'll put what we receive
int serialCount = 0; // A count of how many bytes we receive
int xpos, ypos; // Starting position of the ball
boolean firstContact = false; // Whether we've heard from the
// microcontroller

void setup() {
  size(256, 256); // Stage size
  noStroke(); // No border on the next thing drawn

  // Set the starting position of the ball (middle of the stage)
  xpos = width/2;
  ypos = height/2;

  // Print a list of the serial ports, for debugging purposes:
  println(Serial.list());

  // I know that the first port in the serial list on my mac
  // is always my FTDI adaptor, so I open Serial.list()[0].
  // On Windows machines, this generally opens COM1.
  // Open whatever port is the one you're using.
  String portName = Serial.list()[0];
  myPort = new Serial(this, portName, 9600);
}

void draw() {
  background(bgcolor);
  fill(fgcolor);
  // Draw the shape
  ellipse(xpos, ypos, 20, 20);
}

void serialEvent(Serial myPort) {
```

```
// read a byte from the serial port:
int inByte = myPort.read();
// if this is the first byte received, and it's an A,
// clear the serial buffer and note that you've
// had first contact from the microcontroller.
// Otherwise, add the incoming byte to the array:
if (firstContact == false) {
  if (inByte == 'A') {
    myPort.clear(); // clear the serial port buffer
    firstContact = true; // you've had first contact from the microcontroller
    myPort.write('A'); // ask for more
  }
}
else {
  // Add the latest byte from the serial port to array:
  serialInArray[serialCount] = inByte;
  serialCount++;

  // If we have 3 bytes:
  if (serialCount > 2 ) {
    xpos = serialInArray[0];
    ypos = serialInArray[1];
    fgcolor = serialInArray[2];

    // print the values (for debugging purposes only):
    println(xpos + "\t" + ypos + "\t" + fgcolor);

    // Send a capital A to request new sensor readings:
    myPort.write('A');
    // Reset serialCount:
    serialCount = 0;
  }
}
}
```

点击运行按钮，执行代码，这时会出现一个窗口。窗口的背景颜色为黑色，无论何时你按下轻触开关，都会有一个白点出现在屏幕上。分别旋转两个电位计可以控制白点在屏幕中的横向和纵向位置，当轻触开关被释放后，白点消失。

如果你没有看到相应的现象，请再次检查以下问题。

● 确定使用了正确的引脚。

● 确定电位计连接正确。

● 检查当前 Arduino 上面上传的程序是否正确，检查 Processing 的代码有无错误。

请注意当 Processing 和 Arduino 在进行通信的时候是不能够上传代码的，所以上传代码前请先关闭 Processing 的程序。

深入理解 SerialCallResponse 代码

代码开始的地方声明了四个变量，其中有三个用于存储传感器的值，剩下的一个用于存储从 Processing 端发送来的数据。

```
int firstSensor = 0; // first analog sensor
int secondSensor = 0; // second analog sensor
int thirdSensor = 0; // digital sensor
int inByte = 0; // incoming serial byte
```

在 setup 函数中，首先初始化串口，通信速率被设置为 9600。下面的 while 条件用于在运行前检查串口状态。如果串口没有连接的话，则程序会停在这里。这句代码只针对新版的 Leonardo 核心板。

```
void setup()
{
  // start serial port at 9600 bps:
  Serial.begin(9600);
  while (!Serial) {
    ; // wait for serial port to connect. Needed for Leonardo only
  }
```

数字引脚 2 号用于轻触开关，被设置为了输入。

```
pinMode(2, INPUT); // digital sensor is on digital pin 2
```

这里调用了一个自定义函数 establishContact，该函数向 Processing 端发送信号，说明 Arduino 已经准备完成。

```
establishContact(); // send a byte to establish contact until receiver
                responds
}
```

在 loop 函数中，首先使用 if 条件检查串口接收到的数据是否为 0，如果不是则将串口的数据读取并保存到 inByte 中。

```
void loop()
{
  // if we get a valid byte, read analog ins:
  if (Serial.available() > 0) {
    // get incoming byte:
    inByte = Serial.read();
```

firstSensor 变量用于存储从电位器读取的模拟输入值，然后将其除以 4，这就意味着将模拟输入的范围从 0~1023 减小到了 0~255。

```
// read first analog input, divide by 4 to make the range 0-255:
firstSensor = analogRead(A0)/4;
```

接下来进行 10 毫秒的延迟，该延迟用于等待模拟 - 数字转换（ADC）。

```
// delay 10ms to let the ADC recover:
delay(10);
```

接下来读取第二个电位计的值，和第一个一样，将结果除以 4 后保存到 secondSensor 变量中。

```
// read second analog input, divide by 4 to make the range 0-255:
secondSensor = analogRead(1)/4;
```

轻触开关的读取和前两个有所不同。为了获取准确的输入值，这里使用了 map 函数。map 函数中的第一个数值是需要被标记的变量。在这个例子中，我们没有需要被标记的变量，但是取而代之的是可以直接标记数字 digitalRead 读取的 2 号引脚。这个情况下将 digitalRead 的值单独存储在变量中既没有必要也没有好处。开关的读数范围除了 0 就是 1，但是通过 map 函数将其标记为 0 和 255 后最终存储在 thirdSensor 变量中。

```
// read switch, map it to 0 or 255L
thirdSensor = map(digitalRead(2), 0, 1, 0, 255);
```

最后三个变量被分别使用 Serial.write 写入到串口，依次发送出去。

```
    // send sensor values:
    Serial.write(firstSensor);
    Serial.write(secondSensor);
    Serial.write(thirdSensor);
  }
}
```

代码的最后是自定义的函数 establishContact，该函数曾在 setup 函数中被调用。这个函数用于监视串口连接是否可用。如果不可用，该函数会每隔 300 毫秒向串口发送字母 A，当串口可用后，函数停止。

```
void establishContact() {
  while (Serial.available() <= 0) {
    Serial.print('A'); // send a capital A
    delay(300);
  }
}
```

深入理解 Processing SerialCallResponse 代码

现在来看看 Processing 这里发生了什么，然后建立通信，接收数据并将其显示。Processing 代码中的第一部分是将串口库加载到代码中。

```
import processing.serial.*;
```

在 Processing 的代码中需要声明很多的变量，首先声明的两个变量分别用于存储背景颜色和图形颜色。

```
int bgcolor; // Background color
int fgcolor; // Fill color
```

这里建立了一个名为 myPort 的对象。

```
Serial myPort; // The serial port
```

这里建立一个整型、长度为 3 的数组。

```
int[] serialInArray = new int[3]; // Where we'll put what we receive
```

这里整型变量 serialCount 用于有序的接收串口数据。

```
int serialCount = 0; // A count of how many bytes we receive
```

两个整型变量 xpos 和 ypos 用于存储点的坐标值。

```
int xpos, ypos; // Starting position of the ball
```

布尔型变量 firstContact 用于记录是否与 Arduino 成功连接。

```
boolean firstContact = false; // Whether we've heard from the
                microcontroller
```

在 setup 函数中，首先设置了窗口的大小。调用函数 noStroke 来确保绘制的图形没有边框。

```
void setup() {
  size(256, 256); // Stage size
  noStroke(); // No border on the next thing drawn
```

初始的点坐标被设置在了窗口的正中间，横坐标和纵坐标分别为长和宽的各一半。

```
// Set the starting position of the ball (middle of the stage)
xpos = width/2;
ypos = height/2;
```

为了建立串口连接，这里打印出了串口列表。

```
// Print a list of the serial ports, for debugging purposes:
println(Serial.list());
```

Arduino 设备通常在列表的第一位，所以这里临时将串口名字保存到 portName 中。然后调用 myPort 建立串口连接，请注意这里实际可以写成这种形式 Serial(this,Serial.list()[0], 9600);。

如果这里不想使用 Serial.list 函数，也可以使用 Serial.list()[0] 代替。当然也可以使用确定的串口号代替上面的函数，这在你同时连接有多个 Arduino 时非常有用。数字

9600 意味着通信速率，这个速率在 Processing 端和 Arduino 端必须相同。

```
String portName = Serial.list()[0];
myPort = new Serial(this, portName, 9600);
}
```

在 draw 函数中，首先绘制背景。因为事先没有定义背景的颜色，所以这里默认为黑色。同样填充颜色也没有定义，这里也默认为黑色。

```
void draw() {
  background(bgcolor);
  fill(fgcolor);
```

在屏幕中心绘制一个直径为 20 像素的椭圆。

```
// Draw the shape
ellipse(xpos, ypos, 20, 20);
}
```

大部分的事情发生在 serialEvent 函数中，它们将影响在 draw 函数中绘制的圆形小点。

```
void serialEvent(Serial myPort) {
```

如果有数据发送到串口，那么 serialEvent 函数将会自动触发，第一个数据将被 myPor.read 读取并保存在变量 inByte 中。

```
// read a byte from the serial port:
int inByte = myPort.read();
```

如果 Processing 和 Arduino 没有连接成功，那么下面的 if 条件将会检查接收到的数据是否为字符 A，如果接收到了字符 A，则将 firstContact 变量设置为真，然后也向串口发送字符 A。是否还记得在 Arduino 端的 establishContact 函数？这个函数就负责在成功连接之前一直向 Processing 发送字符 A。当 A 被发送回去后，将会触发 Arduino 端的 if 条件 if (Serial.available() > 0)，Arduino 将检测到有数据被发送过来。这种技术叫做握手技术，也就是两个系统共同遵守的协议，两个系统可以基于这样的协议建立连接。

```
if (firstContact == false) {
  if (inByte == 'A') {
    myPort.clear();   // clear the serial port buffer
    firstContact = true; // you've had first contact from the microcontroller
    myPort.write('A');   // ask for more
  }
}
```

如果 firstContact 为真，那么程序将会读取串口中的数据，然后将数据保存到数组 serialInArray 中。

```
else {
```

```
    // Add the latest byte from the serial port to array:
    serialInArray[serialCount] = inByte;
```

每一次数据被读取后，将 serialCount 自加 1，用以控制读取顺序。

```
serialCount++;
```

当该变量的值大于 2 时，说明来自三个传感器的数据已经读取并存储完成。

```
// If we have 3 bytes:
if (serialCount > 2 ) {
```

连接在模拟输入 0 引脚上的电位器负责控制圆点的横坐标；连接在模拟输入 1 引脚上的电位器负责控制圆点的纵坐标；轻触开关控制圆点的填充颜色。

```
xpos = serialInArray[0];
ypos = serialInArray[1];
fgcolor = serialInArray[2];
```

这些值同样需要被输出到主控台中，这样做主要是为了方便调试，每次可以观察横纵坐标的变化是否符合预期。在 Processing 中，在一个 print 或 println 函数中可以用 + 符号组合多个变量，使它们一起输出。还可以使用 \t 在不同的变量之间加入制表符来让它们更容易阅读。

```
// print the values (for debugging purposes only):
println(xpos + "\t" + ypos + "\t" + fgcolor);
```

这里发送的大写字母 A 用于触发 Arduino 端的 if 条件：if (Serial.available() > 0)，然后重复整个过程。

```
// Send a capital A to request new sensor readings:
myPort.write('A');
```

SerialCount 变量被置零，以便于开始下一次的接收。

```
        // Reset serialCount:
        serialCount = 0;
      }
    }
}
```

至此该程序就结束了。这个程序是 Arduino 和 Processing 中进行多个变量通信的很好的例子。为什么不尝试建立自己的巨大键盘，来重现汤姆·汉克斯电影《飞向未来》中的情景呢？或者用多个传感器监测房子周围的环境然后用电脑显示出来？这个例子中的传感器非常基础，但是它却给你提供了巨大的发挥空间，通过标记数据可以很好地控制输入。同样还可以在网上搜索一些关于"数据可视化"的信息，看看它们是怎样将数据呈现在屏幕上的。

第六篇

剩余部分

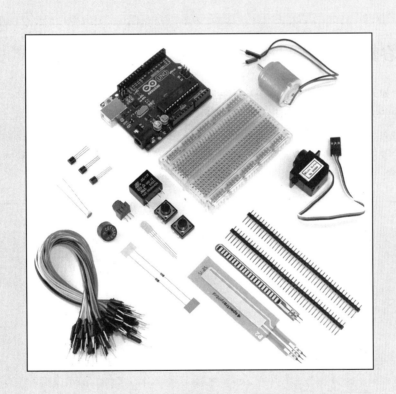

内容概要

　　如果没有这一部分，本书将不会是一本傻瓜书。在此部分，我为像你一样有志向的 Arduino 专家们列出了很多方便的资源。这些章节列出了一些网站，非常适合有志向的你，还可以查看到它们推出的最新的 Arduino 套件。我也给你介绍几个爱好商店，它们售卖各种 Arduino 兼容的器件，并且还介绍了一些较大的电子产品和硬件商店，当你需要寻找特别的东西时，它们特别有帮助。

第18章
深入学习 Arduino 的十大地方

如果你是第一次踏进 Arduino 的世界，那么你会为互联网提供的丰富资源而感到非常欣慰。你可以找到最新的 Arduino 兼容硬件、项目、教程甚至灵感。在这一章中，我列举了 10 个热门网站，来帮助你开始探索之旅。

Arduino 官方博客

http://arduino.cc/blog/

Arduino 官方博客是所有与 Arduino 相关新闻的重要来源。你可以找到最新的官方硬件、软件以及其他有趣的项目。你还会发现这里是 Arduino 团队与社会各界交流的地方。

Hack a Day

http://hackaday.com

Hack a Day 是一个非常棒的网站，包含各种神奇的技术。除了提供很多的 Arduino 相关的项目和帖子，该网站还能提供你能想到的几乎任何其他类别的技术。本网站包含一系列激发想象力的帖子和信息。

SparkFun

http://www.sparkfun.com/news

SparkFun 生产和销售制作项目所需要的各种产品，并且多数都和 Arduino 有关。SparkFun 拥有出色且维护良好的新闻订阅，总会展示一些有趣的新产品或套件。该公司还提供了优异的与其套件配套的视频以及记录 SparkFun 团队主持或出席活动的新闻。

MAKE

http://blog.makezine.com

MAKE 是涉及多种技术的业余爱好者杂志。其博客涵盖了各种有趣的充满灵感的 DIY 技术和项目。Arduino 对于这个社区是如此重要，以至于拥有一个独立的部分。

Adafruit

http://www.adafruit.com/blog/

Adafruit 是一个包含各种套件的在线商店、资料库和论坛，可以帮助你完成项目。其博客提供了不断增加的 Adafruit 精选产品，以及其他有趣的科技新闻。

Bildr

http://bildr.org

Bildr 是一个很好的网站，提供深入浅出的社区发布的教程。它不仅提供清晰的教程，还配有精美的插图，使得跟随制作非常容易。很多教程是基于 Arduino 的，并且提供你所需要的全部器件的代码和资料，以及可以买到它们的地方。

Instructables

http://www.instructables.com/

Instructables 是一个基于 Web 的文档平台，可以让人们分享自己的项目，并一步一步地指导如何制作它们。Instructables 上不仅有关于 Arduino 和技术的内容，你还可以在这里找到有趣的材料世界。

YouTube

www.youtube.com

YouTube 是一个非常适合消磨时间的地方。比看猫猫狗狗玩耍有趣得多得多，你可以在网站的搜索框中输入 Arduino，查看人们共享了哪些新项目。YouTube 视频永远不会是文档详实项目最可靠的来源，但它们提供了正在制作中的 Arduino 项目的概览。观看视频对判断项目结果的正确性特别有用。

创客空间

http://hackerspaces.org

创客空间是一个物理空间，在那里艺术家、设计师、生产商、黑客、程序员、工程师或其他任何人都可以学习、社交或者进行项目合作。创客空间是一个松散的遍布世界各地的网络，是一个开始制作的好地方，你可以在 http://hackerspaces.org/wiki/List_of_Hacker_Spaces 网站的地图上寻找离你较近的创客空间。

Arduino 论坛

http://arduino.cc/forum/

Arduino 论坛是一个非常棒的地方，你可以在这里找到 Arduino 具体问题的答案。你会经常发现有其他人和你遇到同样的问题，通过一些搜索，你可能找到几乎任何问题的答案。

朋友、同事和工作坊

独自一人迈进 Arduino 的世界可能比较困难。你可以在互联网上找到许多资源，但最佳途径之一是和朋友与同事一起学习，因为一起学习比独自一人会学到更多的知识。

更好的方法是参加工作坊，并见到其他人。你可能会发现，他们和你有相同的兴趣，让你集中学习你已经了解的知识；或者他们可能有完全不同的兴趣，这就提供了一个学习你所不知道的知识的机会。Arduino 工作坊在世界各地都在进行，所以在 Arduino 论坛、创客空间论坛和谷歌上进行一些详细的搜索，你应该能够找到附近的工作坊。

第 19 章
十大 Arduino 商店

当为项目购买配件时，你会发现有很多商店可以满足你的需求。这些店还经营除了 Arduino 之外的其他电子配件，它们拥有可以用在你的 Arduino 项目中的各种电路板和元器件。本章只提供了这些商店中的一小部分，由此你可以寻找周围的商店。

英国的商店

如果你住在英国，你将会一饱眼福！这里就像电子爱好的狂野西部，很多小公司致力于研发 Arduino 相关套件。这里提到的仅代表其中的一部分商店；更多商店拥有丰富的 Arduino 相关元件，所以不要局限你的思维。大部分商店也可以通过大宗物流服务将产品分发到世界的各个角落。

SK Pang

http://www.skpang.co.uk

SK Pang 是总部设在埃塞克斯郡的哈洛的电子元件供应商。该公司提供各种 Arduino 相关套件和自主研发的产品。这样的产品包括 Arduino CAN 总线，它可以让 Arduino 和车辆中的其他微控制器进行通信，以及 Arduino DMX 扩展板，它可以让 Arduino 与兼容 DMX 的舞台灯光和效果进行通信。

Technobots

http://www.technobotsonline.com

Technobots 成立于 1998 年，总部设在汉普郡的托顿，是一家电子和机械部件供应商。他们提供各式各样的电气、电子和机械部件，拥有超过 8000 种的产品线。我还没有在英国的其他任何地方找到像这家公司一样的各种预压接电线和端子——各种形状和大小的。预压接的电线和端子对整齐而有效地连接电路板非常有用。

Proto-PIC

http://proto-pic.co.uk

Proto-PIC 总部设在苏格兰的柯科迪在法夫。根据该公司网站的介绍，该公司拥有和经营 RelChron 有限公司，RelChron 公司在"用于协助海底石油制造业中的压力测试过程的软件系统"中承担了大部分的工作。从 2006 年开始，该公司开发了内部的硬件和软件，并利用知识基础，开始开发面向电子爱好者和发烧友的 Proto-PIC。Proto-PIC 做得最好的事情之一是，该公司从不使用一次性塑料袋运送物品，而是使用可重复使用的塑料盒，这是你永远也不会想到的。

Oomlout

http://www.oomlout.com

Oomlout 自我描述为一个"勇敢的小设计室"，其设计部门在约克郡的里兹，配送部门在华盛顿的罗伯茨角，制造部门在不列颠哥伦比亚省的温哥华。这家商店生产各种开源产品以及自己的 Arduino 开发套件，如 ARDX 套件，这对于入门学习 Arduino 非常有益。

RoboSavvy

http://robosavvy.com/store

RoboSavvy 销售众多的 Arduino 兼容产品，但是更多地迎合机器人爱好者，还提供了大量的来自世界各地的进口机器人产品的技术支持和货物分销。RoboSavvy 成立于 2004 年，总部设在伦敦的汉普斯特德。

Active Robots

http://www.active-robots.com

Active Robots 是一家领先的机器人技术和电子产品的的供应商和制造商，总部设在萨默塞特的拉德斯托克。除了销售各种 Arduino 相关产品，该公司还提供丰富的机器人相关套件，如继电器扩展板（用于安全驱动大负载）和线性伺服电机。

世界各地的商店

在几乎所有的国家，Arduino 开发者们都可以找到大量可供选择的本地分销商。以下是几个制造和全球销售产品的经销商。

Adafruit（美国）

http://www.adafruit.com/

麻省理工学院的工程师 Limor "Ladyada" Fried 在 2005 年成立了 Adafruit 公司。据其网站介绍，该公司提供了丰富的资源，包括公司自主设计和制造的产品；采购自美国各地的产品；帮助人们制作的工具及设备；还有教程、论坛和主题覆盖范围广泛的视频。Adafruit 的总部设在纽约州的纽约市（这是一个美妙的小镇！）。它分布全球，并在许多国家拥有分销商。

Arduino 官方店（意大利）

http://store.arduino.cc/

Arduino 官方店于 2011 年 5 月正式开业，直接销售 Arduino 产品而不是通过经销商进行销售。这家商店销售所有 Arduino 官方品牌产品，以及一些特定第三方的产品。它还出售思想者套件，这个套件旨在使 Arduino 和电子制作变得更简单，它只需要使用插头连接输入和输出，而不需要使用面包板或进行焊接，这非常适合初学者。

Seeed Studio（中国）

http://www.seeedstudio.com/

Seeed Studio 总部设在中国深圳，自我定义为一个" 开源硬件便利化的公司"。该商店使用本地制造商快速地生产销往世界各地的原型和小规模的项目。除了生产和销售产品，企业在其网站上提供了论坛社区，人们可以投票选出他们想要 Seeed Studio 实现的项目（http://www.seeedstudio.com/wish/）。

SparkFun（美国）

http://www.sparkfun.com/

SparkFun 公司销售各种电子项目的各种零部件。除了销售 Arduino 兼容硬件，它还设计并制作了很多自己的控制板和套件。SparkFun 拥有一个充当前台、咨询服务台和 Arduino 培训教室的优秀网站。SparkFun 网站的每个产品页面下面都有非常活跃的评论，这有助于支持和不断完善公司的产品。SparkFun 成立于 2003 年，总部设在科罗拉多州博尔德市。

第 20 章
十大可以发现电子元器件的地方

本章内容

◆ 从世界各地为你的项目寻找合适的器件

◆ 查找当地的商店

◆ 重新使用旧件

你可以在世界各地找到很多 Arduino 相关的商店，但是在选购零部件时也需要了解一些供应商。

RS Components 公司（国际）

http://www.rs-components.com

RS Components 公司的市场定位为"电子产品和维修产品全球最大的分销商"，所以它是产品范围宽广且价格较低的值得信赖的供应商。RS 在美国也有一个姊妹公司，名为联合电子。

派睿电子（全球）

http://www.farnell.com

派睿电子是英国电子元器件的供应商，有很多种类的元器件可供选择。它在派睿电子集团进行全球业务。这家公司由几个姊妹公司组成，使得集团能配送到欧洲（派睿电子）、北美（纽瓦克电子）和亚太地区（e 络盟）的 24 个国家。

Rrapid（全球）

http://www.rapidonline.com

Rapid 是英国领先的电子产品分销商之一。它的主要承诺是元器件配送能够比其他供应商更快。它拥有多种多样的教育电子套件，非常适合那些刚刚开始接触焊接的初学者。

Digi-Key（全球）

http://www.digikey.com

Digi-Key 是北美电子元件的最大分销商之一。该公司最初是由业余无线电爱好者的爱好者市场开始的，但它如今已经成长为国际电子分销商。

Ebay（全球）

www.ebay.com

一个人的垃圾却是另一个人的宝藏，eBay 是二手高科技产品的重要来源。许多东西都可以通过 ebay 买到——即使非常小众的。不过还好的是，你可以找到其他的消费类电子产品，然后根据你的需要进行改造。

Maplin（英国）

http://www.maplin.co.uk

Maplin 是消费类电子产品店，开设在英国大多数城市的市中心，提供各种各样的电子产品，也提供各种各样的元器件、套件和工具。当遇到供货紧张时，Maplin 就是 Arduino 爱好者们的救星。该公司最近还开始筹备了一定数量的用于零售的 Arduino 最新产品。

RadioShack 公司（美国）

http://www.radioshack.com

RadioShack 公司销售范围广泛的消费类电子产品的配件，在美国拥有 7000 多家门店。除了售卖较为传统的消费类电子产品，它还为电子元件、组件和工具提供了一种选择。

Ultraleds（英国）

http://www.ultraleds.co.uk

Ultraleds 是总部位于英国的 LED 照明产品及其配件的专业供应商。Ultraleds 售卖用于房间照明的更传统的 LED 替代灯泡，同时以极具竞争力的价格提供各种各样的低电压直流 LED 色带和灯泡。

EnvironmentalLights.com（美国）

http://www.environmentallights.com

EnvironmentalLights.com 是可持续发展和节能照明的领先供应商，总部设在加利福尼亚州圣迭戈。它提供了款式非常丰富的各种 LED 照明，可应用于数量同样庞大的应用。该公司甚至会为你的项目提出一些想法。

跳过 / 垃圾箱（全球）

人们总是对扔掉的有用东西的数量表示惊讶，但他们很少知道哪些是有用的，哪些是没用的。关键是要知道你在寻找什么，看看你能否找出项目所需要的部分。这可能需要进行谷歌搜索，因为有这么多的产品和可应用到项目里的元器件。电机如果买新的话，将是极其昂贵的，但它常常用在不经思考而丢弃的各种消费电子产品中。打印机和扫描仪使用相对复杂和昂贵的步进马达来工作，它可以被再次使用。同时，由于这些日常物品是大量生产的，因此一个带有多个电机的新打印机的价格可能比单独购买电机还要便宜。